はじめに

　2011 年 3 月 11 日に起きた東日本大地震での災害，およびこれに連動して起きた原子力発電所事故を契機に，電力の安全供給に資するために太陽光発電などが取り上げられ，これに関連する技術開発として SiC や GaN の新材料の高性能化が叫ばれている。SiC は従来の Si に比べて同じ厚みで約 10 倍の耐電圧があり，とくに 10 kHz 以下の低周波に対してはより一層の小型化が期待され，GaN は横型デバイスであるが，1 MHz 以上の高周波に対応でき，高速スイッチング・デバイスとして大いに期待されており，現状では双方とも MOSFET での活路が開けている。

　これは FET デバイスについての進展例であるが，学生のときに基本事項を抑えておけば，このような話題にも難なく入ることができるであろう。回路の設計要領についても同じことが言え，とにかく本質をつかむことが肝要である。そのためには多くの場合，講義で学ぶだけでは不十分で，演習を通じて回路図の書き方，回路方程式の立て方，解き方，ならびに回路定数の概数に慣れる必要がある。そうすることで講義内容が確固たるものとしてわかり，自信をもって設計できるようになるであろう。

　今回，書き下ろした『ドリルと演習シリーズ電子回路』は，大学や短大，あるいは高等専門学校の電気電子系の学科で使用されているアナログ回路の標準的な教科書に準拠した演習書である。もちろん，企業技術者も必要に応じて回路設計の参考にしていただければ幸いである。

　各ドリルには問題が複数，用意されているが，初めの 1 つや 2 つは押さえておくべき基礎事項であり，そのレベルで理解できている学生は先に飛ばすことをお勧めする。また，**紙面のスペースの観点から，解答しきれないと思われる問題については【ノート解答】と記したので，是非，自分のノートで解答を展開してもらいたい。**

　『わかった。』と『できる。』とでは雲泥の差がある。前者は受動的な理解にとどまり，後者は能動的な理解を表すだろう。講義を受けて，わかったつもりでは役に立つことは少なく，トラブルも発生しやすい。できるまでやり抜き，ほんものの自信，実力をつけられることを願っている。

　十分注意をしながら執筆したが，思いがけない間違いやミスもあるかもしれない。そのような場合には読者諸氏からご叱正をいただければ幸いである。

　最後に，本書を執筆するにあたり多くの文献を参考にさせていただいたが，その著者各位，および出版に際してたいへんお世話になった電気書院の方々に，深く謝意を表する。

2013 年 7 月

著者しるす

JN062948

改訂版にあたって

本書を出版してから，すでに 10 年の歳月が流れた。この間，大学や短大，あるいは高等専門学校の高等教育機関では時代や社会の変化に対応するカリキュラムの改訂や学部，学科の見直しが行われてきた。この中にあって，アナログ電子回路は電気電子系の専門基礎科目としての位置づけは変わっていない。

A4 版で単元（ドリル）ごとに取り外し可能な書き込み（一部はノート解答）形式の演習書。初版は，多くの大学等でご採用いただき，使用者からも好評をえてきた。しかしながら，式を導出する際の説明不足や校正の不備など内容に対する不満もあり，このほど改訂版を発行することにした。改訂にあたり，基礎構成は変えず，最近よく使われるようになったオペアンプアクティブフィルタ回路を追加した。

初版と同様，各ドリルには問題が複数，用意されているが，初めの 1 つや 2 つは押さえておくべき基礎事項であり，そのレベルで理解できている学生は先に飛ばすことをお勧めする。

十分注意しながら執筆したが，思いがけない間違いやミスがあるかもしれない。そのような場合には使用者諸氏からご叱正をいただければ幸いである。

最後に，改訂版の出版に際してたいへんお世話になった電気書院の方々に，深く謝意を表する。

2024 年 3 月

著者しるす

電子回路　目　次

第1章　代表的な半導体デバイス

第2章　トランジスタ回路の基本設計

第3章　CR 結 合 増 幅 回 路

第4章　直 結 形 増 幅 回 路

第5章　電 力 増 幅 回 路

第6章　高 周 波 増 幅 回 路

第7章 帰還増幅回路

第8章 演算増幅器

第9章 発振回路

第10章 変復調回路

第11章 電源回路

解　　　　　　　答

【ノート解答】……紙面のスペースの観点から，解答しきれないと思われる問題については
【ノート解答】と記したので，是非，自分のノートで解答を展開してもらいた
い。

1 代表的な半導体デバイス　　1.1 ダイオード

整流作用をもつダイオードの動作原理を理解しよう。

電流が一方向にしか流れない整流作用をもつ半導体をダイオードという。電流の担い手になるキャリアが負の電荷をもつ電子であるn形半導体と正の電荷をもつホール（正孔）がキャリアとなるp形半導体を接合し，理にかなった電圧をかけると電流が流れる。図1.1(a)のようにn形半導体とp形半導体を接合すると，接合付近ではキャリアが拡散作用により互いに異種の半導体領域に入り込み，キャリア同士が再結合してキャリアは消滅し空乏層（または空間電荷層）を形成してしまう。その結果，同図(b)で示されるようにn形領域は電子が抜けて陽イオン化され相対的に電位が高くなる。一方，p形領域はホールが抜けて陰イオン化され相対的に電位が低くなる。キャリアの立場からは相手側に移動するためには，単純にはこの電位差に相当するエネルギーを何らかの方法で獲得しなければならない。そのため，この電位差は電位障壁と呼ばれている。

さて，このpn接合によるエネルギーの状態変化を考慮したうえで，外部からエネルギーを取り込むことを考える。同図(c)のように外部電源をつなぐと，相対的な電位はn形領域では下がり，p形領域では上がり，電位障壁は低くなる（同図(d)）。そうすると全キャリアが移動できる訳ではないが，多くのキャリアが相手側に移動しやすくなる。キャリアが移動すれば，その結果，電流が流れる。外部電源の極性を逆にすると，pn接合した当初と比べて電位障壁はさらに高くなり，キャリアの移動はほとんど考えられなくなる。当然，電流は流れない。

電流が流れる（流れない）ように電圧をかけることを順（逆）バイアスをかけるという。実際の電流 I と電圧 V の関係は，図1.2のように非線形特性を示し，半導体中での電子やホールの量はその運動エネルギーに対してボルツマン分布すると近似でき

$$I \fallingdotseq I_s \left[\exp\{[e(V-V_F)]/kT\}-1 \right] \qquad (1\text{-}1)$$

で表される。I_s は逆方向飽和電流で，$50\sim100\,\mu\text{A}$ 程度となる。また，電圧は V_F 以上にならないと順方向電流が流れ始めないことから，V_F はオフセット電圧と呼ばれている。

ダイオードの回路記号は，図1.3のように示され，矢印の向きにしか電流が流れないことを表している。

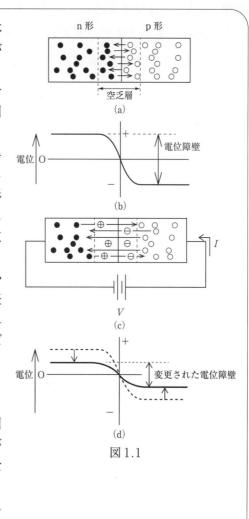

図1.1

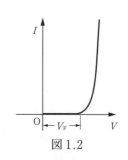

図1.2

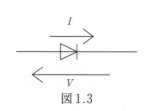

図1.3

問題　1.1　半導体を記述した次の文章で，空欄に適切な用語や式を書き入れなさい。

半導体は，そのままでは絶縁体，都合よく仕掛ければ導体として働く物質である。抵抗率 ρ の大きさは，$(ア)$ ____ 程度であり，代表的な物質には Si，Ge がある。Si は $(イ)$ ____ 族の原子で，Si 原子が整列してできたものは結晶になり，演図 1.1 のように整然としている。これは $(ウ)$ ____ 半導体と呼ばれているが，デバイスとしては使えない。使えるデバイスにするには不純物を少量混ぜる。例えば，Si 結晶中に不純物として $(エ)$ ____ 族の原子（P，As，Sb など）を添加すると，演図 1.2(a) のように，最外殻軌道にある $(オ)$ ____ 個の電子のうち $(カ)$ ____ 個は Si 原子との共有結合に使われ

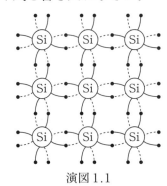

演図 1.1

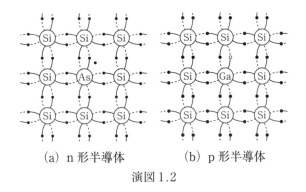

（a）n 形半導体　　　　　（b）p 形半導体

演図 1.2

安定するが，残り $(キ)$ ____ 個の電子は結晶中を自由に動き回れる自由電子となる。このように負の電荷をもつ自由電子ができる半導体を $(ク)$ ____ 形半導体という。これに対して，Si 結晶中に $(ケ)$ ____ 族の原子（Al，Ga，In など）を添加すると，演図 1.2(b) のように最外殻軌道にある $(コ)$ ____ 個の電子は Si 原子と共有結合されるが，Si 原子の残りの 1 個の電子は共有結合するペアが不足する，電子が抜けた状態，すなわち $(サ)$ ____ ができる。このような半導体を $(シ)$ ____ 形半導体という。

問題　1.2　式 (1-1) で特性づけられるダイオードについて，逆方向飽和電流が 60 μA，オフセット電圧が 0.5 V のとき，使用開始（常温 20 ℃）時の電流が 10 mA となるには何 V の順電圧をかけなければならないか。

問題 1.3 演図 1.3 の Si ダイオード D_1, D_2 を流れる電流 I_1, I_2 を求めなさい。ただし，ダイオードはオフセット電圧がともに 0.5 V の理想近似（オフセット電圧の電圧がかかると無限大の電流が流れる）ダイオードとする。

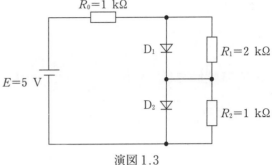

演図 1.3

問題 1.4 演図 1.4 のダイオード D に電流が流れるための抵抗 R_2 の条件を示しなさい。ただし，ダイオードはオフセット電圧が 0.5 V の理想近似ダイオードとする。

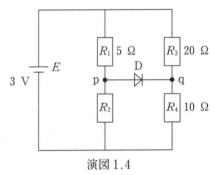

演図 1.4

問題 1.5 演図 1.5 の回路で，電圧 v_1 が最大値 4 V の正弦波であるとき，出力電圧 v_2 の波形（時間依存性）を描きなさい。ただし，ダイオードはオフセット電圧が 0.5 V の理想近似ダイオードとする。

演図 1.5

問題 1.6 ダイオードの種類について記述している次の文の空欄に適切な用語や数値を書き入れなさい。

整流作用をもつダイオードは，最近では安価で入手しやすい （ア）［　　］ が多く用いられる。右の I−V 特性図では，特性 （イ）［　　］ がこれに相当する。以前用いられていた （ウ）［　　］ の特性は （エ）［　　］ が相当する。エネルギーの変換効率の観点からは ＋0 V で内部抵抗が （オ）［　　］ の特性を示すダイオードの出現が望まれるが，現実には存在しないことから理想ダイオードといわれている。特性図では，特性 （カ）［　　］ が相当する。前述の一般的なダイオードは，最近では逆電圧 （キ）［　　］ V 程度をかけると内部抵抗が （ク）［　　］ に近い特性を示す。特性図では，特性 （ケ）［　　］ が相当し，発明者の名を冠につけて （コ）［　　］ ダイオードと呼ばれている。一方，④の特性をもつダイオードは，電圧を増やすと電流が減る （サ）［　　］ 抵抗の領域があるため（順方向におけるトンネル効果で説明される。），1つのダイオードで電圧値を変えるだけで回路のオン，オフが行えるスイッチングとして用いられる。このダイオードは，一般的なダイオードと比べて不純物濃度が （シ）［　　］ ことが特徴的である。発明者の名を冠につけて （ス）［　　］ ダイオードと呼ばれている。

演図1.6

チェック項目	月 日	月 日
キャリアの移動要領，ダイオードの整流作用が理解できたか。		

電流制御方式の増幅器，バイポーラトランジスタの動作原理を理解しよう。

　　ダイオードは基本的にn形半導体とp形半導体の接合面が1つであるが，異種の半導体の接合面が2つの半導体はトランジスタと呼ばれている。2種類のキャリアが混在して動作するものをバイポーラトランジスタといっている。異種の接合面が2つになるように構成するためにはnpn形か，pnp形しかない。

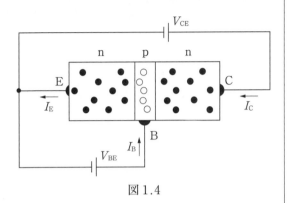

図1.4

　　図1.4に，エミッタ端子を入出力の共通とするエミッタ接地方式npn形バイポーラトランジスタの構造図を示す。エミッタ（E）領域にあるキャリアである電子をベース（B），コレクタ（C）領域に向けて移動させるためにはE端子，B端子につながれる電源 V_{BE} の電極は図示のようにし，順バイアスをかけなければならない。B領域に入り込んだ電子はその領域にあるホールと再結合して消滅しそうにみえるが，このB領域が狭ければ，E領域から入り込んできた電子が高いエネルギーを持っていれば素通りしてC領域に達する。その結果C領域では電子が増加する。これらの電子をさらにC電極に引き寄せることができれば，キャリアはE→B→Cと移動し回路電流がC→E向きに流れることになる。このため，E端子，C端子につながれる電源 V_{CE} の電極は図示のようにしなければならない。このことから，C端子，E端子を流れる電流の向きは図示のようになることが容易にわかる。残りのB端子を流れる電流の向きについては，デバイスが導体であれば，V_{BE}，V_{CE} の電極配置からは図で上向き，下向きの両方が考えられるが，デバイスが半導体であるため，順バイアス，逆バイアスの原理によりB端子の電流は図示の向きに流れる。

　　熱平衡状態では

$$I_E = I_B + I_C \tag{1-2}$$

となる。この回路では出力側回路電流が I_C，入力側電流が I_B であり，これらの比を β または h_{FE} と置いて，エミッタ接地方式における直流電流増幅率と呼んでいる。すなわち

$$\beta(=h_{FE}) = I_C / I_B \tag{1-3}$$

で表され，数十〜数百となる。

　　V_{BE} と I_B の関係，I_B と I_C の関係，および I_C と V_{CE} の関係は図1.5で表

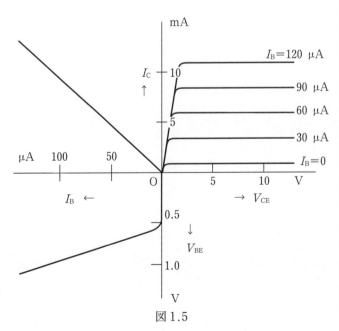

図1.5

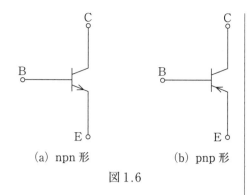

(a) npn 形　　　　(b) pnp 形

図 1.6

され，負荷をかけないときの特性であることからトランジスタの静特性と呼ばれている。それぞれ入力特性，増幅特性，および出力特性ともいわれている。

　トランジスタの回路記号は図 1.6 のように表される。B 基板から逆ハの字に C，E 端子線を描き，E 端子を流れる電流の向きに矢印をつけることになっている。n，p，n の呼び順は E→B→C で，各領域の半導体の種類に一致している。

　当然，接地方式はエミッタ接地のほかにベース接地，コレクタ接地方式がある。また，構造的にはそれぞれ npn 形と pnp 形があり，増幅の種類や回路電流の向きが異なる。

問題 2.1 ベース接地方式 npn 形バイポーラトランジスタの構造図を直流電源をつけて図示しなさい。また，各枝路電流の向きも示しなさい。

問題 2.2 問題 2.1 の回路における I_C と I_E の比は α，すなわち $\alpha = I_C/I_E$ で表され，ベース接地方式における直流電流増幅率と呼ばれている。α と β の関係を導出しなさい。

問題 2.3 エミッタ接地方式 pnp 形バイポーラトランジスタおよびベース接地方式 pnp 形バイポーラトランジスタの回路図を直流電源をつけて図示しなさい。また，各枝路電流の向きも示しなさい。

問題 2.4 ベース接地方式のトランジスタ回路では電流増幅は期待できないが，電圧増幅はできる。なぜか，簡潔に答えなさい。

問題 2.5 次の文は，npn 形バイポーラトランジスタに関する記述である。文中の空欄に数値を入れなさい。

平衡状態にある半導体のホール濃度 N_p と電子濃度 N_n の間にはこれらの積 $N_p N_n$ が一定という関係が成り立つ。ここでは，$N_p = N_n$ の平衡状態では電子もホールも真性キャリア濃度は 1.4×10^{10} 個/cm³ として考える。

不純物をドーピングすると，多数キャリア濃度とドーピング濃度はほぼ等しいと考えられるので，$N_p \fallingdotseq N_n$ となる。しかし，積 $N_p N_n$ 一定の関係は維持されるので，多数キャリアが決まると平衡時の少数キャリア濃度も決まる。

いま，ベースのドーピング濃度が 1.0×10^{18} 個/cm³ としよう。この場合，少数キャリア濃度は ⎡(ア)⎤ 個/cm³ となる。エミッタ・ベース間に電圧を印加しないときは，ベースの少数キャリア濃度はエミッタの多数キャリア濃度と拡散電位により釣り合うことになる。そこで，ベース電位を 0 とし，エミッタ電位を負にすると，エミッタに隣接した所でのベース内の少数キャリアである電子濃度は，エミッタからの電子の注入により大きくなる。エミッタ電位が 60 mV 負の方向に変化するごとにこの電子濃度が 10 倍になる（120 mV の変化では 100 倍になる）とし，エミッタ電位を −780 mV とした場合，エミッタに隣接した所でのベース内少数キャリア濃度は ⎡(イ)⎤ 個/cm³ となる。

このとき，エミッタに隣接した所では少数キャリア濃度は非平衡であり，ベース内での他の所よりも少数キャリア濃度が高いことから電子は拡散してコレクタ側に向かう。ベース内での再結合を無視すると，移動する電子の量は濃度勾配の大きさ（単位長さあたりの電子濃度の減少率）に拡散定数を掛けたものになる。コレクタに隣接した所ではベース内の少数キャリア濃度が平衡時と等しいと考えられ，これはエミッタに隣接した所でのベース内の少数キャリア濃度に比べて十分小さいので 0 と近似できる。ベース層の厚さを 2.0×10^{-5} cm とすると，濃度勾配の大きさは ⎡(ウ)⎤ 個/cm⁴ となる。拡散定数を 25 cm²/s とすると，移動する電子の量は ⎡(エ)⎤ 個/(cm²・s) となる。ベースから移動した電子の流れはコレクタ電流に相当するので，電子の電荷 ⎡(オ)⎤ C を掛けてえられるコレクタ電流密度は ⎡(カ)⎤ A/cm² となる。

チェック項目	月	日	月	日
バイポーラトランジスタの動作原理が理解できたか。				

電圧制御方式の増幅器，FET の動作原理を理解しよう。

　同じトランジスタでもキャリアは1種類で接合面が2つになるものはFET（電界効果トランジスタ）と呼ばれている。バイポーラ型と違い，出力電流を入力側の電圧で制御するトランジスタである。ゲート（G）領域がソース（S）領域，ドレイン（D）領域と接合する構造のJFETと，G領域がS領域，D領域と絶縁する構造のMOSFETに大別される。小型，高性能の観点からは後者がよく用いられるが，動作原理，特性を理解するうえでは前者がわかりやすい。

　図1.7にキャリアとして電子を使うソース接地方式nチャネル形JFETの構造図を示す。電源については，まずキャリアをソース側からドレイン側に移動させて回路電流を形成させることからV_{DS}の電極が決められる。

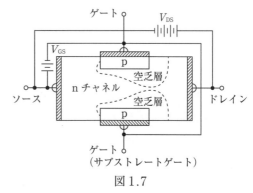

図1.7

　特性は図1.8のように表される。V_{DS}がある値以上になるとドレイン電流I_Dは飽和する。この飽和電流はI_{DSS}で表される。このI_{DSS}に対応するV_{DS}をピンチオフ電圧V_pということがある。このI_{DSS}はゲート・ソースの接合面で形成される空乏層を広げることで小さくすることができる。このため，V_{GS}の極性はV_{DS}と逆の向きに設定しなければならない。V_{GS}の絶対値を0から増加していくと，あるV_{GS}の値に対して$I_D=0$となる。このときのV_{GS}をゲート・ソース間の遮断電圧と呼び，$V_{GS(off)}$で表す。図1.8の左方には右方で示されているそれぞれのV_{GS}値に対する飽和ドレイン電流V_{DSS}を写し替えた特性が示されており，伝達特性といわれている。この伝達特性は，近似的に次の放物線式で表される。

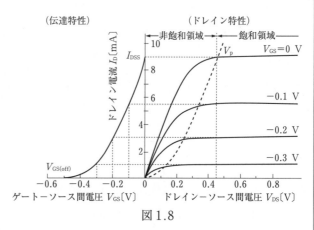

図1.8

$$I_D = I_{DSS}\left[1 - (V_{GS}/V_{GS(off)})\right]^2 \quad (1\text{-}4)$$

　JFET の回路記号は図1.9のように表される。矢印は，pn 接合における順方向電流の方向を示す。FET とバイポーラトランジスタは，G ⟷ B，S ⟷ E，D ⟷ C が互いに対応関係にある。

　また，FET は非常に大きな入力インピーダンスをもつようにつくられているため，入力側回路には電流通路を形成しないのが特徴的である。

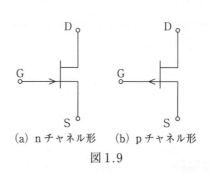

(a) nチャネル形　　(b) pチャネル形

図1.9

問題　3.1　図1.7で示される空乏層はソース側で狭く，ドレイン側で広くなる傾向がある。なぜか，簡潔に説明しなさい。

問題　3.2　ドレイン電流 I_D はゲート・ソース間の電圧 V_{GS} を変数とする放物線近似で表されるという。また V_{GS} が0での飽和ドレイン電流は I_{DSS} であるという。さらに，ドレイン電流 I_D が0になるG─S間の電圧は $V_{GS(off)}$ であるという。この特性が式(1-4)になることを証明しなさい。【ノート解答】

問題　3.3　FET は，入力側の抵抗が非常に大きいため，入力側に電流通路を形成しない。また，静特性は非線形となるため，相互コンダクタンス g_m およびドレイン抵抗 r_d は，それぞれ次のように表される。

$$g_m = \frac{\partial I_D}{\partial V_{GS}}\bigg|_{V_{DS}=\text{const}}, \quad r_d = \frac{\partial V_{DS}}{\partial I_D}\bigg|_{V_{GS}=\text{const.}}$$

FET の電圧増幅率 μ を g_m，r_d を用いて表しなさい。【ノート解答】

問題　3.4　ソース接地方式pチャネル形 JFET の回路を電源をつけて回路記号で示しなさい。また，各枝路を流れる直流電流の向きも図示しなさい。【ノート解答】

問題　3.5　次の文は MOSFET に関する記述である。空欄に適切な用語を書き入れなさい。

　演図1.7に示される MOSFET は，p形基板表面にn形のソース（S）とドレイン（D）領域が形成されている。また，ゲート（G）電極は，ソース（S）とドレイン（D）間のp形基板表面上に薄い酸化膜の絶縁層を介して作られている。Sとp形基板の電位を接地電位とし，Gにしきい値以上の正の電圧 V_{GS} を加えることで，p型半導体のゲート端子に近いところに，ゲート部のコンデンサ効果によりp型半導体でありながら (ア)　　　　　の薄い層（いわゆる反転層でチャネルになる。）

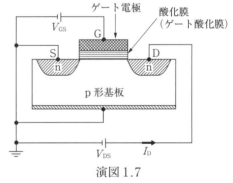

演図1.7

ができる。これにより， (イ)　　　　　が (ウ)　　　　　と (エ)　　　　　間を動けるようになり回路に電流が流れる。この V_{GS} を増加させるとドレイン電流 I_D は (オ)　　　　　する。この FET は (カ)　　　　　チャネル形 MOSFET と呼ばれている。

チェック項目	月　日	月　日
FET の動作原理，およびバイポーラトランジスタとの違いが理解できたか。		

2 トランジスタ回路の基本設計

トランジスタ回路の基本設計は，所望の動作点と回路の安定性を決めるバイアス設計と，増幅度と周波数特性を決める信号設計でできていることを正しく理解しよう。あわせて，負荷線を上手に使いこなせるようにしよう。

2.1 バイポーラトランジスタ回路の設計方法

バイポーラトランジスタを動作させている直流分，増幅・制御している交流分を理解しよう。

2.1.1 バイアス（直流）設計

　トランジスタは信号分を歪みなく増幅させることが第一義的な目的である。そのためには，トランジスタの非線形応答，オフセットを正しく理解し，適切にバイアス（直流）設計する必要がある。

　原理的には順バイアス，逆バイアスの2つの電源を必要とするが，実際には1電源でまかなえる。汎用性の高いエミッタ接地方式では，考えなければならないバイアスは入力側のB－E間の電圧 V_{BE} と出力側のC－E間の電圧 V_{CE} である。この2つのバイアス電圧のとり方には，基本的に図2.1で示されるような3つの方法がある。図(a)は固定バイアス，図(b)は電流帰還型バイアス，図(c)は電圧帰還型（自己）バイアスと呼ばれている回路である。

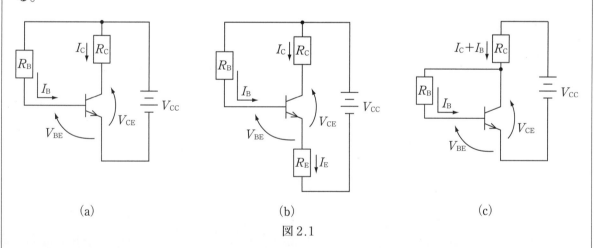

(a)　　　　　　　　　　　(b)　　　　　　　　　　　(c)

図2.1

　各回路における出力電流 I_C は，それぞれ次のように表される。

$$回路図(a)；I_C ≒ \frac{V_{CC}-V_{BE}}{(R_B/h_{FE})} \tag{2-1}$$

$$回路図(b)；I_C ≒ \frac{V_{CC}-V_{BE}}{(R_B/h_{FE})+R_E} \tag{2-2}$$

$$回路図(c)；I_C ≒ \frac{V_{CC}-V_{BE}}{(R_B/h_{FE})+R_C} \tag{2-3}$$

また，図2.2は電流帰還型の一種であるが，回路の負荷を軽減できるとされる電圧分割型

バイアスと呼ばれる回路である。この回路における出力電流 I_C は次式で表される。

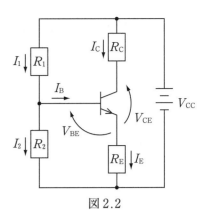

図 2.2

$$I_C \fallingdotseq \frac{\dfrac{R_2}{R_1+R_2}\,V_{CC}-V_{BE}}{(R_B{}'/h_{FE})+R_E} \qquad (2\text{-}4)$$

ここで

$$R_B{}'=\frac{R_1 R_2}{R_1+R_2} \qquad (2\text{-}5)$$

　バイアス設計においては動作点を設定するだけでなく，回路の安定性についても検討する必要がある。トランジスタ回路では，コレクタ電流 I_C は温度の変化などにより V_{CC}，V_{BE}，h_{FE} などが時間的に変動する。このため，これらの 3 要因によるコレクタ電流の変化分 ΔI_C は

$$\Delta I_C = S_1 \Delta V_{CC} + S_2 \Delta V_{BE} + S_3 \Delta h_{FE} \qquad (2\text{-}6)$$

で表される。安定指数 S_1, S_2, S_3 は，それぞれ，

$$S_1 = \frac{\partial I_C}{\partial V_{CC}} \qquad (2\text{-}7)$$

$$S_2 = \frac{\partial I_C}{\partial V_{BE}} \qquad (2\text{-}8)$$

$$S_3 = \frac{\partial I_C}{\partial h_{FE}} \qquad (2\text{-}9)$$

で表され，各々の値が小さいほど回路の安定性はよいことになる。

問題　4.1　図 2.2 の回路におけるコレクタ直流電流 I_C は式(2-4)で与えられることを証明しなさい。

問題　4.2　図 2.1(a), (b)の回路における I_C はそれぞれ式(2-1), (2-2)で与えられるが，式(2-9)で表される h_{FE} に対する安定指数 S_3 をそれぞれ導出し，それらの大小関係を示しなさい。

問題　4.3　図 2.1(b)の回路は電流的な帰還作用が働く安定回路の 1 つである。温度上昇により h_{FE} の値が大きくなっても I_C が安定する仕組みについて定性的に説明しなさい。

問題　4.4　図 2.1(b) の回路において，$V_{CC}=15\,\mathrm{V}$，$R_C=1\,\mathrm{k\Omega}$，$R_E=500\,\Omega$ のとき，$V_{BE}=1.0\,\mathrm{V}$ で $I_C=5.6\,\mathrm{mA}$ となるようにするには R_B はいくらにすればよいか。ただし，トランジスタの h_{FE} は 80 とする。また，このときのコレクタ，エミッタ端子間の電圧 V_{CE} はいくらか。

問題　4.5　図 2.2 の回路において，$V_{CC}=15\,\mathrm{V}$，$R_C=1\,\mathrm{k\Omega}$，$R_E=500\,\Omega$ のとき，$V_{BE}=1.0\,\mathrm{V}$ で $I_C=5.0\,\mathrm{mA}$ となるようにするには R_1 と R_2 はいくらにすればよいか。ただし，トランジスタの h_{FE} は 80 とする。また，そのときのコレクタ，エミッタ端子間の電圧 V_{CE} はいくらか。

問題　4.6　図 2.1 (a)，(b)，(c) の回路において，$V_{CC}=15\,\mathrm{V}$，$R_B=100\,\mathrm{k\Omega}$，$R_C=1\,\mathrm{k\Omega}$，$R_E=500\,\Omega$，$V_{BE}=1.0\,\mathrm{V}$ とし，トランジスタの h_{FE} が 80 のときの I_C はそれぞれいくらか。また，I_C の変動が h_{FE} の変動にのみに起因すると仮定すると，各回路において h_{FE} が 25 % 増加したとき I_C は何 % 変化するか。【ノート解答】

チェック項目	月　　日	月　　日
トランジスタを作動させている直流分は正しく配置できるか。		

2.1.2 シグナルの増幅設計

　バイアス（直流分），すなわち動作点が適切に設定されると，次の課題は信号の増幅とその周波数特性を都合よく設計することである。

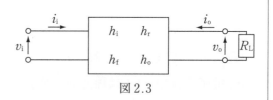

図 2.3

　信号解析は次のように等価回路を用いるか，後述の負荷線を用いて行う。

　能動回路であるトランジスタ回路は入力側，出力側の回路が同時に作用しているので解析は容易ではなく，一般には入力側と出力側回路を分離する T 形等価回路が解析に導入される。この回路は，図 2.3 のように，トランジスタ特有の増幅因子をもつ h パラメータ表記の 4 端子回路で表される。入出力電圧，電流の関係は

$$\left.\begin{array}{l} v_i = h_i i_i + h_r v_o \\ i_o = h_f i_i + h_o v_o \end{array}\right\} \tag{2-10}$$

となる。各 h パラメータは，それぞれ次のように表され，それぞれの呼び名があり，[ ] で示される単位をもつ。

$$h_i = \left.\frac{v_i}{i_i}\right|_{v_o=0} ;\ 入力インピーダンス［Ω］ \tag{2-11}$$

$$h_r = \left.\frac{v_i}{v_o}\right|_{i_i=0} ;\ 電圧帰還率［−］ \tag{2-12}$$

$$h_f = \left.\frac{i_o}{i_i}\right|_{v_o=0} ;\ 電流増幅率［−］ \tag{2-13}$$

$$h_o = \left.\frac{i_o}{v_o}\right|_{i_i=0} ;\ 出力アドミタンス［S］ \tag{2-14}$$

　$v_o = 0$ は出力短絡，$i_i = 0$ は入力開放を意味し，各パラメータは計測可能な量である。これらの h パラメータを用いて回路の形で表すと図 2.4 のようになる。エミッタ接地方式のトランジスタでは h パラメータの値はおおよそ表 2.1 のようになる。添え字「e」は，エミッタ接地を表す。

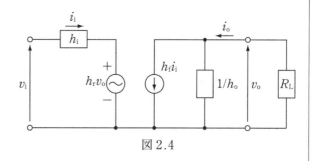

図 2.4

　このことを考慮すると，実際には，図 2.4 の入力側回路では $v_i \gg h_r v_o$，出力側回路では $R_L \ll 1/h_o$ の関係が成り立つ。このため，一般に，簡略形の等価回路として図 2.5 のように表す。

　この回路の電圧増幅度 A_V および電流増幅度 A_i は，それぞれ次のように表される。

表 2.1

	実測の値
h_{ie}	$\sim 1\ k\Omega$
h_{re}	$\sim 10^{-5}$
h_{fe}	~ 100
h_{oe}	$\sim 10\ \mu S$

$$A_v = \frac{v_o}{v_i} = \frac{-h_f i_i R_L}{h_i i_i} = -\frac{h_f}{h_i} R_L \quad (2\text{-}15)$$

$$A_i = \frac{i_o}{i_i} = \frac{h_f i_i}{i_i} = h_f \quad (2\text{-}16)$$

式 (2-15) で表される A_v の大きさ，すなわち電圧増幅率 $|A_v|$ は周波数に依存せず一定値であるが，これはあくまで中域でのことであり，実際には図 2.6 のように低域と高域で低下する。低域ではキャリアが E → B → C に移動する際に信号電圧によりもたらされるエネルギーを十分に授受できなくなるため，高域では信号電圧の向きが高速に切り替わり，これにキャリアが追随できなくなるため，電圧増幅率はそれぞれ低下すると考えられている。

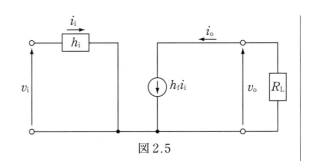
図 2.5

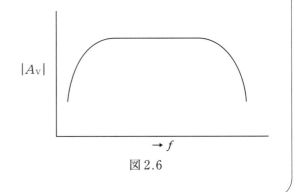
図 2.6

問題　5.1　演図 2.1(a),(b),(c)の各回路の信号等価回路をhパラメータを用いて簡略形で示しなさい。ただし，信号の出力電圧 v_o は抵抗 R_C の端子間でえられるとする。

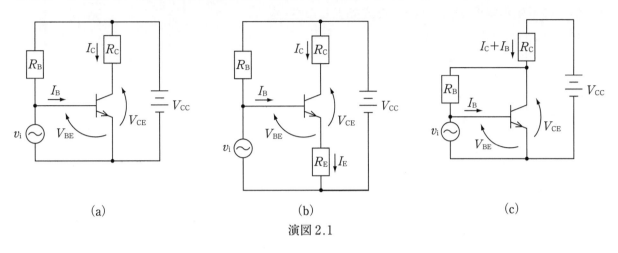

(a)　　　　　　　　　　(b)　　　　　　　　　　(c)

演図 2.1

問題　5.2　問題 5.1 で示された各回路の信号等価回路をもとに，信号の電圧増幅度 $A_V(=v_o/v_i)$ を式で表しなさい。ただし，$R_B \gg h_{ie}$ とする。

問題 5.3 演図2.2の回路について，次の各問いに答えなさい。

(1)信号等価回路をhパラメータを用いて簡略形で示しなさい。ただし，信号の出力電圧 v_o は抵抗 R_C の端子間でえられるとする。

(2)信号の電圧増幅度 $A_V(=v_o/v_i)$ を式で表しなさい。ただし，$(R_1//R_2) \gg h_{ie}$ とする。

(3)バイアスが適切に設計され，$R_C=2\,\mathrm{k\Omega}$ のとき，$|A_V|=30$ となるように R_E を設計しなさい。ただし，トランジスタの h_{ie} は $1\,\mathrm{k\Omega}$，h_{fe} は60とする。

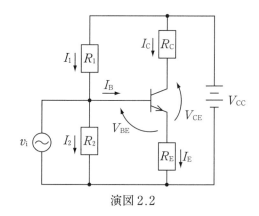

演図2.2

問題 5.4 エミッタ接地方式のトランジスタ回路の信号等価回路は，hパラメータを用いると演図2.3，ベース接地方式およびエミッタ接地方式における電流増幅率αおよびβ，ならびに3領域の内部抵抗 r_e, r_b, r_c の固有定数を用いると演図2.4のように表される。hパラメータと固有定数との関係を導出しなさい。【ノート解答】

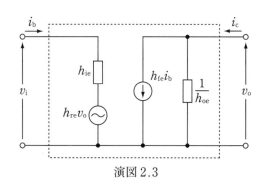

演図2.3

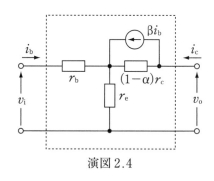

演図2.4

チェック項目	月 日	月 日
トランジスタの交流分を取り扱うhパラメータは理解できたか。また，増幅度の計算はできるか。		

2.1.3 負荷線

適切なバイアスをかけ，信号が歪むことなく増幅されることがトランジスタ回路設計の基本である。トランジスタの周辺に抵抗やリアクタンスを置くことにより，回路電流はそれらの負荷の大きさにより大きくなったり小さくなったりする。その様子を図式化したものが負荷線である。トランジスタ回路ではどの端子間の電圧も直流分に交流分が重ね合わされているが，直流分，交流分に対する負荷線をそれぞれ直流負荷線，交流負荷線と呼んでいる。これらは動作点を共有する。

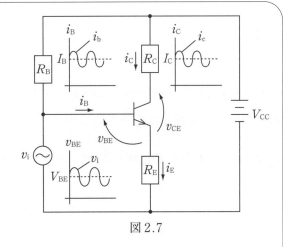

図2.7

図2.7の回路は演図2.1(b)で示されているが，入力側，出力側回路の電圧および電流の波形のイメージが挿入されている。

まず，この回路の入力側，出力側回路に関する直流分の回路方程式はそれぞれ次のように表される。

入力側回路：$V_{CC} = R_B I_B + V_{BE} + R_E I_E \fallingdotseq (R_B + h_{FE} R_E) I_B + V_{BE}$

よって，$I_B = \dfrac{V_{CC} - V_{BE}}{R_B + h_{FE} R_E}$　　　　　　　　　　　　　(2-17)

出力側回路：$V_{CC} = R_C I_C + V_{CE} + R_E I_E \fallingdotseq (R_C + R_E) I_C + V_{CE}$

よって，$I_C = \dfrac{V_{CC} - V_{CE}}{R_C + R_E}$　　　　　　　　　　　　　(2-18)

式(2-17)，(2-18)をそれぞれ入力特性図，出力特性図上に描いてみると図2.8，図2.9のようになる。

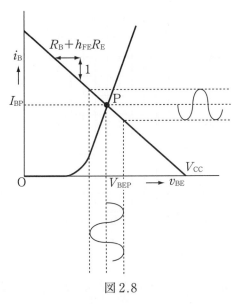

図2.8

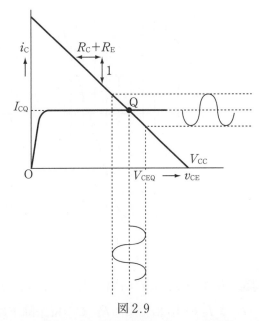

図2.9

図2.8では電流 I_B は電圧 V_{BE} に対して傾き $1/(R_B + h_{FE} R_E)$ の割合で低下する。同様に，図2.9では電流 I_C は電圧 V_{CE} に対して傾き $1/(R_C + R_E)$ の割合で低下する。このため，$R_B + h_{FE} R_E$ および $R_C + R_E$ はそれぞれ入力側および出力側の直流負荷になっている。トランジスタは，実際には，これらの直線上の特定の点PおよびQ，すなわち動作点で動作することになる。V_{BE} の動作点電圧 V_{BEP} は，図2.8で示されるように入力特性線と直流負荷線の交点Pになり，対応する動作電流 I_{BP} が決まる。同様に，図2.9で示されるように I_{BP} に対応する出力特性線と直流負荷線の交点Qが動作点となり，電圧 V_{CEQ}，電流 I_{CQ} が一意的に決まる。これらの電圧，電流に交流分が足される形になる。演図2.1(b)ではトランジスタの周りには抵抗だけしかないので，交流負荷線は直流負荷線と一致する。それゆえ，対応する信号波形はそれぞれ図示のようになる。

問題 6.1 エミッタ接地方式のトランジスタ回路において，出力信号電圧と入力信号電圧の位相はどのような関係になっているか。

問題 6.2 出力信号電圧の振幅をできるだけ大きくする（歪まないようにする）ためには，動作点をどの負荷線のどこにすべきか。ただし，トランジスタの出力特性（$i_C - v_{CE}$）は立ち上がりが急峻で不活性領域はほとんどないものとする。

問題 6.3 演図 2.5 に回路図，演図 2.6 にその特性図がそれぞれ示されている。このトランジスタ回路の出力電圧 v_o，電流増幅度 A_i，電圧増幅度 A_v を特性図を用いて求めなさい。【ノート解答】

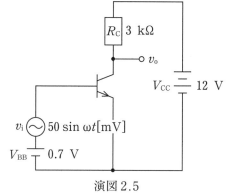

演図 2.5

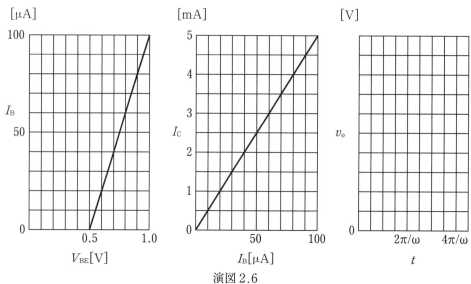

演図 2.6

問題 6.4 図 2.2 の回路において，$V_{CC} = 15\,\text{V}$，$V_{BE} = 0.8\,\text{V}$，$I_C = 1.6\,\text{mA}$，$h_{FE} = 50$ とし，また I_1 は I_2 の 10 倍程度，R_E での電圧降下は V_{CC} の値の 10 % 程度として，次の各問いに答えなさい。

(1) R_1，R_2，R_E を設計しなさい。

(2) 出力信号電圧の振幅ができるだけ大きくなるように R_C を設計しなさい。ただし，トランジスタの出力特性（$i_C - v_{CE}$）は立ち上がりが急峻で不活性領域はほとんどないものとする。

【ノート解答】

チェック項目	月　日	月　日
トランジスタにかかる直流負荷，交流負荷は理解できたか。		

FET はバイポーラトランジスタとどう違い，それが回路設計にどのように反映されるかを学びとろう。

2.2.1　バイアス設計

　1.3 節で説明されたように，JFET はゲートとチャネル間の pn 接合部に逆バイアス電圧を印加することによりチャネルを流れる電流を制御するトランジスタである。したがって，JFET のゲート端子にこの pn 接合部に順バイアスするような電圧が印加されると，順方向電流が流れてトランジスタを破壊することがあるので，取り扱いには注意を要する。

　FET のバイアス法は，2.1.1 項で述べたバイポーラトランジスタと基本的には同じである。図 2.10 に，そのバイアス法を示す。図(a)は電源 2 個を必要とする固定バイアス回路，図(b)は電源 1 個でフィードバックがかかる自己バイアス回路，図(c)はフィードバック機能と抵抗 R_1, R_2 による分圧機能によりバイアス電圧 V_{GS} を決定する電圧分割バイアス回路である。

　回路の安定性の面では図(a)，図(b)，図(c)の順に後者になるほどよくなるが，出力電流の大きさは後者になるほど小さくなる。

　図(b)，図(c)中に破線で示されているバイパスコンデンサ C_S は，バイポーラトランジスタ回路と同様，信号分については抵抗 R_S を短絡させ増幅度を高い値に維持する働きがあり，一般的には必ず回路に用いられる（バイパスコンデンサの取り扱い方については第 3 章を参照）。

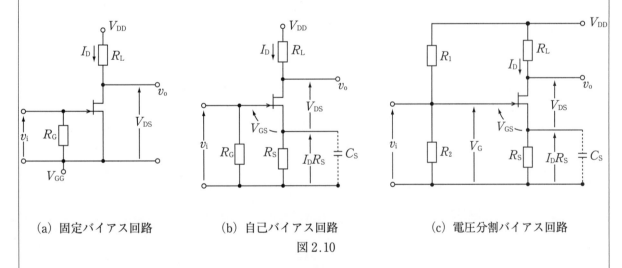

(a) 固定バイアス回路　　　　(b) 自己バイアス回路　　　　(c) 電圧分割バイアス回路
図 2.10

　出力電流 I_D は入力側回路の電圧 V_{GS} で制御され，図(a),(b),(c)，いずれの回路においても前述の式(1-4)より，すなわち次式で表される。

$$I_D = I_{DSS}[1-(V_{GS}/V_{GS(off)})]^2 \tag{2-19}$$

　FET もバイポーラ型と同様，使用環境下では温度や電源電圧の変動の影響を受けトランジスタの静特性そのものが変化する。つまり，I_{DSS} および $V_{GS(off)}$ の値が使用環境下で変わ

る。

このことを考慮すると，FET の安定性は，特性が変化した際に I_D と V_{GS} がどの程度変化するかで評価しなければならないことがわかる。図 2.10 の各回路における V_{GS} はそれぞれ次のように表される。

図(a)；$V_{GS} \fallingdotseq V_{GG}$　　　　　　(2-20)

図(b)；$V_{GS} = -I_D R_S$　　　　　　(2-21)

図(c)；$V_{GS} = \dfrac{R_2}{R_1 + R_2} V_{DD} - I_D R_S$　　(2-22)

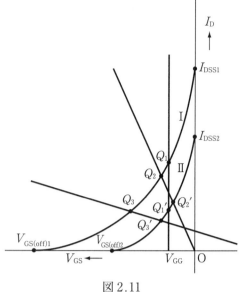

図 2.11

使用環境下で FET の静特性が変化するなかで式(2-20)-(2-22)が及ぼす影響は，図 2.11 のように表される。トランジスタの特性が I から II へ変化するにともない図(a)の回路では動作点 Q_1 が Q_1' に移動する。図(b)の回路では Q_2 が Q_2' に，図(c)の回路では Q_3 が Q_3' に移動する。つまり，I_D 値そのものは図(a)の回路が最も大きくとれるが，回路の安定性は最も低い。逆に，図(c)の回路では大きな I_D 値はとれないが，回路の安定性は最も高いことがわかる。

問題　7.1　図 2.10(a), (b) では抵抗 R_G があるにもかかわらず V_{GS} が式 (2-20), (2-21) で与えられるのはなぜか。

問題　7.2　JFET では V_{GS} は逆バイアスで使用すべきであるが，許容される順バイアスはどの程度か。入力抵抗 $100\,\mathrm{k\Omega}$ を保つための順バイアスの大きさ V_{GS} を算出しなさい。ただし，等価ダイオードの逆方向飽和電流 I_S は $100\,\mathrm{pA}$ とし，ゲート電流 I_G は $I_G \fallingdotseq I_S \exp[eV_{GS}/(kT)]$ で近似できるとする。

問題　7.3　図 2.10(b) の回路において，$R_S = 100\,\Omega$ の場合の V_{GS} および I_D の値を求めなさい。ただし，JFET の特性は式 (2-19) で近似され，$I_{DSS} = 8\,\mathrm{mA}$, $V_{GS(off)} = -0.8\,\mathrm{V}$ とする。

問題 7.4 図2.10(c)の回路において，$R_1 = 1\,\mathrm{M\Omega}$, $R_2 = 100\,\mathrm{k\Omega}$, $R_S = 1\,\mathrm{k\Omega}$, $V_{DD} = 12\,\mathrm{V}$ の場合の V_{GS} および I_D の値を求めなさい。ただし，JFET の特性は式(2-19)で近似され，$I_{DSS} = 8\,\mathrm{mA}$, $V_{GS(off)} = -0.8\,\mathrm{V}$ とする。

チェック項目	月　日	月　日
バイポーラ形と同様に FET のバイアス設計もできるか。		

2.2.2 シグナルの増幅設計

　JFET の信号分の取り扱いについては，入力側回路では高抵抗のため電流通路を形成しないので，バイポーラ型のように入力側の電流を基準にすることができず，代わりに電圧 v_{gs} を基準に考える。したがって，出力側のドレイン電流 i_d は

$$i_d = g_m v_{gs} \tag{2-23}$$

で表される。g_m は相互コンダクタンスで，次式で定義される。すなわち

$$g_m = \frac{\Delta I_D}{\Delta V_{GS}}\bigg|_{V_{DS}=\text{const.}} \tag{2-24}$$

g_m の単位は [S] であり，実際には $0.1 \sim 20\,\text{mS}$ の場合が多い。また，g_m は JFET の特性式(2-19)を V_{GS} で微分することによりえられ

$$g_m = -\frac{2I_{DSS}}{V_{GS(off)}}\left(1 - \frac{V_{GS}}{V_{GS(off)}}\right) \tag{2-25}$$

で表される。また，ドレイン抵抗 r_d は，ドレイン・ソース間の信号電圧を v_{ds} と置くと

$$r_d = \frac{v_{ds}}{i_d} \tag{2-26}$$

で表される。JFET が飽和領域で動作する場合，r_d は原理的には無限大になってしまう。実際には $10\,\text{k}\Omega \sim$ 数 $10\,\text{M}\Omega$ になる場合が多い。

　上記の g_m, i_d, r_d を考慮すると，例えば図2.10(a)で示されるソース接地形回路の低周波領域における小信号等価回路は図2.12のように表すことができる。

　電圧増幅度 A_V は

$$A_V = \frac{v_o}{v_i} = -g_m \frac{r_d R_L}{r_d + R_L} \tag{2-27}$$

で表されるが，$r_d \gg R_L$ の場合には

$$A_V \fallingdotseq -g_m R_L \tag{2-28}$$

となる。符号の－は，入力信号と出力信号の位相が互いに逆相関係にあることを表す。

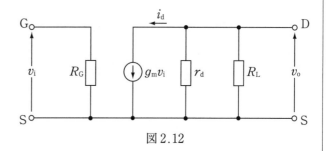

図 2.12

問題 8.1 JFET の静特性が式(2-19)で表され，$I_{DSS}=8\,\mathrm{mA}$，$V_{GS(off)}=-1.0\,\mathrm{V}$ のとき，相互コンダクタンス g_m を V_{GS} の関数で表しなさい。

問題 8.2 図2.12で表されるソース接地方式の電流源を用いた小信号等価回路を，電圧源を用いた回路に変換しなさい。ただし，JFET の電圧増幅率は μ とする。

問題 8.3 演図2.7で示されるゲート接地方式 JFET 回路の小信号等価回路を電流源を用いて示しなさい。ただし，JFET の電圧増幅率は μ とする。【ノート解答】

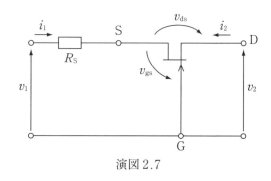

演図 2.7

問題 8.4 演図2.8で示されるドレイン接地方式 JFET 回路について，各問いに答えなさい。

(1)小信号等価回路を電圧源を用いて示しなさい。

(2)電圧増幅度 $A_v(=v_d/v_g)$ および出力抵抗 R_o を表す式を導出しなさい。

(3)$g_m=3.0\,\mathrm{mS}$，$r_d=20\,\mathrm{k\Omega}$，$R_L=50\,\mathrm{k\Omega}$ のとき，A_v および R_o を算出しなさい。【ノート解答】

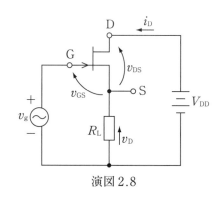

演図 2.8

チェック項目	月　日	月　日
相互コンダクタンス g_m を用いた FET の信号等価回路が描けるか。		

2.2.3 負荷線

回路の負荷の取り扱い方については，JFET の場合も基本的にはバイポーラトランジスタと同じである。$I_D - V_{DS}$ の関係を示す出力特性（パラメータは V_{GS}）は飽和領域を使用するのが一般的であり，図2.10(a),(b),(c)の各回路における直流負荷線は，それぞれ次の式で表される。

$$図(a)：I_D = \frac{V_{DD} - V_{DS}}{R_L} \tag{2-29}$$

$$図(b)，(c)：I_D = \frac{V_{DD} - V_{DS}}{R_L + R_S} \tag{2-30}$$

入力側回路の特性により V_{GS} が決まるので，その V_{GS} のもとでえられる $I_D - V_{DS}$ 特性線と上述の直流負荷線との交点が動作点Qになる。その様子は，図2.10(b)の自己バイアス回路で対応すると，図2.13のようになる。すなわち，入出力伝達特性（$I_D - V_{GS}$）線と入力側負荷線（この場合は，$V_{GS} = -I_D R_S$）との交点Pから出力電流の制御電圧 V_{GS} が決まる。この V_{GS} の条件下でえられる $I_D - V_{DS}$ 特性線が（Ⅰ）であれば，この

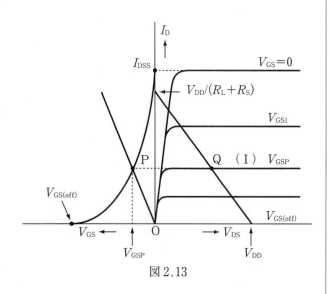

図2.13

特性線と式(2-30)で与えられる直流負荷線との交点Qが出力側回路の動作点になる。すなわち，V_{DS} と I_D が一意的に決まる。当然，信号はこれに重畳される。

問題 9.1 図 2.10(a) の JFET 回路において $V_{DD}=10\,\mathrm{V}$, $R_L=1\,\mathrm{k\Omega}$ とすると，出力側回路の I−V 特性は演図 2.9 のようにえられたという。次の各問いに答えなさい。

(1) $V_{GS}=-0.15\,\mathrm{V}$ に対応する出力側回路の動作点電圧および電流を負荷線を描いて求めなさい。

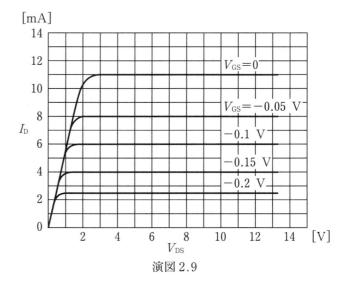

演図 2.9

(2) $V_{GS}=-0.15\,\mathrm{V}$ の条件下で，V_{DD} の値を変えないで電力効率を最大にするためには抵抗 R_L はいくらに変更すればよいか。負荷線を描いて求めなさい。

問題 9.2 演図 2.10 にソース接地方式 n チャネル形 JFET 回路を示す。抵抗 R は 1.2 kΩ，直流電圧 E_2 は 12 V，直流電圧 E_1 は電圧可変型の直流電源である。この回路の I-V 特性は演図 2.11 のようにえられたという。

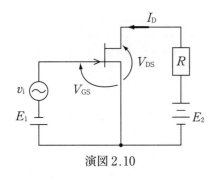

演図 2.10

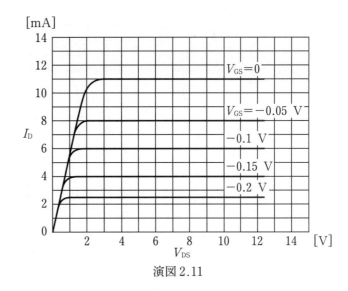

演図 2.11

演図 2.10 の回路において，$V_{GS}=-0.1$ V，$v_i=\sin(2\times10^3\pi t)$ [mV] のとき，次の各問いに答えなさい。

(1) 動作点の電圧 V_{DS} および電流 I_D はそれぞれいくらか。

(2) この条件下での相互コンダクタンス g_m はいくらか。

(3) 抵抗 R の端子間でえられる直流電圧 V_R はいくらか。また，抵抗 R の端子間でえられる信号電圧 v_R はどのように表されるか，数式で答えなさい。

問題 9.3 演図 2.12 に JFET 回路を，また演図 2.13 の右側にはこの回路の出力側回路の I−V 特性を示す。ただし，$R_L = 2\,\mathrm{k\Omega}$，$R_S = 1\,\mathrm{k\Omega}$，$V_{DD} = 9\,\mathrm{V}$ とする。次の各問いに答えなさい。

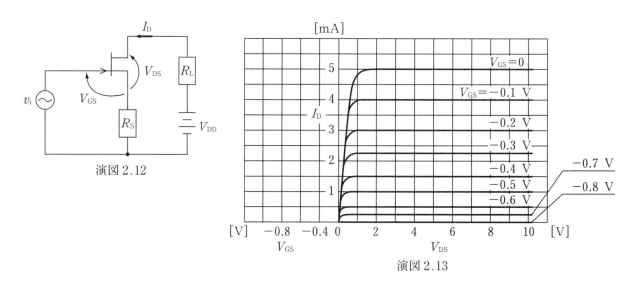

演図 2.12

演図 2.13

(1) 演図 2.13 の左側に，この JFET の伝達特性を描きなさい。

(2) 演図 2.13 に負荷線を描き入れ，この条件下における動作点（V_{GS}, V_{DS}, I_D）を求めなさい。

(3) V_{DD} および R_L の値は変えないで電力効率を最大にするためには抵抗 R_S はいくらに変更すればよいか，負荷線を描いて求めなさい。

チェック項目	月　日	月　日
負荷線の描き方，使い方には慣れたか。		

3 CR 結合増幅回路

トランジスタの出力側回路にRのほかにCを配置する意義を理解しよう。

3.1 CR 結合1段増幅回路

トランジスタ回路においてCは何のために，どのように配置されるかを学ぼう。

図 3.1 に結合コンデンサ C_o を介して負荷抵抗 R_L を接続した CR 結合1段増幅回路を示す。C_E はエミッタ側において交流成分のみを通し，高周波信号に対しては R_E を等価的に短絡する効果をもつバイパスコンデンサ，C_i および C_o は直流成分の通過を阻止し，交流成分のみを通過させる目的で用いられる結合コンデンサである。

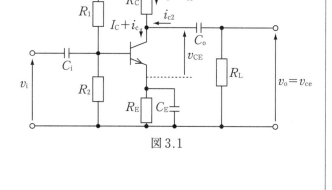

図 3.1

図 3.2 は，図 3.1 の信号分（交流成分）に関する h パラメータによる中域での等価回路である。トランジスタ回路では，一般に h_{re} および h_{oe} の値は小さいので，これらについては省略している。この等価回路から，電圧増幅度 A_{vm} は

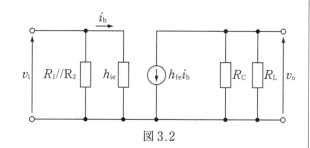

図 3.2

$$A_{vm} = \frac{v_o}{v_i} = -\frac{h_{fe}}{h_{ie}} R_L' \qquad (3\text{-}1)$$

ここで，$R_L' = R_C // R_L$ $\qquad (3\text{-}2)$

で表され，その大きさは周波数に依存しない一定値

$$|A_{vm}| = \frac{h_{fe}}{h_{ie}} R_L' \qquad (3\text{-}3)$$

で与えられる。また，入力信号と出力信号との位相は互いに反転することがわかる。さらに，C_E の効果により，C_E がないときに比べて電圧増幅率 $|A_{vm}|$ が大きくなることもわかる（問題 10.3 参照）。低域および高域での電圧増幅度（率）も同様にして求められる（問題 10.4，10.6 参照）。

問題　10.1　図 3.1 において，入力信号の周波数が 1 kHz，R_E が 1 kΩ のとき，R_E を交流的に短絡するためには C_E の容量はどの程度が要求されるか。

問題　10.2　図 3.1 において，$R_C=2\ \mathrm{k\Omega}$，$R_L=3\ \mathrm{k\Omega}$，$R_E=1\ \mathrm{k\Omega}$，$C_E=10\ \mathrm{\mu F}$，$C_o=10\ \mathrm{\mu F}$ のとき，コレクタ信号電流 i_C の負荷抵抗はいくらか。ただし，入力信号の周波数は 1 kHz とする。

問題　10.3　図 3.1 において，$R_1=40\ \mathrm{k\Omega}$，$R_2=20\ \mathrm{k\Omega}$，$R_C=2\ \mathrm{k\Omega}$，$R_L=3\ \mathrm{k\Omega}$，$R_E=1\ \mathrm{k\Omega}$，$C_i=C_o=C_E=20\ \mathrm{\mu F}$ とし，またトランジスタの性能として $h_{ie}=2\ \mathrm{k\Omega}$，$h_{fe}=80$，$h_{re}=h_{oe}=0$ とした場合について，次の各問いに答えなさい。

(1) 中域での電圧増幅度 A_{vm} を求めなさい。

(2) C_E がないときに比べて電圧増幅率は何倍になるか。また，この量を [dB] で表しなさい。

問題 10.4 図 3.1 において，信号の周波数が低い域では出力側の結合コンデンサ C_o のリアクタンスが大きくなり，出力インピーダンスに影響を及ぼし，信号等価回路は演図 3.1 のように表される（実際には入力側回路の C_i の影響もあるが，ここでは省略している。）。Z_E は R_E と C_E の合成インピーダンスを表す。

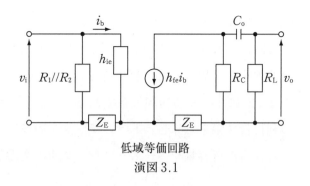

低域等価回路
演図 3.1

この回路図から，低域での電圧増幅度 A_{vl} を導出しなさい。ただし，$R_1 /\!/ R_2 \gg h_{ie}$ とする。

問題 10.5 図 3.1 において，$R_1 = 40\,\mathrm{k\Omega}$，$R_2 = 20\,\mathrm{k\Omega}$，$R_C = 2\,\mathrm{k\Omega}$，$R_L = 4\,\mathrm{k\Omega}$，$R_E = 1\,\mathrm{k\Omega}$，$C_i = C_o = C_E = 20\,\mathrm{\mu F}$ とし，またトランジスタの性能として $h_{ie} = 2\,\mathrm{k\Omega}$，$h_{fe} = 80$，$h_{re} = h_{oe} = 0$ とした場合について，次の各問いに答えなさい。

(1) 低域遮断周波数 f_{cl} を算出しなさい。

(2) 信号の周波数 f が $f = f_{cl}$ のとき，出力信号電圧と入力信号電圧の位相差 θ はいくらか。

問題 10.6 信号の周波数が高い域では C_o は短絡とみなされるが、信号の1周期がキャリアの走行時間より短くなるため、キャリアは信号のエネルギーを十分授受できなくなり実質的に h_{fe} は低下する。周波数に依存するこの量は $h_{fe}/[1+j(\omega/\omega_c)]$ で表される。ω_c は h_{fe} が中域での値の $1/\sqrt{2}$ に相当する角周波数である。これに対応する周波数 $f_c(=\omega_c/2\pi)$ は $h_{fe}=1$ となるときの利得帯域幅を意味し、トランジション周波数とも呼ばれている。また、高周波になると配線などによる浮遊容量やベース–コレクタ間の空乏層容量が大きくなり（これらを合わせた容量は分布キャパシタンス C_{os} と呼ばれている。）、その影響で h_{fe} はさらに低下する。したがって、高域での信号等価回路は演図3.2のように表される。

この回路図から、高域での電圧増幅度 A_{vh} を導出しなさい。ただし、$R_1//R_2 \gg h_{ie}$ とする。

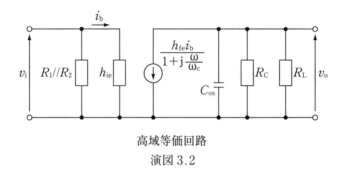

高域等価回路
演図 3.2

チェック項目	月　日	月　日
バイパスコンデンサの役割と設計手法は理解できたか。		

> 出力電流の直流分，交流分を決める直流負荷線，動作点，交流負荷線の役割を理解しよう。

　トランジスタの特性曲線をもとに作図により入出力信号を解析する方法がある。いずれの回路においてもトランジスタ周りの回路定数により直流分の動作点が決まり，その動作電圧と動作電流に信号分が重畳されるが，回路定数により決まる負荷の大きさによりえられる信号分の大きさや入出力信号の関係が直感的で理解しやすい。ここでは出力側回路を取り扱う。

　図 3.1 の回路の出力側における電圧と電流の関係は

$$V_{CE} = V_{CC} - I_C(R_C + R_E) \qquad (3\text{-}4)$$

となり，図 3.3 の直流負荷線 AB で表される。回路定数を設定すると負荷線 AB 上の動作点（バイアス点）Q が決まる。この動作点 Q の電圧，電流をそれぞれ V_{CEQ}, I_{CQ} とすると，直流分と交流分を重畳した電圧と電流の関係は

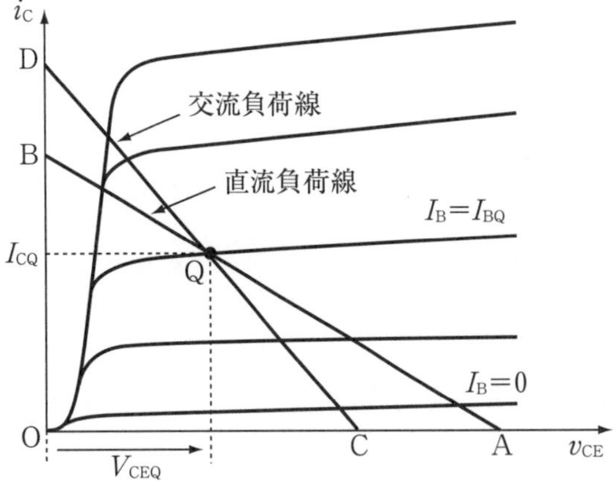

図 3.3

$$v_{CE} = V_{CC} - I_{CQ}(R_C + R_E) - i_c(R_C/\!/R_L) \qquad (3\text{-}5)$$

ここで

$$R_C/\!/R_L = R_C R_L/(R_C + R_L) \qquad (3\text{-}6)$$

となり，図 3.3 の交流負荷線 CD で表される。

　負荷線の描き方としては，まず，$I_C = 0$ で $V_{CE} = V_{CC}$ となる点を通り，傾き $dV_{CE}/dI_C = -(R_C + R_E)$ の直線を描くことにより直流負荷線がえられる。次に，動作点 Q を通り，傾き $dv_{ce}/di_c = -(R_C/\!/R_L)$ の直線を描くことにより交流負荷線がえられる。このことから，抵抗 $R_C + R_E$ は直流負荷，$R_C/\!/R_L$ は交流負荷と呼ばれている。

　入力信号の振幅がある程度大きくなっても波形が歪むことなく増幅出力が得られるためには，動作点 Q を直線 CD 上の中点に選定する必要がある。このことは，トランジスタを使う際の本来の目的であるので，最適条件ともいわれる。出力特性の立ち上がり部は実際には急峻で不活性領域はほとんどないので，最適条件下における I_{CQ} を I_{op} とすると

$$I_{op} = \frac{V_{CC}}{R_C + R_E + (R_C/\!/R_L)} \qquad (3\text{-}7)$$

となる。

問題 11.1　演図 3.3(a)〜(c) の各回路における出力側回路における直流負荷 R_{DC}，および交流負荷 R_{AC} はそれぞれ何か。図中の C_E はバイパスコンデンサ，C_o は結合コンデンサである。

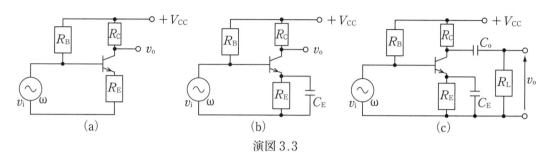

演図 3.3

問題 11.2　式(3-5)および式(3-7)を導出しなさい。

問題 11.3　図 3.1 の抵抗 R_2 に流れる直流電流 I_2 を V_{CC}，R_1，R_2，およびベース直流電流 I_B を用いて式で表しなさい。

問題 11.4 図 3.1 の回路において $R_1 = 400\,\mathrm{k\Omega}$, $R_2 = 100\,\mathrm{k\Omega}$, $R_\mathrm{C} = 4\,\mathrm{k\Omega}$, $R_\mathrm{E} = 1\,\mathrm{k\Omega}$, $R_\mathrm{L} = 6\,\mathrm{k\Omega}$, C_i と C_o は結合コンデンサ, C_E はバイパスコンデンサである。また, $V_\mathrm{CC} = 15\,\mathrm{V}$, $V_\mathrm{BE} = 0.8\,\mathrm{V}$ とし, トランジスタの性能として $h_\mathrm{ie} = 1\,\mathrm{k\Omega}$, $h_\mathrm{fe} = 60$, $h_\mathrm{re} = h_\mathrm{oe} = 0$ とする。さらに, ベース直流電流 I_B は R_1, R_2 を流れる直流電流 I_1, I_2 に比べて極めて小さく省略できるとする。次の各問いに答えなさい。

(1) 動作点の直流電圧 V_CEQ と直流電流 I_CQ を求めなさい。

(2) 出力側回路における直流負荷線および交流負荷線を図示しなさい。

(3) $v_\mathrm{i} = 2\sin(10^4 \pi t)\,[\mathrm{mV}]$ のとき, i_c はどのように表されるか。式で示しなさい。

問題 11.5 問題 11.4 の回路で抵抗 R_E の値だけが変えられるとき（R_E 値を変えると, 実際には動作点が変わるが, ここでは動作点は不動とする。）, 信号に対する最適条件を満たすように R_E を再設計しなさい。ただし, 出力特性において不活性領域はほとんどないとする。

問題　11.6　トランジスタ回路では直流分のエネルギーを利用して信号分のエネルギーを取り出すことになり，変換効率が大きいことが望まれる。回路への供給電力を P_{dc}，出力負荷での消費電力を P_{ac} とすると，電力効率 η は，$\eta = P_{ac}/P_{dc}$ で定義される。

　さて，図3.1の回路で C_o と R_L を取り除いた回路における最大電力効率 η_{max} を求めなさい。ただし，$R_C \gg R_E$ とし，また出力特性において不活性領域はほとんどないとする。

チェック項目	月　日	月　日
CR 結合増幅回路の直流負荷線，交流負荷線は自在に操作できるか。		

3 CR 結合増幅回路　　3.3 CR 結合 2 段増幅回路

縦続接続増幅回路では後段の入力インピーダンスは前段の出力インピーダンスであることを理解しよう。

図 3.4 は CR 結合 2 段増幅回路の一例である。中域における信号等価回路は図 3.5 のようになる。

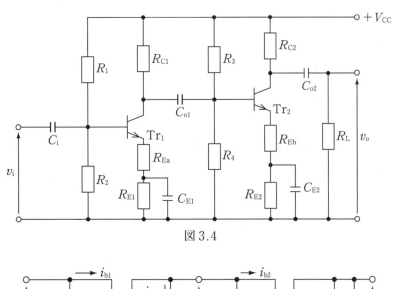

図 3.4

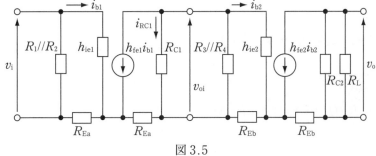

図 3.5

回路全体の電圧増幅度 A_v は

$$A_v = A_{v1} \cdot A_{v2}$$

$$= \frac{-h_{fe1}(R_{C1}//R_{i2})}{h_{ie1}+h_{fe1}R_{Ea}} \cdot \frac{-h_{fe2}(R_{C2}//R_L)}{h_{ie2}+h_{fe2}R_E}$$

$$= \frac{-h_{fe1}R_{C1}}{h_{ie1}+h_{fe1}R_{Ea}} \cdot \frac{-h_{fe2}(R_{C2}//R_L)}{h_{ie2}+h_{fe2}R_{Eb}} \cdot \frac{1}{1+(R_{C1}//R_{i2})} \tag{3-8}$$

中域での増幅率をできるだけ高めるためには $R_{i2}(=R_3//R_4//(h_{ie2}+h_{fe2}R_{Eb}))$ を十分大きく設計する必要がある。しかしながら，この場合には有効に使える帯域幅 $B(=f_h-f_l)$ は狭くなる。実際には，帯域幅を重視するのか，増幅率を重視するのかによって，1 段のみで用いたり，2 段あるいはそれ以上の多段で使用したりする。

広帯域増幅器の場合は $f_h \gg f_l$ であるから，帯域幅 B は $B \fallingdotseq f_h$ となり，f_l はあまり問題にすることはないが，CR 結合方式の増幅器は低域で用いられることが多く，その場合には所望の f_l を満足するようにコンデンサ C_E および C_o の容量値を決定することが重要となる。

これらは，次のようにして決定すればよい。

中域以上の高周波数範囲におけるエミッタ側回路はバイパスコンデンサ C_E の効果により短絡とみなされるが，低域になると C_E はエミッタ側回路のインピーダンスに影響を及ぼすことになる。低域で入力側に換算される帰還インピーダンスは $h_{fe}[R_E//(1/j\omega C_E)]$ で表され，低域遮断周波数 f_{l1} は

$$f_{l1} = \frac{1}{2\pi C_E R_E} \tag{3-9}$$

で与えられる。また，結合コンデンサ C_o の影響もこれと同様に考えられる。

低域遮断周波数 f_{l2} は，次段の増幅回路の入力インピーダンスを R_i とすると

$$f_{l2} = \frac{1}{2\pi C_o R_i} \tag{3-10}$$

で与えられる。

逆に，CR 結合 2 段増幅回路設計において $f_l (= f_{l1} = f_{l2})$ が与えられると，バイパスコンデンサ C_{E1}, C_{E2}, ならびに C_i, C_{o1} はそれぞれ次のように決定される。

$$C_{E1} = \frac{1}{2\pi f_l R_{E1}} \tag{3-11}$$

$$C_{E2} = \frac{1}{2\pi f_l R_{E2}} \tag{3-12}$$

$$C_i = \frac{1}{2\pi f_l R_{i1}} \tag{3-13}$$

$$(R_{i1} = R_1 // R_2 // (h_{ie1} + h_{fe1} R_{Ea}))$$

$$C_{o1} = \frac{1}{2\pi f_l R_{i2}} \tag{3-14}$$

$$(R_{i2} = R_3 // R_4 // (h_{ie2} + h_{fe2} R_{Eb}))$$

問題　12.1　式(3-9)，式(3-10)をそれぞれ導出しなさい。

問題　12.2　図 3.4 の CR2 段結合トランジスタ回路において，$R_{E1}=1\,k\Omega$，$R_{E2}=0.5\,k\Omega$ のとき，低域遮断周波数を $50\,Hz$ にするためには C_{E1}，C_{E2} の容量はそれぞれいくらに設定しなければならないか。

問題 12.3 CR 結合 JFET 回路を演図 3.4 に，その等価回路を演図 3.5 に示す。ただし，C_s は低域でも有効なバイパスコンデンサとする。次の各問いに答えよ。

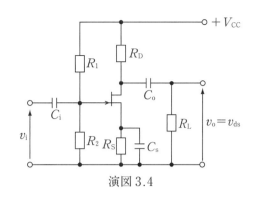

演図 3.4

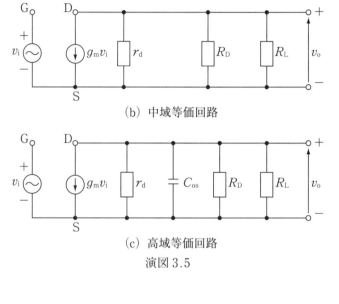

(a) 低域等価回路

(b) 中域等価回路

(c) 高域等価回路
演図 3.5

(1)演図 3.4 から各周波数範囲における等価回路が演図 3.5 のように表せることを説明せよ。

(2)演図 3.4 および演図 3.5 の回路において，$r_d = 50\,\text{k}\Omega$，$R_D = 100\,\text{k}\Omega$，$R_L = 300\,\text{k}\Omega$，$C_{os} = 10\,\text{pF}$，$C_i = C_o = 0.1\,\mu\text{F}$，$g_m = 4\,\text{mS}$ のとき，A_{vm}，f_1 および f_h を求めよ。

【ノート解答】

問題 12.4 CR 結合 2 段トランジスタ回路（図 3.4）において，1 段目，2 段目の電圧増幅度をそれぞれ A_{v1}，A_{v2} とするとき，回路全体の電圧増幅率 $|A_v| = |A_{v1}| \cdot |A_{v2}| \fallingdotseq 100$ となるように次のような手順で各回路定数を有効数字 2 桁で求めよ。ただし，$V_{CC} = 12\,\text{V}$，$R_{C1} = R_{C2} = R_L = 2\,\text{k}\Omega$，$h_{fe1} = h_{fe2} = 60$，$I_{C1} = I_{C2} = 2\,\text{mA}$，$h_{ie1} = h_{ie2} = 1\,\text{k}\Omega$，$V_{BE1} = V_{BE2} = 0.6\,\text{V}$ とし，各トランジスタの出力特性における不活性領域はないものとする。

(1)$|A_{v2}| \fallingdotseq 8$ 倍として，最大出力電圧がえられるように R_{Eb}，R_{E2} を決定せよ。

(2)Tr_2 の h_{fe2} が 60 から 150 に変わっても I_{C2} の変化が 10 % 以下になるように R_3，R_4 を決定せよ。

(3)1 段目の増幅回路の出力端子からみた 2 段目の増幅回路の入力インピーダンス R_{i2} を求めよ。

(4)1 段目の増幅回路について，最大出力電圧がえられるように R_{Ea}，R_{E1} を決定せよ。

(5)1 段目の増幅回路の入力インピーダンス R_{i1} が 1.5 kΩ になるように R_1，R_2 を決定せよ。

(6)低域遮断周波数 $f_1 = 300\,\text{Hz}$ となるように各コンデンサの容量値を決定せよ。

【ノート解答】

チェック項目	月　日	月　日
CR 段増幅回路と 2 段増幅回路の負荷の違いは実感できるか。		

4 直結形増幅回路

直流あるいは超低周波信号を増幅ための直結形増幅回路の設計法を学ぼう。

4.1 2段直結形増幅回路

2段接続回路ではあるが，バイアス設計は1段分すればすむ回路もある。

図4.1はエミッタ接地－コレクタ接地2段直結形増幅回路である。この回路はエミッタ接地段の出力端子をコレクタ接地段，すなわち，エミッタホロワの入力端子に直接接続する増幅回路である。

抵抗 R_{C1} に流れる直流電流は Tr_1 のコレクタ電流 I_{C1} のほかに Tr_2 を駆動するためのベース電流 I_{B2} が加わることになる

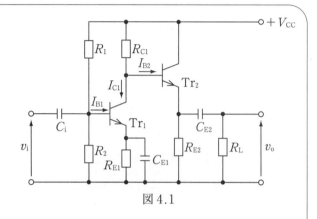

図4.1

が，多くの場合，$I_{C1} \gg I_{B2}$ となるので，I_{C1} に対して I_{B2} を無視して考えても差し支えない。言い換えれば，Tr_2 は Tr_1 のコレクタ電位によりバイアスされるので，エミッタホロワのために特別なバイアス回路を設けなくてもよいということになる。

図4.1の信号等価回路は図4.2で表される。図(b)は図(a)をエミッタ接地段の増幅回路について書き直した図である。

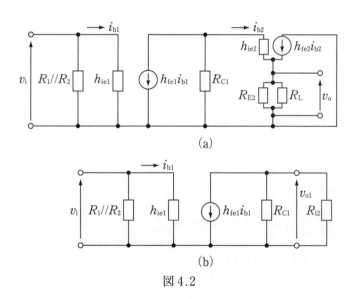

(a)

(b)

図4.2

図(b)における R_{i2} は2段目の増幅回路，すなわち，エミッタホロワの入力インピーダンスであるが，一般には h_{ie2}，R_{E2} ともに $1\,k\Omega$ 程度であり，また，1段目のエミッタ接地段の負荷抵抗は図(b)から R_{C1} と R_{i2} の並列合成抵抗となるが，一般には $R_{C1} \ll R_{i2}$ であるので，$R_{C1}//R_{i2} \fallingdotseq R_{C1}$ となり，R_{i2} の効果を無視でき，エミッタ接地段（1段目）の電圧増幅度

A_{v1} は

$$A_{v1} = \frac{v_{o1}}{v_i} = \frac{-h_{fe1}i_{b1}(R_{C1}//R_{i2})}{h_{ie1}i_{b1}} \fallingdotseq -\frac{h_{fe1}}{h_{ie1}}R_{C1} \tag{4-1}$$

となり，2段目のエミッタホロワの電圧増幅度は1であるから，結局，図4.1の回路全体の電圧増幅度 A_v は $A_v = A_{v1}$ となる。

エミッタホロワがない場合の電圧増幅度 A_v' は

$$A_v' = -\frac{h_{fe1}}{h_{ie1}}R_{C1}//R_L \tag{4-2}$$

で表され，一般には R_{C1} と R_L の抵抗値は同等のものを用いる場合が多く，$|A_v| > |A_v'|$ となる。つまり，エミッタホロワを接続することにより，見かけ上の負荷抵抗を大きくすることができ，電圧増幅率の低下を防ぐことができることになる。

図4.3は，オーディオ用プリアンプなどに用いられるエミッタ接地2段直結形増幅回路である。Tr_1 のバイアスは，Tr_2 のエミッタ回路から Tr_1 のベースに接続された帰還抵抗 R_F によって行われ，回路は非常によく安定する。図4.4は，この信号等価回路である。図中の R_F は通常，$R_F \gg h_{ie1}$ に設定される。

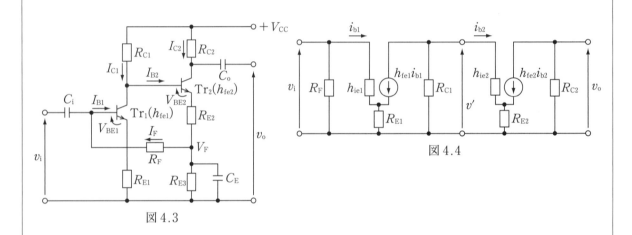

図4.3

図4.4

回路全体の電圧増幅度 A_v は

$$A_v = \frac{v_o}{v_i} = \frac{-h_{fe1}R_{C1}}{h_{ie1} + h_{fe1}R_{E1}} \cdot \frac{-h_{fe2}R_{C2}}{R_{C1} + h_{ie2} + h_{fe2}R_{E2}} \tag{4-3}$$

で表される。また，回路全体の入力インピーダンス R_i は

$$R_i = \frac{R_F(h_{ie1} + h_{fe1}R_{E1})}{R_F + (h_{ie1} + h_{fe1}R_{E1})} = R_F//(h_{ie1} + h_{fe1}R_{E1}) \tag{4-4}$$

で表され，2段目以降の影響を受けない。

問題 13.1 式(4-1)を導出しなさい。

問題 13.2 式(4-3)を導出しなさい。

問題 13.3 帰還バイアス型2段直結形トランジスタ増幅回路（図4.3）について，次の各問い
に答えなさい。

(1)I_{C1}, I_{C2} を表す式を求めなさい。

　ただし，h_{FE1}, $h_{FE2} \gg 1$, $R_{C1} \gg R_{E3}/h_{FE1}$, $R_F \gg R_{E3}$ とする。

【ノート解答】

(2) $V_{CC}=12\,\text{V}$, $h_{FE1}=h_{FE2}=100$, $V_{BE1}=V_{BE2}=0.6\,\text{V}$, $h_{ie1}=h_{ie2}=1\,\text{k}\Omega$, $R_F=120\,\text{k}\Omega$ のとき，電圧増幅率 300 倍（1 段目 20 倍，2 段目 15 倍），$f_1=10\,\text{Hz}$，$I_{C1}\fallingdotseq0.1\,\text{mA}$，$I_{C2}\fallingdotseq1\,\text{mA}$ になるように R_{E1}, R_{E2}, R_{E3}, R_{C1}, R_{C2}, C_E を決定しなさい。

(3) 上記(2)の設計例から，次のように h_{FE} が変化したときの I_C の変化率 $\Delta I_C/I_C$ を，1 段目および 2 段目の回路についてそれぞれ求めなさい。

ⅰ）$h_{FE1}=100$, $h_{FE2}=100\rightarrow200$ の場合

ⅱ）$h_{FE2}=100$, $h_{FE1}=100\rightarrow200$ の場合

チェック項目	月　日	月　日
2 段接続回路も基本回路と同じように扱うことができ，部品は増えるが，1 段あたりの回路の負荷は減らせることが理解できたか。		

破格の高電流増幅率がえられるダーリントン回路，高出力インピーダンスがえられるブートストラップ回路，2つの出力側に同じ電流がえられるカレントミラー回路などの特徴的なトランジスタ接続回路を理解しよう。

　ダーリントン接続増幅回路は，それ自体は増幅回路ではなく，図4.5に示すように2個のトランジスタを直接結合して，等価的に大きな値の h_{fe} をもつトランジスタがえられることを目的としている。

　図においてトランジスタの電流増幅率をそれぞれ h_{fe1}，h_{fe2} とすると，回路全体の電流増幅率 h_{fe} は

$$h_{fe} \fallingdotseq h_{fe1}h_{fe2} \qquad (4\text{-}5)$$

となり，ダーリントン接続増幅回路は極めて大きな電流増幅率をえることができる。

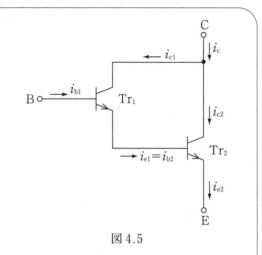

図4.5

　ブートストラップ回路は図4.6で示され，Tr_1 の増幅率を上げて信号の歪みを低減する効果が期待できる回路である。

　C_B がなければ Tr_1 の負荷は R_1+R_2 と Tr_2 の入力インピーダンスの並列合成抵抗になるが，Tr_2 でインピーダンスを下げておくと，その出力を使い R_2 の上側のノードの電位を変えることができる。その結果，Tr_1 のコレクタ端子から見ると，例えば電圧が少し上昇したとすると R_2 の先の電圧は同じ分だけ上昇するので，R_2 に流れる電流は変化しない。Tr_2 のベース電流を無視すれば，Tr_1 のコレクタ電流は変化しない。このため，コレクタ端子から外を見た交流インピーダンス（$\Delta v/\Delta i$）は，Δi がほぼ0になるため，大きな値になる。必然的に Tr_1 の電圧増幅率は大きくなる。

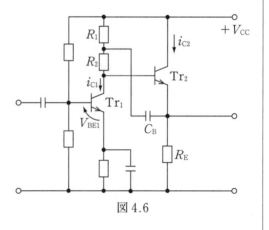

図4.6

　図4.7は図4.6の Tr_2 に関する信号等価回路である。図中の v_i，i_i はそれぞれ Tr_1 の出力電圧，出力電流を表す。図4.7より

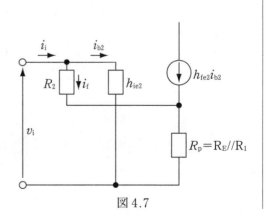

図4.7

$$v_i \fallingdotseq R_2 i_f + R_p (i_f + h_{fe2} i_{b2})$$
$$R_p = R_E // R_1$$
$$h_{ie2} i_{b2} = R_2 i_f$$
$$(4\text{-}6)$$

が成り立つ。式(4-6)において v_i と i_b の関係を求めると

$$v_i = (R_2 + R_p) i_f + h_{fe2} R_p i_{b2} = \left[\frac{h_{ie2}(R_2 + R_p)}{R_2} + h_{fe2} R_p \right] i_{b2} \tag{4-7}$$

となる。したがって，図4.7の Tr_2 に対する入力インピーダンス，すなわち図4.6の Tr_1 の等価負荷インピーダンス R_L は

$$R_L = \frac{v_i}{i_i} = \frac{v_i}{i_{b2} + i_f} \tag{4-8}$$

で表され，これに式(4-7)および式(4-6)を用いると

$$R_L = \frac{h_{ie2}[1 + (R_p/R_2)] + h_{fe2} R_p}{1 + (h_{ie2}/R_2)} \tag{4-9}$$

がえられる。式(4-9)からは負荷インピーダンスの大小は一概にはわからないが，一般には高いインピーダンスを実現できる。

　また，Tr_1 の入力につながっている信号源が低いインピーダンスのときは，Tr_1 の h_{ie} は非線形性 (v_{be}/i_b) であるので，歪みが導入される。ところが，i_c が変動しなくなると i_b もあまり変化しない範囲で使用されることになり，非線形性による歪みの効果は低減されることになる。

　カレントミラー回路は，図4.8のようにトランジスタのベース同士，エミッタ同士が接続される回路で，$V_{BE1} = V_{BE2}$ となる。また，2個のトランジスタの特性が同じであれば，図示のように $I_{C1} = I_{C2}$ となる。I_{C1} を基準にすれば，それと同じ大きさの電流 I_{C2} がえられるため，電流 I_{C1} を映すという意味でカレントミラー回路と呼ばれる。

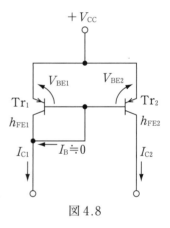

図4.8

問題　14.1　式(4-5)を導出しなさい。

問題　14.2　図 4.6, 図 4.7 のブートストラップ回路において, $I_{C1}=100\,\text{mA}$, $I_{C2}=100\,\text{mA}$, $R_1=R_2=400\,\Omega$, $R_E=200\,\Omega$, $h_{ie2}=2\,\text{k}\Omega$, $h_{fe2}=100$ とするとき, Tr_1 の負荷抵抗 R_L を算出し, コンデンサ C_B がないときの負荷抵抗 R_{L0} と比較しなさい。

問題　14.3　トランジスタの取り扱い上, エミッタ内部抵抗を r_e, エミッタ直流電流を I_E とすると, $r_e I_E \fallingdotseq kT/e$ で表される。k はボルツマン定数, e は電子の電荷である。$T=300\,\text{K}$ における kT/e は何 V か。

問題　14.4　バイポーラ・トランジスタの入力インピーダンス h_{ie} を電流増幅率 h_{fe}, エミッタ内部抵抗 r_e を用いて表しなさい。

問題 14.5 演図 4.1 のダーリントン回路について，次の各問いに答えなさい。ただし，$V_{CC}=12\,\text{V}$，$R_B=2\,\text{M}\Omega$，$R_E=500\,\Omega$ とし，Tr_1 および Tr_2 の電流増幅率 h_{fe1} および h_{fe2} は，それぞれ 50 および 100 とする。また，トランジスタのオフセット電圧はともに 0.6 V，信号源の抵抗 R_S は 2 kΩ とする。

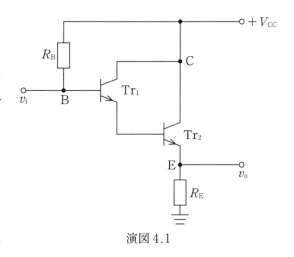

演図 4.1

(1) Tr_1 側のベース直流電流 I_B，Tr_2 側のエミッタ直流電流 I_E はそれぞれ何 A か。また，図中の点 B，点 E の直流電位 V_B，V_E はそれぞれ何 V か。

(2) 電圧増幅率 $|A_v|$ を求めなさい。

(3) 入力インピーダンス Z_i，出力インピーダンス Z_o はそれぞれ何 Ω か。

チェック項目	月　日	月　日
特殊な接続回路としてダーリントン接続回路，ブートストラップ回路，カレントミラー回路などがあり，その特徴を理解できたか。		

5 電力増幅回路

電力効率を高められる単純なトランス結合形と，巧妙なB級プッシュプル形の違いを理解しよう。

5.1 トランス結合形パワーアンプ回路

使用上の注意はあるが，R結合形よりはましな電力効率がえられるトランス結合形の原理を学び，R，L，Cの使い方を修得しよう。

　図5.1にトランス結合形パワーアンプ回路の例を示す。トランスの交流に対する変圧作用により容易に大きな電圧増幅度が得られる。しかし，CR結合形アンプ回路でも安価に段数を増やして増幅度を大きくすることができ，またトランスを利用するがために増幅度と位相の周波数特性はよくなく，トランスが原因の波形歪みを生ずる。また，構造的に大きくなり，磁気誘導を受けやすいという欠点もあるので，増幅段間にはあまり用いられなくなってきている。低インピーダンスの信号源または負荷との整合用，あるいは電力効率が問題となるパワーアンプなどに使用されている。

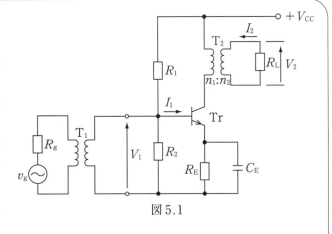

図5.1

　トランジスタの出力，すなわちコレクタ側からみた等価負荷抵抗 R_L' は

$$R_L' = (n_1/n_2)^2 R_L \qquad (5\text{-}1)$$

となる。したがって，トランスの一次側抵抗を無視すれば，図5.1における直流負荷線および交流負荷線はそれぞれ

$$V_{CE} = V_{CC} - I_C R_E \qquad (5\text{-}2)$$
$$v_{CE} = V_{CC} - I_{CQ} R_E - R_L' i_c \qquad (5\text{-}3)$$

となる。図示すると，図5.2のようになる。Trの出力特性において不活性領域がほとんどない場合，動作点Qを最適バイアス点に設定すると，供給される直流電力 P_{dc} と出力負荷で消費される信号分の最大消費電力 P_{Lmax} との比，すなわち電力効率の最大値 η_{max} は

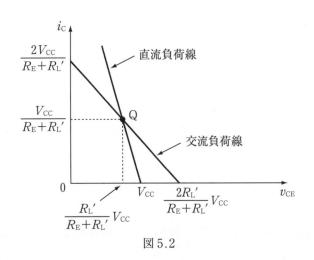

図5.2

$$\eta_{max} = \frac{P_{Lmax}}{P_{dc}} = \frac{1}{2} \cdot \frac{R_L'}{R_E + R_L'} \qquad (5\text{-}4)$$

で表される。$R_E \ll R_L'$ とすれば $\eta_{max} \fallingdotseq 0.5$ となり，CR結合増幅回路の場合に比べて2倍の電力効率がえられることがわかる。

問題　15.1　式(5-1)を導出しなさい。

問題　15.2　式(5-4)を導出しなさい。

問題　15.3　図 5.1 のトランス結合増幅回路（A級動作）において，$P_{Lmax}=0.5\,\mathrm{W}$，$V_{CEQ}=10\,\mathrm{V}$ のとき，交流出力を最大にする出力側の等価抵抗 R_L' を求めなさい。また，そのときの I_{CQ} はいくらか。
【ノート解答】

問題　15.4　図5.1 のトランス結合増幅回路（A級動作）において，$R_E=50\,\Omega$，$R_L=20\,\Omega$，および $V_{CC}=12\,\mathrm{V}$ のとき，最大出力 P_{Lmax}，コレクタ直流入力 P_{dc} および最大電力効率 η_{max} はそれぞれいくらか。また，最大出力時におけるコレクタ損失 P_c およびその最大値 P_{cmax} を求めなさい。ただし，トランジスタの出力側に結合された変成器の巻数比は $n_1:n_2=5:1$ とする。
【ノート解答】

チェック項目	月　日	月　日
トランス結合形パワーアンプの長所，短所を述べられるか。		

SEPP 回路と DEPP 回路のメリット，デメリットを理解しよう。

　トランジスタ回路で取り扱う信号は一般には小さいが，負荷として，例えばスピーカやペンレコーダあるいは PC 駆動用モータなどの電気－機械変換装置の駆動用パワーを供給できるアンプもある。これらはパワーアンプ，あるいはメインアンプと呼ばれている。このような増幅器では電力効率をできるだけ高くし，いかにして無駄のない電力の使い方ができるかが回路設計の指標となる。

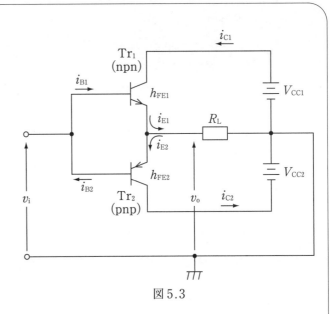

図 5.3

　図 5.3 にトランスを用いない B級プッシュプル増幅回路の原型を示す。この図において，無信号状態では 2 個のトランジスタのベース－エミッタ間電圧はともに 0 であるから電流は流れない。この回路に正弦波入力信号が加えられると正の半周期では npn トランジスタ Tr_1 のみが導通し，負の半周期では pnp トランジスタ Tr_2 のみが導通するが，負荷抵抗 R_L には結果的に全周期にわたって電流が供給されることになり，入力正弦波に比例した出力電流，すなわち出力電力が得られる。

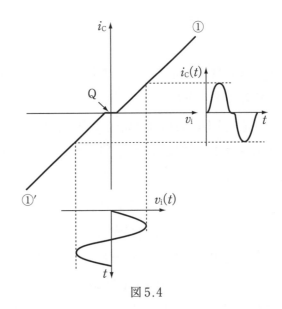

図 5.4

　実際には，図 5.4 に示されるトランジスタの非線形特性（Tr_1 の i_C－v_i 特性を①とすると，Tr_2 は Tr_1 と極性が反転動作するため，その特性は①′で表される。）のために，点Qで表される無信号状態を中心に入力正弦波を加えると図中で示されるような出力電流 $i_C(t)$ が得られ，$i_C(t)=0$ 付近で信号波形の歪み（クロスオーバ歪みという。）を生じることになる。この小さな歪みは無視すると，B級プッシュプル増幅回路の電力効率は次のように求められる。

　図 5.3 で正の半周期におけるコレクタ電流 i_{C1} を，$i_{C1}=I_{CP}\sin\omega t$ で表すと，全周期にわたって V_{CC1}，V_{CC2} が増幅回路に供給する直流電力 P_{dc} は

$$P_{dc}=I_{CP}V_{CC}/\pi \qquad\qquad (5\text{-}5)$$

負荷抵抗 R_L で消費される交流電力 P_L は

$$P_\mathrm{L}=I_\mathrm{CP}{}^2 R_\mathrm{L}/2 \tag{5-6}$$

で与えられる。

　一方，コレクタ電流の振幅 I_CP は，例えば Tr_1 のコレクタ－エミッタ間の電圧 $V_\mathrm{CE}{\fallingdotseq}0$ のとき最大となり

$$I_\mathrm{CPmax}=\frac{V_\mathrm{CC1}}{R_\mathrm{L}}=\frac{V_\mathrm{CC}}{2R_\mathrm{L}} \tag{5-7}$$

で与えられるので，負荷で消費される交流電力の最大値 P_Lmax は

$$P_\mathrm{Lmax}=\frac{1}{2}\left(\frac{V_\mathrm{CC}}{2R_\mathrm{L}}\right)^2 R_\mathrm{L}=\frac{V_\mathrm{CC}{}^2}{8R_\mathrm{L}} \tag{5-8}$$

となる。

　電力効率 η は式(5-5)と式(5-6)から

$$\eta=\frac{P_\mathrm{L}}{P_\mathrm{dc}}=\frac{\pi I_\mathrm{CP} R_\mathrm{L}}{2V_\mathrm{CC}} \tag{5-9}$$

で与えられるが，その最大値 η_max は式(5-9)の I_CP に式(5-7)を代入し

$$\eta_\mathrm{max}=\frac{\pi}{4}{\fallingdotseq}0.785 \tag{5-10}$$

となり，A級動作の CR 結合形アンプやトランス結合形アンプに比べて高い電力効率が得られる。

　図5.3の回路は，トランジスタのオン，オフ動作が半周期ごと切り替わるが負荷は共通し1個であることから SEPP（Single Ended Push-Pull）回路と呼ばれている。トランジスタを用いた SEPP 回路は低電圧で内部抵抗が低いので，出力側にトランスを用いないで直接インピーダンスの低い，例えばスピーカのボイスコイルのような負荷に接続することができ，広く使用されている。

　これに対し，オン，オフが切り替わるたびに負荷も切り替わる回路は DEPP 回路と呼ばれる。図5.5は，その回路例である。出力ループは P_1-B，$B-P_2$ と別々の負荷を通り DEPP を形成している。ただし，出力にトランスが使用され負帰還もさほどかけられず，周波数特性，波形歪み率ともあまりよくない。高出力をえるにはトランスの容積が要求され，以前はラジオ，テープレコーダやインターホンの出力段に使われていたが，現在はあまり見かけない。

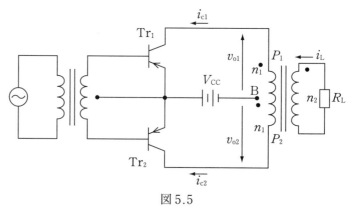

図 5.5

問題　16.1　正弦波交流電流 $i = I_m \sin \omega t$ の実効値および平均値を時間積分法により求めなさい。

問題　16.2　式(5-5)および式(5-6)を導出しなさい。

問題　16.3　演図5.1は，性能は同じで互いに極性が反転した相補対トランジスタを用いたSEPP回路である。また，演図5.2はそのトランジスタの出力特性であり，図中の直線 AB は交流負荷線を表す。次の各問いに答えなさい。

(1)演図5.1において正弦波信号が入力されるとき，電流 i_{c1} と同様に i_{c2} が回路に流れるためにはコンデンサ C が適切に充放電する必要がある。その要件を明らかにしなさい。

(2)コンデンサ C が適切に充放電されるとき，$V_{CC} = 10$ V，$R_L = 10\ \Omega$ として最大出力交流電力，入力直流電力および最大電力効率を，演図5.2の特性図（信号分の i-v 応答は活性領域内に制限される）に注意して求めなさい。

【ノート解答】

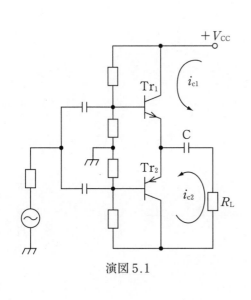

演図5.1

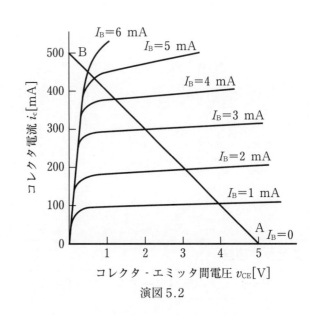

コレクタ-エミッタ間電圧 v_{CE}[V]

演図5.2

問題 16.4 図 5.5 の DEPP 回路において 2 つのトランジスタは同じ特性をもち，$V_{CC}=12\,V$，$n_1:n_2=10:1$，$R_L=8\,\Omega$ とする。回路の B 級プッシュプル動作は，2 つのトランジスタの出力特性を演図 5.3 のように動作点 Q に対して点対称につなぎあわせた特性曲線上で行われる（v_{ce} の最小値を V_{Cmin}，i_c の最大値を I_{Cmax}，最小値を I_{Cmin} で表記してある）。各トランジスタの出力電流は半波正弦波であるが，負荷 R_L で取り出される出力は 1 周期にわたり合成された正弦波となる。最大出力電力 P_{Lmax}，最大コレクタ損失 P_{Cmax}，および最大電力効率 η_{max} を求めなさい。

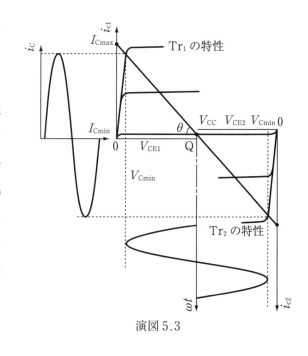

演図 5.3

チェック項目	月	日	月	日
B 級プッシュプル形パワーアンプの動作原理，効率性を述べられるか。				

6 高周波増幅回路

数 10 kHz までしか使えないバイポーラトランジスタ回路を，負荷に LC 同調回路を設けて数 MHz の高周波信号でも増幅できる回路を学ぼう。

6.1 CR 結合形単一同調高周波回路

LC 同調回路を付加した周波数選択化の基本術を学び，比較的低周波で安定型の CR 結合形回路を理解しよう。

　図 6.1(a) に CR 結合形単一同調増幅回路を示す。L または C の値を変えれば所望の周波数に整合させることができるが，一般にはインダクタンスを変化させるよりキャパシタンスを変化させた方が操作が簡単で，同調操作には可変コンデンサ（略称，バリコン）を使用する。

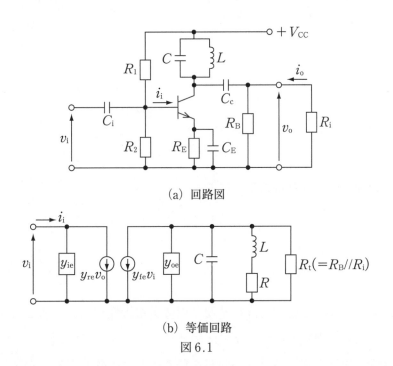

(a) 回路図

(b) 等価回路

図 6.1

　同図(b) はその出力側の等価回路である。R は同調回路の内部抵抗，R_t は次段の増幅回路に対するバイアス抵抗 R_B と入力インピーダンス R_i の並列合成抵抗，$R_B R_i /(R_B + R_i)$ である。

　この等価回路から，電圧増幅度 A_v は

$$A_v = -\frac{y_{fe}}{Y_{To}\left[1 + jQ_{eff}\dfrac{\delta(\delta+2)}{(\delta+1)}\right]} \tag{6-1}$$

ここで

$$Y_{To} = y_{oe} + Y_o + \frac{1}{R_t} \tag{6-2}$$

$$Y_o = j\omega_0 C + \frac{1}{R + j\omega_0 L} \quad \left(\omega_0 = \frac{1}{\sqrt{LC}} \right) \tag{6-3}$$

$$Q_{\text{eff}} = Q_0 \frac{Y_o}{Y_{\text{To}}} \tag{6-4}$$

$$Q_0 = \frac{\omega_0 L}{R} = \frac{1}{R} \cdot \sqrt{\frac{L}{C}}$$

$$\left(Y_{\omega=\omega_0} = \frac{CR}{L} = Y_o = \frac{Q_0{}^2}{Y} = \omega_0 L Q_0 = \frac{Q_0}{\omega_0 C} \right) \tag{6-5}$$

$$\delta = \frac{\omega - \omega_0}{\omega_0} \tag{6-6}$$

で与えられる。電圧増幅率は $\omega = \omega_0$ で最大となり，

$$|A_v| = \left| -\frac{y_{\text{fe}}}{Y_{\text{To}}} \right| \tag{6-7}$$

となる。電圧増幅率 $|A_v|$ の周波数特性は図 6.2 のように示される。最大増幅率の $1/\sqrt{2}$ に相当する周波数を f_1, $f_2 (f_2 > f_1)$ とすると，式(6-1),(6-6)から

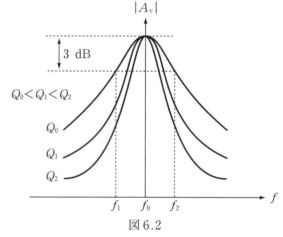

図 6.2

$$Q_{\text{eff}} \left(\frac{f_0}{f_1} - \frac{f_1}{f_0} \right) = 1 \tag{6-8}$$

および

$$Q_{\text{eff}} \left(\frac{f_2}{f_0} - \frac{f_0}{f_2} \right) = 1 \tag{6-9}$$

が成り立つ。この両式から，利得の帯域幅 B を

$$B = f_2 - f_1 \tag{6-10}$$

とおくと

$$B = \frac{f_0}{Q_{\text{eff}}} \tag{6-11}$$

となり，Q 値が大きくなると帯域幅は狭くなり周波数選択性が向上することがわかる。しかしながら，トランジスタ増幅回路では次段入力インピーダンス R_i が低いので Q_{eff} を大きくすることはできず，周波数選択性のよい回路を得ることは困難である。

問題　17.1　式(6-1)を導出しようとする以下の文章の空欄に適切な式を書き入れなさい。

　この等価回路における LC 同調回路のアドミタンスを Y, 出力側の全アドミタンスを Y_T とすると

$$Y_T= \qquad\qquad\qquad\qquad\qquad \tag{6-T1}$$

で表される。出力電圧は $v_o=-y_{fe}v_i/Y_T$ で表されるから，電圧増幅度 A_v は

$$A_v=\frac{v_o}{v_i}=-\frac{h_{fe}}{Y_T} \tag{6-T2}$$

で与えられる。

　一方，LC 同調回路のアドミタンス Y は

$$Y= \qquad\qquad\qquad\qquad\qquad \tag{6-T3}$$

で表され，その共振角周波数 ω_0 は

$$\omega_0=\frac{1}{\sqrt{LC}} \tag{6-T4}$$

となる。したがって，共振角周波数 ω_0 に対して Y_T を Y_{To} とおくと

$$Y_{To}= \qquad\qquad\qquad\qquad\qquad \tag{6-T5}$$

となる。ここで，Y_o は LC 同調回路の共振アドミタンスを表す。図6.2(b)の共振回路としての性能指数（quality factor）Q は，LC 同調回路のほかに y_{oe} と R_t が並列に入るため，LC 同調回路単独の場合の Q_0 に比べ低くなる。そこで，この増幅回路の実効的な Q を

$$Q_{eff}=Q_0\frac{Y_o}{Y_{To}} \tag{6-T6}$$

とおく（$Q_{eff}<Q_0$）。共振回路の Q の定義，式(6-T4)を考慮すると

$$Q_0=\frac{\omega_0 L}{R}=\frac{1}{R}\cdot\sqrt{\frac{L}{C}} \tag{6-T7}$$

$$Y_{\omega=\omega_0}=\frac{CR}{L}=Y_o=\frac{{Q_0}^2}{Y}=\omega_0 L Q_0=\frac{Q_0}{\omega_0 C} \tag{6-T8}$$

の関係が成り立つので，共振点近傍の周波数におけるアドミタンス Y は

$$Y= \qquad\qquad\qquad\qquad\qquad \tag{6-T9}$$

で表される。また，離調度（detuning factor）δ を

$$\delta = \frac{\omega - \omega_0}{\omega_0} \tag{6-T10}$$

で定義すると

$$\frac{\omega}{\omega_0} - \frac{\omega_0}{\omega} = \boxed{} \tag{6-T11}$$

で表され，式(6-T9)は次のようになる。

$$Y = \boxed{} \tag{6-T12}$$

回路特性上，Y_0 と Q_0，Y_{T0} と Q_{eff} がそれぞれ対応するので，式(6-T12)から

$$Y_T = Y_{T0}\left[1 + jQ_{eff}\frac{\delta(\delta+2)}{(\delta+1)}\right] \tag{6-T13}$$

となる。したがって，電圧増幅度 A_v は次式で表される。

$$A_v = -\frac{y_{fe}}{Y_{T0}\left[1 + jQ_{eff}\dfrac{\delta(\delta+2)}{(\delta+1)}\right]} \tag{6-1}$$

問題　17.2　式(6-11)を導出しなさい。【ノート解答】

問題　17.3　図 6.1(a)について，次の各問いに答えよ。

(1)同調周波数 1.2 MHz，帯域幅 30 kHz にするためには，出力側回路の Q の実効値 Q_{eff} はいくらにすればよいか。

(2)$L = 1\,\text{mH}$，$C = 1\,\text{nF}$，$R = 5\,\Omega$ のとき，f_0，$Z_{\omega=\omega_0}$，Q_0 はそれぞれいくらか。

【ノート解答】

問題　17.4　図 6.1 (a) において $V_{CC} = 30\,\text{V}$，$R_1 = R_2 = 40\,\text{k}\Omega$，$R_E = 2\,\text{k}\Omega$，$R_L = 20\,\text{k}\Omega$，$C_i = C_o = 0.2\,\mu\text{F}$，$C_E = 2\,\mu\text{F}$，$C = 400\,\text{pF}$，$L = 0.2\,\text{mH}$，$R = 8\,\Omega$ とし，またトランジスタが $y_{ie} = 1\,\text{mS}$，$y_{re} = 0$，$y_{fe} = 10\,\text{mS}$，$y_{oe} = 10\,\mu\text{S}$ の性能をもつとき，次の各諸量を算出しなさい。

①発振周波数 f_0　②LC 同調回路の性能指数 Q_0

③ $\omega = \omega_0$ での電圧増幅率 $|A_v|$　④利得の帯域幅 B

【ノート解答】

チェック項目	月　日	月　日
RC 結合形の一般的なアンプに LC 同調回路を付加すると高周波対応可能なアンプに変換できることが理解でき，帯域幅も計算できるか。		

LC 同調回路にトランスを結合して帯域幅をある程度自在に変えられる高周波回路につくり変えよう。

　　変成器結合形単一同調増幅回路には，変成器の一次側で同調をとる方式と二次側で同調をとる方式がある。通常，同調回路はインピーダンスの高い方に設けられ，エミッタ接地トランジスタ増幅回路では一次側に，ソース接地 FET 増幅回路では二次側に同調コンデンサを接続する。図 6.3(a)は，変成器結合形エミッタ接地トランジスタ増幅回路である。

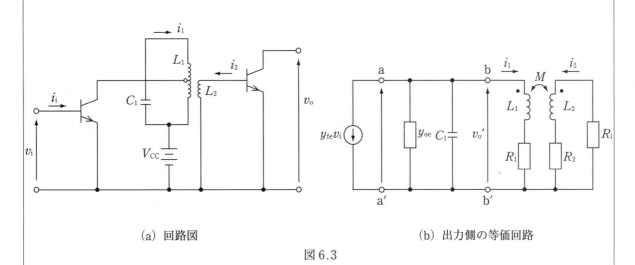

(a) 回路図　　　　　　　　　　　　　　(b) 出力側の等価回路

図 6.3

　　図(b)において，$(R_i+R_2)\gg\omega L_2$，また信号の角周波数 ω は同調角周波数 ω_0 に近いことを考慮して電流増幅度 A_i を求めると

$$A_i=\frac{j\omega M}{Y_T(R_i+R_2+j\omega L_2)\left(R_1+\dfrac{\omega_0{}^2M^2}{R_i+R_2}+j\omega L_1\right)} \tag{6-12}$$

となる。ここで，Y_T は端子 a–a′ から右をみたアドミタンスで

$$Y_T=Y_{To}{}'\left[1+jQ_{eff1}\frac{\delta(\delta+2)}{(\delta+1)}\right] \tag{6-13}$$

となる。$Y_{To}{}'$，Q_{eff1} はそれぞれ

$$Y_{To}{}'=\frac{1+Q_1\omega_0 L_1 y_{oe}}{Q_1\omega_0 L_1} \tag{6-14}$$

$$Q_{eff1}=\frac{Q_1}{1+Q_1\omega_0 L_1 y_{oe}} \tag{6-15}$$

で表され，Q_1，ω_0 はそれぞれ次のように表される。

$$Q_1=\frac{\omega_0 L_1}{R_1+\dfrac{\omega_0{}^2M^2}{R_i+R_2}} \tag{6-16}$$

$$\omega_0=\frac{1}{\sqrt{L_1 C_1}}\quad\left(f_0=\frac{1}{2\pi\sqrt{L_1 C_1}}\right) \tag{6-17}$$

トランジスタ増幅回路では出力の一次側回路における実効の Q は大きく，$\omega L_1 \gg R_1 + [\omega_0{}^2 M^2 / (R_i + R_2)]$ となる。また，二次側では $(R_i + R_2) \gg \omega L_2$ となるので，式(6-12)は

$$A_i \fallingdotseq \frac{\dfrac{M}{L_1 (R_i + R_2) Y_{To}}}{1 + j Q_{\mathrm{eff1}} \dfrac{\delta(\delta+2)}{(\delta+1)}} \tag{6-18}$$

となる。これは式(6-1)と同じ形であり，電流増幅度の周波数特性は図6.2のようになる。共振時 $(\omega = \omega_0)$ における電流増幅度 A_{io} は

$$A_{\mathrm{io}} = \frac{M}{L_1 (R_i + R_2) Y_{To}} \tag{6-19}$$

となる。

　帯域幅 B は

$$B = \frac{f_0}{Q_{\mathrm{eff1}}} \tag{6-20}$$

となる。式(6-15)からわかるように，y_{oe} が十分小さくないと Q_{eff1} は小さくなる。また，トランジスタのコレクター-エミッタ間の浮遊容量によるキャパシタンスが大きいと，L_1 の値は実効的に小さくなり，Q_1 を低下させることになる。このため，周波数の選択性が悪くなるので，通常は図6.3(a)に示すように，L_1 にタップをつけてコレクタに接続し調整できるようにしている。

問題　18.1　式(6-12)を導出しようとする以下の文章の空欄に適切な式を書き入れなさい。

等価回路図 6.3(b) においてキルヒホッフの電圧則を適用すると

$$ \tag{6-T14}$$

がえられる。これらを i_1 について解くと次式をえる。

$$i_1= \tag{6-T15}$$

したがって，端子 b−b′ から右をみたアドミタンス Y_1 は

$$Y_1=\cfrac{1}{R_1+j\omega L_1+\cfrac{\omega^2 M^2}{R_i+R_2+j\omega L_2}} \tag{6-T16}$$

となる。実際の回路では $(R_i+R_2)\gg\omega L_2$ であり，また，信号の角周波数は同調角周波数 ω_0 に近いので，$\omega^2 M^2$ を $\omega_0{}^2 M^2$ に置き換えて取り扱っても差し支えない。ここで

$$\omega_0=\frac{1}{\sqrt{L_1 C_1}} \quad \left(f_0=\frac{1}{2\pi\sqrt{L_1 C_1}}\right) \tag{6-T17}$$

である。したがって，式(6-T16)は次のように表すことができる。

$$Y_1\fallingdotseq \tag{6-T18}$$

それゆえ，$\omega=\omega_0$ におけるこの回路の Q を Q_1 とすると次式で与えられる。

$$Q_1\fallingdotseq \tag{6-T19}$$

端子 a−a′ から右をみたアドミタンス Y_T は，式(6-T1)から

$$Y_T=Y_{To}'\left[1+jQ_{eff1}\frac{\delta(\delta+2)}{(\delta+1)}\right] \tag{6-T20}$$

と書き表すことができる。ここで，

$$Q_{eff1}=\frac{Q_1}{1+Q_1\omega_0 L_1 y_{oe}} \tag{6-T21}$$

$$Y_{\text{To}}' = \frac{1 + Q_1 \omega_0 L_1 y_{oe}}{Q_1 \omega_0 L_1} \tag{6-T22}$$

である。

さて，電流 i_1 と i_2 の関係は

$$i_2 = \boxed{} \tag{6-T23}$$

で表される。また，電流 i_1 と $y_{fe} v_i (= i_o)$ との関係は

$$i_1 = i_o \frac{Y_1}{Y_T} \tag{6-T24}$$

となる。したがって，電流増幅度 $A_i (= i_2 / i_o)$ は次式で表される。

$$A_i = \frac{j\omega M}{Y_T (R_i + R_2 + j\omega L_2)\left(R_1 + \dfrac{\omega_0^2 M^2}{R_i + R_2} + j\omega L_1\right)} \tag{6-12}$$

問題 18.2 図6.3のトランス結合形単一同調回路において，次の各問いに答えなさい。

(1) 信号の周波数 1 MHz における帯域幅が 10 kHz になるようにするためには，出力側回路の Q の実効値 Q_{eff} はいくらにすればよいか。

(2) $L_1 = 0.1$ mH，$C_1 = 200$ pF，$L_2 = 0.2$ mH，$R_1 = R_2 = 10\ \Omega$，$R_i = 20$ kΩ，$y_{oe} = 10\ \mu$S のとき，同調回路の共振周波数 f_0 および出力側回路の Q の実効値 Q_{eff} を求めなさい。ただし，トランスの結合係数は 0.9 とする。

問題 18.3 演図 6.1 はトランス結合形単一同調 FET 回路である。同調時における電圧増幅度および帯域幅を求めなさい。C_S はバイパスコンデンサである。またトランスに発生する磁束の漏れはなく，その一次側回路および二次側回路の Q はそれぞれ 60 および 80 とする。その他の回路定数ならびに FET の性能は次の通りとする。

$g_m = 2 \text{ mS}, \quad r_d = 50 \text{ k}\Omega, \quad L_1 = 0.1 \text{ mH}, \quad L_2 = 0.2 \text{ mH}, \quad C_2 = 100 \text{ pF}$

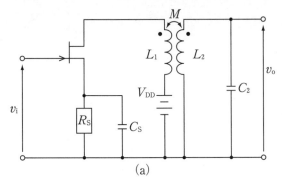
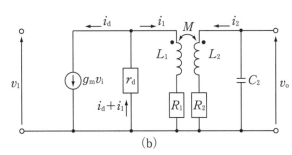

(a)   (b)

演図 6.1

チェック項目	月　日	月　日
LC 同調回路をトランス結合形にすると帯域幅をある程度自在に変えられることが理解でき，計算できるか。		

高周波数化だけでなく広帯域化も設計可能な複同調形回路を理解しよう。

図6.4にLC並列共振回路を2個用いた複同調増幅回路を示す。図6.4の出力側等価回路は図6.5(a)のように表されるが，$(1/y_{oe}) \gg R_m$，$\omega L_m (m=1, 2)$で，かつωがω_0の近傍にあると仮定し，また，電流源を電圧源に置き換えると，図6.5(b)のようになる。

図6.5(b)から電圧増幅度$A_v (= v_o/v_i)$を求めると，次のようになる。

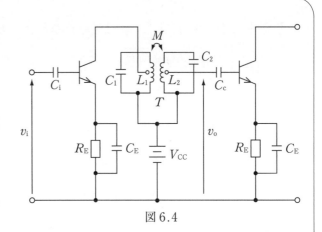

図6.4

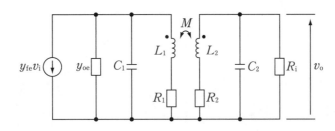

(a) 電流源を用いた等価回路

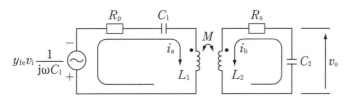

(b) 電流源を用いた近似等価回路

図6.5

$$A_v = \frac{j y_{fe} \left[a/(1+a^2) \right] Q_1 Q_2 \sqrt{R_p R_s}}{1 - \dfrac{4\delta^2 Q_1 Q_2}{1+a^2} + j \dfrac{2\delta (Q_1 + Q_2)}{1+a^2}} \tag{6-21}$$

$$a = \frac{\omega_0 M}{\sqrt{R_p R_s}} \tag{6-22}$$

$$\omega_0 = \frac{1}{\sqrt{L_1 C_1}} = \frac{1}{\sqrt{L_2 C_2}} \tag{6-23}$$

$$R_p = y_{oe} \omega_0^2 L_1^2 + R_1 \tag{6-24}$$

$$R_s = \frac{\omega_0^2 L_2^2}{R_i} + R_2 \tag{6-25}$$

$$Q_1 = \frac{\omega_0 L_1}{R_p} \tag{6-26}$$

$$Q_2 = \frac{\omega_0 L_2}{R_s} \qquad (6\text{-}27)$$

共振時 $(f = f_0)$ における電圧増幅度 A_{vo} は

$$A_{\mathrm{vo}} = \mathrm{j}\frac{y_{\mathrm{fe}}a Q_1 Q_2 \sqrt{R_\mathrm{p} R_\mathrm{s}}}{1 + a^2} \qquad (6\text{-}28)$$

で与えられる。さらに，$|A_{\mathrm{vo}}|$ は $a = 1$ のとき最大になり

$$|A_{\mathrm{vo}}|_{\mathrm{m}} = \frac{y_{\mathrm{fe}}Q_1 Q_2 \sqrt{R_\mathrm{p} R_\mathrm{s}}}{2} \qquad (6\text{-}29)$$

となる。

　また，共振時における最大電圧増幅度 A_{vom} に対する相対電圧増幅率 $|A_{\mathrm{v}}/A_{\mathrm{vom}}|$ は

$$\left|\frac{A_{\mathrm{v}}}{A_{\mathrm{vom}}}\right| = \left|\frac{\dfrac{2a}{1 + a^2}}{1 - \dfrac{4\delta^2 Q_1 Q_2}{1 + a^2} + \mathrm{j}\dfrac{2\delta(Q_1 + Q_2)}{1 + a^2}}\right| \qquad (6\text{-}30)$$

で表される。

$|A_{\mathrm{v}}/A_{\mathrm{vom}}|$ の周波数特性は，$Q_1 = Q_2$ の場合に図 6.6 のようになる。式(6-22)で表される a が 1 より大きいときは密結合，小さいときは疎結合，$a = 1$ のときは臨界結合と呼ばれる特性を示す。帯域幅は，臨界結合の場合には，$Q_1 = Q_2 = Q_0$ として

$$B = \sqrt{2}\,\frac{f_0}{Q_0} \qquad (6\text{-}31)$$

となり，単一同調増幅回路の $\sqrt{2}$ 倍となる。密結合の場合には

$$B_\gamma = \frac{\sqrt{2}\,f_0}{Q_0}\sqrt{a^2 - 1} \qquad (6\text{-}32)$$

となる。

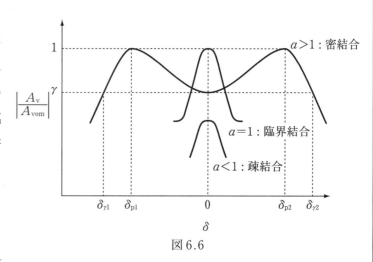

図 6.6

ドリル No.19 Class No. Name

問題 19.1 式(6-21)を導出しようとする以下の文章の空欄に適切な式を書き入れなさい。

図6.5(b)における R_p および R_s は，それぞれ

(6-T25)

(6-T26)

で表される。この等価回路において，図のように電流 i_a，i_b をとり，それぞれの閉回路にキルヒホッフの電圧則を適用すると次式が得られる。

$$\left.\begin{aligned} -\frac{y_{fe}v_i}{j\omega C_1} &= Z_p i_a + j\omega M i_b \\ 0 &= j\omega M i_a + Z_s i_b \end{aligned}\right\} \tag{6-T27}$$

ここで，

$$Z_p = R_p\left[1 + j\frac{\omega L_1}{R_p}\left(1 - \frac{1}{\omega^2 L_1 C_1}\right)\right] \tag{6-T28}$$

$$Z_s = R_s\left[1 + j\frac{\omega L_2}{R_s}\left(1 - \frac{1}{\omega^2 L_2 C_2}\right)\right] \tag{6-T29}$$

一次，二次同調回路は同じ周波数 f_0 に同調しているとすると

$$f_0 = \frac{1}{2\pi\sqrt{L_1 C_1}} = \frac{1}{2\pi\sqrt{L_2 C_2}} \tag{6-T30}$$

となる。いま，

$$Q_1 = \frac{\omega_0 L_1}{R_p} \tag{6-T31}$$

$$Q_2 = \frac{\omega_0 L_2}{R_s} \tag{6-T32}$$

とおくと，式(6-T28)，式(6-T29)はそれぞれ次のようになる。

$$Z_p = R_p\left[1 + jQ_1\frac{\delta(\delta+2)}{\delta+1}\right] \tag{6-T33}$$

$$Z_s = R_s\left[1 + jQ_2\frac{\delta(\delta+2)}{\delta+1}\right] \tag{6-T34}$$

通常，$\delta = (f - f_0)/f_0 \ll 1$ であるので，$(\delta+2)/(\delta+1) \fallingdotseq 2$ となる。したがって，式(6-T33)，式(6-T34)はそれぞれ次のように表される。

$$Z_p \fallingdotseq R_p(1+j2Q_1\delta) \tag{6-T35}$$

$$Z_s \fallingdotseq R_s(1+j2Q_2\delta) \tag{6-T36}$$

この両式を式(6-T27)に代入し，$v_i \fallingdotseq i_a/y_{ie}$，$v_o = -i_b/j\omega C_2$ を考慮して電圧増幅度 $A_v(=v_o/v_i)$ を求めると，次のようになる。

$$A_v = \boxed{} \tag{6-T37}$$

ここでは，$\omega M \fallingdotseq \omega_0 M$，$\omega C_2 \fallingdotseq \omega_0 C_2$ として取り扱っている。いま，

$$a = \frac{\omega_0 M}{\sqrt{R_p R_s}} \tag{6-T38}$$

とおくと，式(6-T37)は

$$\begin{aligned}
A_v &= \frac{j y_{fe} a Q_1 Q_2 \sqrt{R_p R_s}}{1+a^2-4\delta^2 Q_1 Q_2 + j2\delta(Q_1+Q_2)} \\
&= \frac{j y_{fe}[a/(1+a^2)]Q_1 Q_2 \sqrt{R_p R_s}}{1 - \dfrac{4\delta^2 Q_1 Q_2}{1+a^2} + j\dfrac{2\delta(Q_1+Q_2)}{1+a^2}}
\end{aligned} \tag{6-21}$$

問題 19.2 式(6-30)をもとに密結合，臨界結合，疎結合となる要件を，a，Q_1，Q_2 の関係で示しなさい。

問題　19.3　式(6-31)および式(6-32)を導出しなさい。

問題　19.4　455 kHz の複同調増幅回路（図 6.4）において，臨界結合における帯域幅 B，およびこれに必要なトランスの結合係数 k を求めよ。ただし，$Q_1 = Q_2 = 80$ とする。

問題　19.5　密結合の複同調増幅回路（図 6.4）において，中心周波数における電圧利得 A_{vo} が電圧利得の極大値より 1 dB 小さくなるようにするにはトランスの結合係数 k はいくらにすればよいか。ただし，$Q_1 = Q_2 = Q = 80$ とする。

【ノート解答】

問題 19.6 演図6.2(a)にFETを用いた複同調増幅回路を示す。その等価回路が同図(b)で描けることを示せ。

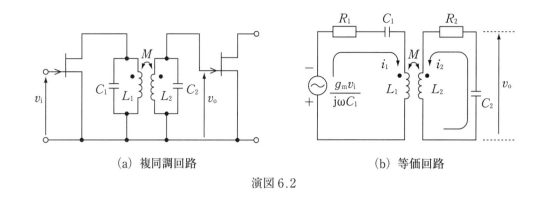

(a) 複同調回路　　　　　　(b) 等価回路

演図6.2

チェック項目	月　日	月　日
LC同調回路を複数結合すると，高周波数化だけでなく，帯域幅を自在に変えられることが理解でき，計算できるか。		

6 高周波増幅回路　　6.4 中和回路

高周波回路で問題となる回路の不安定対策，中和法を理解し，実用回路の設計法を学ぼう。

　　周波数が高くなるとトランジスタのわずかな電極間容量でもリアクタンスが小さくなり，これを通じて出力の一部が入力側に戻り，増幅器は発振したり，動作が不安定になったりする。それゆえ，高周波増幅回路では動作を安定にするため，内部帰還される電圧と大きさが等しく位相が 180 度異なる電圧を外部回路を通じて加え，内部帰還を打ち消す方法がしばしば用いられる。この方法を中和といい，この外部回路を中和回路という。また，中和を行った増幅回路をニュートロダイン増幅回路という。

　　中和法を用いるとトランジスタは動作が安定するだけでなく，出力側から入力側への逆方向伝送が不可能となり，回路は単向化される。

　　図 6.7 に示すように，帰還作用をもつトランジスタに並列に中和回路が接続された場合を考える。

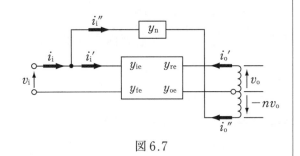

図 6.7

　　単向化の条件は，v_o が存在するがゆえに流れると考えられる電流 i_i'' を 0 にすることである。このことを回路に適用すると

$$y_n = -\frac{y_{re}}{n} \qquad (6\text{-}33)$$

すなわち，トランジスタの性能の一つである y_{re} およびタップ付きトランスの n 値に応じて式(6-33)を満たすように帰還回路のアドミタンスを y_n に設計すれば，中和回路が実現できる。

問題 20.1 ラジオや TV で受信される高周波電圧は微弱なため，一般には演図 6.3 のように，局部発振器と周波数混合器を用いてより低い周波数に変換してから増幅する。さて，中間周波数が 455 kHz のラジオ AM 受信機において，1530 kHz の信号周波数を受信するとき，局部発振器の周波数は何 Hz に設定されていることになるか。

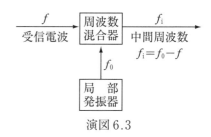

演図 6.3

問題 20.2 演図 6.4 は SSB（単側波帯）送信機の終段電力アンプの回路例である。図中の LR 並列回路およびコンデンサ C_n の役割はそれぞれ何か。【ノート解答】

問題 20.3 トランジスタが演図 6.5 のようなハイブリッド π 形等価回路（高周波等価回路）で表されるとき，単向化のための y_n を導出しなさい。また，これに基づいた回路例を示しなさい。

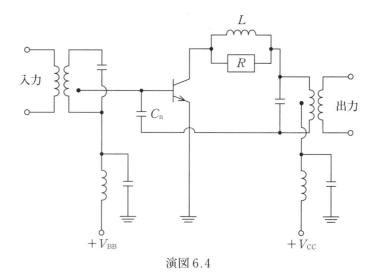

演図 6.4

図中の $r_{bb'}$ はベース拡がり抵抗，$r_{b'e}$ および $C_{b'e}$ はエミッタ・ベース接合の抵抗および障壁容量，$g_m(=i_b/v_{ce})$ は相互コンダクタンス，$C_{b'c}$ および $r_{b'c}$ はそれぞれコレクタ・ベース接合の障壁容量および抵抗である。通常，これらの回路定数の値

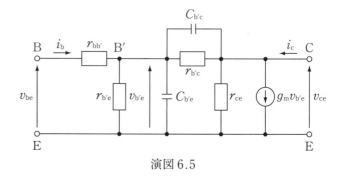

演図 6.5

はそれぞれ $r_{bb'} \sim 100\ \Omega$, $r_{b'e} \sim 1\ k\Omega$, $C_{b'e} \sim 100\ pF$, $g_m \sim 50\ mS$, $C_{b'c} \sim 10\ pF$, $r_{b'c} \sim 5\ M\Omega$, $r_{ce} \sim 100\ k\Omega$ である。【ノート解答】

問題 20.4 前 問 題 20.3 に お い て $r_{bb'} \sim 100\ \Omega$, $r_{b'e} \sim 1\ k\Omega$, $C_{b'e} \sim 100\ pF$, $g_m \sim 50\ mS$, $C_{b'c} \sim 10\ pF$, $r_{b'c} \sim 5\ M\Omega$, $r_{ce} \sim 100\ k\Omega$ として，中和回路を設計しなさい。【ノート解答】

チェック項目	月 日	月 日
高周波数化にともない発生する回路の不安定対策の1つである中和法を理解できたか。		

7 帰還増幅回路

出力信号の一部を入力側に戻すことを帰還といい，帰還作用が働く増幅回路では電気的な安定性が改善されることを学ぼう。また，4種類の基本的な帰還増幅回路の構成要領ならびにその特性を理解しよう。帰還の考えは，電子回路に限らず自動制御関係をはじめとして広く各方面に用いられ，極めて重要である。

7.1 帰還の原理と負帰還増幅回路の一般的な特徴

発振や制御技術の基本である帰還作用がトランジスタ回路の利得の大きさ，安定性，周波数特性などに及ぼす影響を理解しよう。

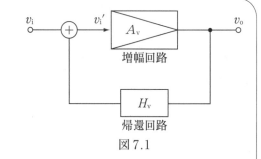

図 7.1

図7.1は帰還増幅回路の原理図である。A_vは増幅回路の電圧増幅度（または電圧利得），H_vは帰還回路の電圧帰還率を表す。入力電圧をv_i，出力電圧をv_oとすると，帰還回路を通じて入力側に帰還される電圧は$H_v v_o$となる。したがって，実際の定常状態での増幅回路の入力電圧v_i'は

$$v_i' = v_i + H_v v_o \tag{7-1}$$

となり，これがA_v倍されて出力電圧v_oとなるので

$$v_o = A_v(v_i + H_v v_o) \tag{7-2}$$

式(7-2)をv_oについて解くと

$$v_o = \frac{A_v v_i}{1 - H_v A_v} \tag{7-3}$$

したがって，回路全体，すなわち帰還増幅回路の電圧増幅度A_{vF}は次式で表される。

$$A_{vF} = \frac{v_o}{v_i} = \frac{A_v}{1 - H_v A_v} \tag{7-4}$$

もし，帰還電圧$H_v v_o$が元の入力電圧v_iと同相，すなわち正帰還の場合は$H_v A_v > 0$，$A_{vF} > A_v$となり，増幅度は大きくなるが，信号の歪みやノイズも同時に大きくなり，回路も不安定になりやすい。$H_v A_v$は一循環あたりの利得を表すことからループ利得と呼ばれる。

一方，帰還電圧が元の入力電圧と逆相，すなわち負帰還の場合は$H_v A_v < 0$，$|A_{vF}| < |A_v|$となり，増幅度は小さくなるので，増幅回路としては一見不利のように思われるが，以下で記述されるような多くの利点をもっていることから実用的な増幅回路に広く応用されている。

負帰還増幅回路は一般的に次のような特徴をもっている。

(1)増幅度の減少…負帰還，すなわち$H_v A_v < 0$の場合は，$(1 - H_v A_v) > 1$となるので，電圧増幅度$|A_{vF}|$は帰還をかけないときの電圧増幅度$|A_v|$の$1/(1 - H_v A_v)$倍に減少する。

(2)増幅度の安定化…何らかの原因，例えば環境温度の変化や電源電圧の変動により増幅器単体の電圧増幅度A_vがΔA_vだけ変化し，それによって負帰還増幅回路の電圧増幅度A_{vF}

が ΔA_{vF} だけ変化したとすると，式(7-4)から次の関係式が得られる。

$$\frac{\Delta A_{vF}}{A_{vF}} = \frac{A_v}{|1-H_vA_v|} \cdot \frac{\Delta A_v}{A_v} \tag{7-5}$$

負帰還の場合は $|1-H_vA_v|>1$ となるので，負帰還増幅回路の電圧増幅度の変動率 $\Delta A_{vF}/A_{vF}$ は増幅器単体の電圧増幅度の変動率 $\Delta A_v/A_v$ に比べて $1/|1-H_vA_v|$ 倍に抑制される。

(3)周波数特性の改善…3.1節で述べたように，中域の電圧増幅度を A_m，高域遮断周波数を f_h とすると，帰還をかけない増幅回路における高域側での電圧増幅度 A_v は

$$A_v = \frac{A_m}{1+j(f/f_h)} \tag{7-6}$$

で与えられる。負帰還をかけたときの電圧増幅度 A_F は式(7-4)から

$$A_F = \frac{A_m}{1-H_vA_m} \cdot \frac{1}{1+j[f/f_h(1-H_vA_m)]} \tag{7-7}$$

となる。負帰還増幅回路の高域遮断周波数を f_{hF} とすれば，式(7-7)から

$$f_{hF} = f_h(1-H_vA_m) \tag{7-8}$$

となる。すなわち，負帰還をかけることにより高域遮断周波数は $(1-H_vA_m)$ 倍だけ高域側に延伸されることになる。低域遮断周波数も同様に改善される。したがって，増幅回路の性能評価の尺度である GB 積に関して，利得（増幅度）が減少する半面，帯域幅は拡張されることになる。

(4)非線形性歪みの改善…増幅回路の入出力特性は，入力信号が小さいときには比例するが，大きくなると能動素子の非線形性のために比例しなくなる。そのため，出力には入力信号の高調波が発生し，出力波形は歪む。この歪み電圧を v_n とすれば

$$v_o = A_v(v_i + H_vv_o) + v_n \tag{7-9}$$

で表される。式(7-9)を v_o について解くと

$$v_o = \frac{A_vv_i}{1-H_vA_v} + \frac{v_n}{1-H_vA_v} \tag{7-10}$$

で表され，歪み電圧は帰還作用により $1/|1-H_vA_v|$ 倍に低下することがわかる。しかしながら，先に述べたように，出力信号も $1/|1-H_vA_v|$ 倍に低下することになる。

(5)ノイズの抑制…増幅回路の内部で発生するノイズは，非線形性歪みと同様に，帰還をかけないときに比べて $1/|1-H_vA_v|$ 倍に減少する。出力信号も $1/|1-H_vA_v|$ 倍に減少するが，これは入力電圧を大きくすることにより元の大きさにすることができる。このようにすると，増幅回路の出力側における信号とノイズの比，いわゆる S/N 比は $1/|1-H_vA_v|$ 倍だけ改善されることになる。

(6)入出力インピーダンスの変化…増幅回路は種々の用途に対応するためには，多段接続による回路設計がなされるのが一般的であるが，その際，個々の増幅回路の設計の資となるのは増幅度と入出力インピーダンスである。増幅度は，先にも述べたように，帰還をかけることにより $1/|1-H_vA_v|$ 倍に低下するが，入出力インピーダンスは帰還をかける方法によって大きくなったり小さくなったりする。

問題 21.1 式(7-4)から式(7-5)を導出しなさい。

問題 21.2 式(7-6)を式(7-4)に適用して式(7-7)がえられることを示しなさい。

問題 21.3 前頁の負帰還増幅回路の特徴(5)の様子をブロック図で示しなさい。

問題 21.4 増幅器単体での中域の電圧増幅度を A_m，低域遮断周波数を f_1 とすると，帰還作用のない低域側での電圧増幅度 A_v は $A_v = \dfrac{A_m}{1-j(f_1/f)}$ で与えられる。次の各問いに答えなさい。

(1)負帰還をかけたときの電圧増幅度 A_F と低域遮断周波数 f_{1F} を導出しなさい。また，f_1 と f_{1F} の大小関係について述べなさい。

(2)$A_m = -30$，電圧帰還率 $H_v = 0.2$ の負帰還をかけるとき，$f = f_1$ における A_{vF} の大きさはいくらか。また，入出力信号の位相差 θ はいくらか。さらに，f_{1F}/f_1 はいくらか。

問題 21.5 電圧増幅回路（単体）において，入力電圧が 60 mV のとき，出力電圧が 18 V であり，出力信号の歪みが 10 % あったという。次の各問いに答えなさい。

(1)この回路に 5 % の負帰還をかけると出力電圧は何 V になるか。

(2)負帰還をかけて 18 V の出力電圧をえるとき，出力信号の歪みは何％になるか。

チェック項目	月　日	月　日
回路の安定化技術の基本である負帰還とはどういうことで，何に影響を及ぼすのか理解できたか。		

負帰還増幅回路の構成要領が4種類あることを学び，それぞれの特徴を理解しよう。

　帰還は出力信号に比例した帰還信号を入力側に戻す技法を総称しているが，これらの信号は電圧でも電流でもよい。出力電流を i_o，帰還電流を i_f とすれば，出力信号（v_o，i_o）と帰還信号（v_f，i_f）の組み合わせは4通りあるから，帰還増幅器の構成法は図7.2に示すように4種類あることになる。出力電圧の一部を入力側に直列あるいは並列に帰還する電圧帰還法，および出力電流の一部を入力側に直列あるいは並列に帰還する電流帰還法である。これらは電圧帰還直列注入形，電圧帰還並列注入形，電流帰還直列注入形，電流帰還並列注入形と呼ばれている。これらに対応する増幅器は，何を増幅するかということから，それぞれ電圧増幅器，変換抵抗増幅器，変換コンダクタンス増幅器，電流増幅器と呼ばれている。図7.3に，これらに対応した負帰還増幅回路の例を示す。

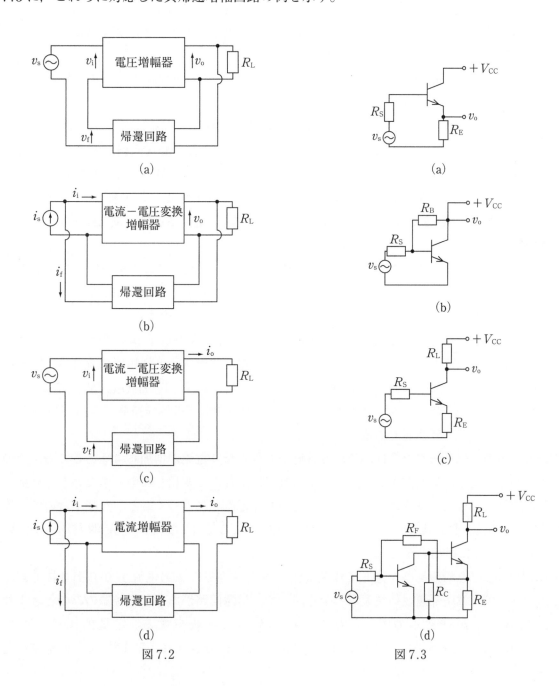

図7.2　　　　　　　　　　　　　　　　図7.3

回路の特徴は図(a)から順に次のようになる。

(a)出力電圧 v_o を帰還回路を通じて帰還電圧 v_f を発生させ入力電圧 v_i に直列に加える回路である。v_f は v_s とほとんど同じ電圧が発生するので，$v_i \fallingdotseq 0$ となる。増幅器の入力インピーダンスを R_i とすると，帰還回路がない場合は $v_s = v_i$ であるので，増幅器に流れ込む電流は v_s/R_i となるが，帰還回路があると $(v_s - v_f)/R_i$ となる。したがって，入力端子からみると，同じ電圧がかかっていても帰還回路があると増幅器に流れ込む電流が減るので，入力インピーダンスは増加することになる。定量的には R_i は $|1 - H_v A_v| \cdot R_i$ に増加する。ループ利得の表記については，負帰還回路であっても種類ごとに異なるので，注意を要する。また添字についても，英小文字の場合は無限大の負荷に対応し，英大文字の場合は有限の負荷に対応するので，注意が必要である。この種のループ利得は $H_v A_v$ で表され，H_v は無次元の電圧帰還率，A_v は無次元の電圧増幅度である。

一方，出力インピーダンスは，増幅器単体の出力インピーダンスを R_o とすると，出力電流 i_o を取り出したとき，帰還回路がないと出力電圧は $R_o i_o$ だけ低下してしまうが，帰還回路があるとその低下分を補うように v_f を下げて v_i が増加，すなわち v_o を増加するように作用するので，出力電圧はほとんど低下せず，見かけ上，出力インピーダンスは減少する。定量的には R_o は $R_o/|1 - H_v A_v|$ に低下する。

(b)出力電圧 v_o を帰還回路を通じて帰還電流 i_f に変換して入力電流 i_i から引き抜く回路である。i_f は i_s とほとんど同じ電流が流れるので，$i_i \fallingdotseq 0$ となる。

帰還回路がない場合は $i_s = i_i$ であるので，増幅器に流れ込む電流は i_s となるが，帰還回路があると $i_s + i_f$ となる。したがって，入力端子からみると，帰還回路があると増幅器のみのときより流れ込む電流が増えるので，入力インピーダンスは減少する。増幅器の入力抵抗を R_i とすると，定量的には R_i は $R_i/|1 - H_G R_M|$ に低下する。この種のループ利得は $H_G R_M$ で表され，H_G は単位[S]をもつコンダクタンス帰還能，R_M は単位[Ω]をもつ抵抗変換能である。

一方，出力インピーダンスは，（インピーダンス）×（電流）による電圧降下を生じて，補う方向に帰還がかかる電圧帰還直列注入形と全く同じ原理で，帰還回路があると出力インピーダンスは減少する。定量的には，R_o は $R_o/|1 - H_G R_M|$ に減少する。

(c)出力電流 i_o を帰還回路を通じて帰還電圧 v_f に変換して入力電圧 v_i に直列に加える回路である。電圧帰還直列注入形と全く同じ理由で，帰還回路があると増幅器に流れ込む電流は減るので，入力インピーダンスは増加する。定量的には，R_i は $|1 - H_R G_M| \cdot R_i$ に増加する。この種のループ利得は $H_R G_M$ で表され，H_R は単位[Ω]をもつ抵抗帰還能，G_M は単位[S]をもつコンダクタンス変換能である。

一方，出力インピーダンスは，これも負荷が大きくなり電流が増加しようとしても，その変化を抑えるように帰還がかかるので，出力電流はほとんど変化しない。すなわち，外部の負荷が変動しても出力電流は変化しない，理想的な電流源に近づくことを意味するので，等価的には出力インピーダンス R_o が増加することになる。定量的には，R_o は $|1 - H_R G_M| \cdot R_o$ に増加する。

(d)出力電流 i_o を帰還回路を通じて帰還電流 i_f を発生させ，入力電流 i_i から引き抜く回路である。以下，電圧帰還並列注入形と全く同じで，帰還回路があると増幅器のみのときより流れ込む電流が増えるので，入力インピーダンスは減少する。定量的には，R_i は $R_i/|1 - H_I A_I|$ に低下する。この種のループ利得は $H_I A_I$ で表され，H_I は無次元の電流帰還

表7.1

帰還方法	出力形	入力形	入力インピーダンス	出力インピーダンス	ループ利得
電圧帰還直列注入形	電圧	電圧源	増加	減少	$H_\mathrm{v}A_\mathrm{v}$
電圧帰還並列注入形	電圧	電流源	減少	減少	$H_\mathrm{G}R_\mathrm{M}$
電流帰還直列注入形	電流	電圧源	増加	増加	$H_\mathrm{R}G_\mathrm{M}$
電流帰還直列注入形	電流	電流源	減少	増加	$H_\mathrm{I}A_\mathrm{I}$

率，A_I は無次元の電流増幅度である。

　一方，出力インピーダンスは，電流帰還直列注入形と全く同じ働きをするので，帰還回路があると R_o は $|1-H_\mathrm{I}A_\mathrm{I}| \cdot R_\mathrm{o}$ に増加する。以上のことをまとめると表7.1のようになる。

　一般的には，回路解析を容易にするために直列注入形の場合は入力には電圧源を，並列注入形の場合は入力に電流源をつなぐ。そのため，図7.2と図7.3における図(b)および図(d)の回路解析の際には，図で示されている電圧源は電流源に変換して用いる。また，負帰還増幅回路を解析するとは負帰還時の入出力インピーダンス R_if，R_of，および電圧増幅度 A_vf を求めることである。その際，何はともあれ，負帰還をかけてはいないが負帰還回路が接続された等価回路を用意すべきであり，次のようにして構成できる。

(1)入力側回路をつくるには

　①電圧帰還形では出力電圧 $v_\mathrm{o}=0$ とおいて，出力側回路を短絡させる。

　②電流帰還形では出力電流 $i_\mathrm{o}=0$ とおいて，出力側回路を開放させる。

(2)出力側回路をつくるには

　①並列注入形では入力電圧 $v_\mathrm{i}=0$ とおいて，入力側回路を短絡させ，帰還電流が増幅器の入力に流れ込まないようにする。

　②直列注入形では入力電流 $i_\mathrm{i}=0$ とおいて，入力側回路を開放させ，帰還電圧が増幅器の入力に印加されないようにする。

問題 22.1　図 7.2(d) で示される電流帰還並列注入形の負帰還増幅回路における入出力インピーダンスが負帰還作用の有無によってどのように変化するかを解析しようとする次の文の空欄に適切な式を書き入れ，また（　）内から適切な用語をどちらか選びなさい。

　アンプは電流増幅器，帰還は出力電流を入力側に並列に戻すタイプであるので，解析図は演図 7.1 のように描くことができる。

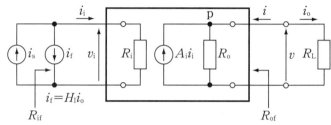

演図 7.1

　入力側回路で示されるように，出力電流 i_o の一部が帰還電流 i_f となって信号源電流 i_s と（同，逆）位相に流れるので，入力電流 i_i は i_f のないときより（増加，減少）する。すなわち，$i_i=$ 　　　　　　となる。

　ところで，負帰還をかけたときの入力インピーダンス R_{if} は，$R_{if}=v_i/i_s=$ 　　　　　　で表されるので，i_i が減れば R_{if} は減少することになる。R_i と R_{if} の関係は，定量的には，負荷があるときのアンプの電流増幅率および電流帰還率をそれぞれ A_I および H_I とすると

$$R_{if}= \boxed{\qquad\qquad} \tag{①}$$

で与えられる。

　出力側回路のインピーダンス，すなわち出力インピーダンスは，$i_s=0$ とおいて，出力から加えた電圧 v と増幅器に流れ込む電流 i との比で表される。$i=-i_o$ で，i は i_o と互いに逆相関係にあることに注意しなければならない。ノード p に電流則を適用すると

$$i= \boxed{\qquad\qquad} \tag{②}$$

ここで，$i_s=0$ であるから，$i_i=$ 　　　　　$H_I i$ となるため，式②は

$$\boxed{\qquad\qquad\qquad\qquad\qquad\qquad}$$

となり，負帰還作用の有無時の出力インピーダンス R_{of} と R_o の関係は

$$R_{of}=\frac{v}{i}= \boxed{\qquad\qquad} \tag{③}$$

で与えられ，負帰還作用が働くと出力インピーダンスは（増加，減少）することがわかる。式③において，A_I ではなく A_i が用いられることには注意が必要である。A_i は 　　　　　　のときの A_I である。

問題 22.2 演図7.2は電流帰還直列注入形の負帰還増幅回路である。負帰還有無時の回路の信号源からみた入力インピーダンスおよび負荷からみた出力インピーダンス，並びに負帰還がかかるときの回路の電圧増幅度を表す式を導出するとともに，数値で算出しようとする以下の記述について，空欄に適切な式や数値を入れなさい。

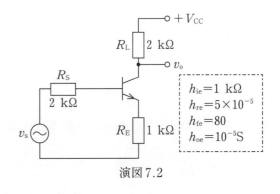

演図7.2

解析のための信号等価回路はつぎの手順でつくられる。電流帰還形回路であるので，入力側回路は $i_o=0$ としてつくられる（$i_o=0$ とすると出力側回路は開放され，負帰還はかからない。）。また，直列注入形回路であるので，出力側回路は $i_i=0$ としてつくられる（$i_i=0$ とすると入力側回路は開放され，帰還電圧は増幅器の入力に印加されない。）。それゆえ，等価回路は演図7.3のようになり，その信号等価回路は演図7.4のようになる。

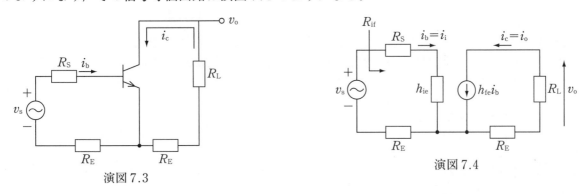

演図7.3   演図7.4

R_E には i_c とほぼ同じ電流が流れるため，R_E は出力回路に，また電流帰還作用が働くため等価的に入力回路にも入る。この回路は，信号電圧 v_s に対して出力電流 i_c を増幅するための電圧－電流変換，言い換えれば変換コンダクタンス増幅器である。帰還電圧 $v_f=R_E i_c$ であるから

$$\frac{v_f}{i_c}=R_E\equiv H_R \tag{①}$$

で表される量が帰還の評価尺度になる。H_R は単位[Ω]をもつ帰還能である。したがって，コンダクタンス変換能 G_M は

$$G_M=\frac{i_c}{v_s}=\boxed{}=\boxed{} \tag{②}$$

となる。また，比率，A_v/A_{vf} を表す帰還量 F は，$1+|H_R G_M|$ であるので

$$F=1+|H_R G_M|=\boxed{} \tag{③}$$

となる。これにより，負帰還をかけたときの G_M，すなわち G_{Mf} は

$$G_{Mf}=\frac{G_M}{F}=\boxed{} \tag{④}$$

となる。これより，負帰還時の出力電流 $i_o(=i_c)$ は

$$i_o = G_{Mf} v_s = \qquad\qquad\qquad\qquad\qquad\qquad ⑤$$

で表されるが，回路定数の大小関係を考慮すると

$$i_o \fallingdotseq \frac{v_s}{R_E} \qquad\qquad\qquad\qquad\qquad ⑥$$

と近似できる。つまり，i_o はほぼ v_s/R_E で与えられる。このことは，仮に負荷 R_L がインダクタンス L であっても，これに定電流 v_s/R_E を流せることを示している。当然，負荷が純抵抗 R_L の場合の電圧増幅度 A_{vf} は

$$A_{vf} = -G_{Mf}R_L = \qquad\qquad\qquad\qquad\qquad \fallingdotseq -\frac{R_L}{R_E} \qquad ⑦$$

となる。

次に，入力インピーダンスについては，演図 7.4 から，負帰還なしの場合

$$R_i = \qquad\qquad\qquad\qquad ⑧$$

で表され，負帰還がかかると

$$R_{if} = FR_i = \qquad\qquad\qquad\qquad\qquad ⑨$$

で表されることがわかる。

最後に，出力インピーダンスについて考える。演図 7.4 の等価回路では $h_{oe}=0$ としているので，出力インピーダンス R_o は無限大である。しかし，定電流源 $h_{fe}i_b$ と並列に h_{oe} が入る場合には等価回路は演図 7.5 のようになる。ここで，出力インピーダンスを

$$R_o \fallingdotseq \frac{1}{h_{oe}} \equiv r_o \; (r_o \gg R_E) \qquad\qquad\qquad ⑩$$

とおくと，負帰還時は

$$R_{of} = FR_o = \qquad\qquad\qquad\qquad\qquad ⑪$$

となる。

回路定数ならびにトランジスタの性能値を式⑦から式⑪に代入すると，次のように算出できる。

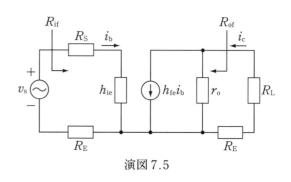

演図 7.5

電圧増幅度　$A_{vf}=$

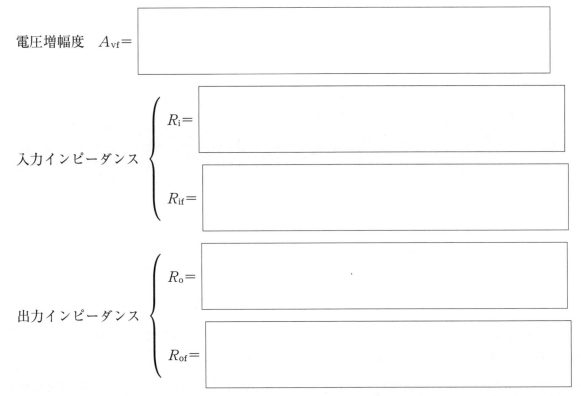

入力インピーダンス $\begin{cases} R_i= \\ \\ R_{if}= \end{cases}$

出力インピーダンス $\begin{cases} R_o= \\ \\ R_{of}= \end{cases}$

問題　22.3　演図 7.6 は，出力電圧の一部を帰還し入力側回路に並列に接続する電圧帰還並列注入形の負帰還増幅回路の原理図である。増幅器単体の入力インピーダンスを R_i，出力インピーダンスを R_o とすると，帰還がかかるときの信号源 v_s からみた入力インピーダンス R_{if}，および負荷 R_L からみた出力インピーダンス R_{of} はどのように表されるか，導出しなさい。

【ノート解答】

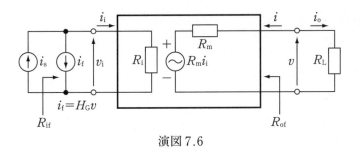

演図 7.6

問題 **22.4** 演図7.7は, 演図7.6の電圧帰還並列注入形負帰還増幅回路の一例である.

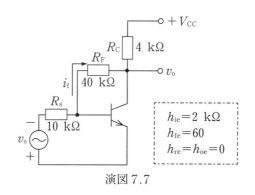

演図 7.7

(1) v_s と R_s の定電圧源を定電流源に変換した負帰還解析のための信号等価回路を図示しなさい.

(2)(1)で表した信号等価回路をもとに, 帰還有無時の信号源からみた入力インピーダンス R_{if} と R_i, 回路の負荷を含めた出力インピーダンス R_{of} と R_o, 並びに帰還がかかるときの回路全体の電圧増幅度 A_{vf} を解析しなさい.

(3)(2)で求めた各式に回路定数およびトランジスタの性能値を代入し, それぞれの値を算出しなさい.

(4) ループ利得が1に比べて十分大きい場合, コンダクタンス帰還能を H_G, トランジスタ単体の電圧増幅度を A_{vo} とすると, 負帰還時の抵抗変換能 R_{Mf}, 電圧増幅度 A_{vf} および入力インピーダンス R_{if} は, それぞれ

$$R_{Mf} \fallingdotseq 1/H_G$$

$$A_{vf} \fallingdotseq -R_F/R_s$$

$$R_{if} \fallingdotseq R_F/|A_{vo}|$$

で表されることを示しなさい.

【ノート解答】

チェック項目	月　日	月　日
負帰還作用の実体である電圧帰還, 電流帰還, また直列帰還, 並列帰還とはどういうことか理解できたか.		

8 演算増幅器

アナログ演算回路に使われるオペアンプの動作原理を理解しよう。合わせて，オペアンプを用いた基本演算回路，すなわち加減乗除算回路および微積分回路の構成要領，並びにフィルター回路など応用回路の設計要領を修得しよう。

8.1 差動増幅回路の動作原理

2つの信号の差の増幅を極端に大きくし，和の増幅を極端に小さくする差動増幅，すなわちオペアンプの動作原理を理解しよう。

演算増幅器はオペアンプとも呼ばれ，その入力段には差動増幅回路が用いられる。差動増幅回路は図 8.1 のようになっている。基本的には特性の同じトランジスタを背中合わせに接続し，2つの入力端子と2つの出力端子をもっている。2つの電源，V_{CC} と V_{EE} は，直流分を0にする目的で使用される。また，各トランジスタは共通のエミッタ抵抗 R_E に接続した構成となっているため，この回路で問題となる熱や電源の変動により出力電圧が変動するドリフト電圧，ならびに入力電圧が0でも出力に電圧が表れるオフセット電圧が互いに打ち消され，出力側にはこれらの影響が表れないようにしている。

簡略化した h パラメータを用いた低周波領域での信号等価回路は図 8.2 で示される。回

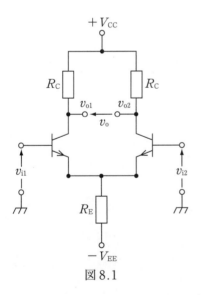

図 8.1

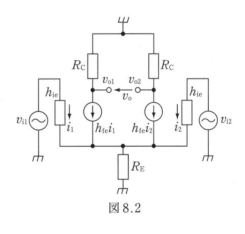

図 8.2

路方程式を解くことにより，出力電圧 v_{o1}，v_{o2} は，次のように表される。

$$v_{o1} = -h_{fe}R_C \frac{[h_{ie}+(1+h_{fe})R_E]v_{i1}-(1+h_{fe})R_E v_{i2}}{h_{ie}[h_{ie}+2(1+h_{fe})R_E]} \qquad (8\text{-}1)$$

$$v_{o2} = -h_{fe}R_C \frac{[h_{ie}+(1+h_{fe})R_E]v_{i2}-(1+h_{fe})R_E v_{i1}}{h_{ie}[h_{ie}+2(1+h_{fe})R_E]} \qquad (8\text{-}2)$$

出力 v_o は，2個のトランジスタのコレクタ間の電位差 $v_{o1}-v_{o2}$ として取り出すことができ

$$v_\mathrm{o} = v_\mathrm{o1} - v_\mathrm{o2} = -\frac{h_\mathrm{fe}R_\mathrm{C}}{h_\mathrm{ie}}(v_\mathrm{i1} - v_\mathrm{i2}) \qquad (8\text{-}3)$$

となる。このことから，v_o は差動出力と呼ばれ，差動入力に対する電圧増幅度，すなわち差動利得 A_d は次式で定義される。

$$A_\mathrm{d} = \frac{v_\mathrm{o1} - v_\mathrm{o2}}{v_\mathrm{i1} - v_\mathrm{i2}} = -\frac{h_\mathrm{fe}R_\mathrm{C}}{h_\mathrm{ie}} \qquad (8\text{-}4)$$

同様に，同相入力に対する電圧増幅度，すなわち同相利得 A_c は次式で表される。

$$A_\mathrm{c} = \frac{v_\mathrm{o1} + v_\mathrm{o2}}{v_\mathrm{i1} + v_\mathrm{i2}} = -\frac{h_\mathrm{fe}R_\mathrm{C}}{h_\mathrm{ie} + 2(1 + h_\mathrm{fe})R_\mathrm{E}} \qquad (8\text{-}5)$$

A_d と A_c の比は同相信号除去比と呼ばれ，CMRR，すなわち

$$\mathrm{CMRR} = \frac{A_\mathrm{d}}{A_\mathrm{c}} \qquad (8\text{-}6)$$

で定義される。差動増幅回路では大きな A_d，小さな A_c が望まれる。

問題 23.1　式(8-1), (8-2)を導出しなさい。

問題 23.2　図8.1の回路において $R_C = 1\,\mathrm{k\Omega}$, $R_E = 3\,\mathrm{k\Omega}$, トランジスタのhパラメータがそれぞれ $h_{ie} = 2\,\mathrm{k\Omega}$, $h_{fe} = 100$, $h_{re} = h_{oe} = 0$ のとき, 回路の CMRR はいくらか。

問題 23.3　図8.1の回路において $V_{CC} = 12\,\mathrm{V}$, $V_{EE} = -12\,\mathrm{V}$, $R_C = 3\,\mathrm{k\Omega}$, $R_E = 5\,\mathrm{k\Omega}$, トランジスタのhパラメータがそれぞれ $h_{ie} = 2\,\mathrm{k\Omega}$, $h_{fe} = 100$, $h_{re} = h_{oe} = 0$ のとき, v_{i1} および v_{i2} に振幅がそれぞれ $2\,\mathrm{mV}$ および $1\,\mathrm{mV}$ の正弦波交流信号を用いるとき, 出力電圧 v_o の振幅はいくらになるか。また, この回路の CMRR はいくらか。

【ノート解答】

問題 23.4 問題 23.3 における回路の $R_E(5\,\text{k}\Omega)$ を演図 8.1 で示す定電流回路で置き換えるとすると，R_1, R_2 に流れる電流が $1\,\text{mA}$ となるように R_1, R_2, ならびに R_E' を設計しなさい。

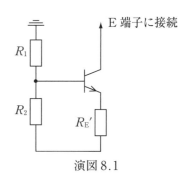

演図 8.1

ただし，回路の Tr のベース電位を $-4\,\text{V}$，ベース–エミッタ間の電圧を $0.8\,\text{V}$ とし，その他の回路定数は前の問題 23.3 の設定値とする。また，ベース電流 I_B は R_1, R_2 に流れる電流に比べて無視できるほど小さいとする。

チェック項目	月　日	月　日
差動増幅の原理が理解でき，CMRR が計算できるか。		

> 理想的なオペアンプとは，利得と入力インピーダンスが無限大であることを理解し，仮想接地［イマジナル（またはバーチャル）ショート］と呼ばれる用語にも慣れよう。

　オペアンプは，通常，集積回路（IC）になっている。回路記号は図8.3のように示され，左の2端子が入力端子を，右端が出力端子を表す。＋と－は，出力電圧に対して同相（非反転）と逆相（反転）の電圧になる入力端子であることを表す。

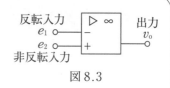

図8.3

図8.1において，差動入力電圧 $e_1[=(v_{i1}-v_{i2})/2]$，同相入力電圧 $e_2[=(v_{i1}+v_{i2})/2]$ を考えると，出力 v_o は e_2 を増幅せず e_1 のみを増幅する仕組みになっていることがわかる。このことから，オペアンプは原理的には差動増幅回路と同じである。したがって，オペアンプにも電源が2個必要であるが，回路記号では省略されている。実際のオペアンプICは，足が8本で2個のオペアンプが入っていて2本が電源（共通）のもの，および足が14本で4個のオペアンプが入っていて2本が電源（共通）のものをよく見かける。

　オペアンプの特性を一言でいうと，入力端子の電位差を極端に大きくして出力するアンプということになる。したがって，よく言われる理想オペアンプとは，増幅率が無限大，入力インピーダンスが無限大（勝手に電流は入り込まないことを表し，仮想接地，あるいはバーチャルショートと呼ばれる）ということになる。しかしながら，実際には理想オペアンプは存在しないため，できるだけこれに近づけるように設計される。

　とくに，次のようなオフセット電圧，オフセット電流は問題視される。オペアンプは，図8.4のように入力の両端子を接地すると，理想的には出力は0になるはずである。しかしながら，実際には出力に電圧が発生する。この電圧はオフセット電圧と呼ばれ，場合によっては外部回路で調整してオフセットを最小限に抑えている回路もある。また，入力端子には本来電圧はないが，実際には微小な電流が流れていて，この電流が入力に挿入した抵抗に電圧を発生させることになる。この電流をオフセット電流と呼んでいる。図8.5の回路では $R_i=R_f$ とすることでオフセット電流の影響を最小限に抑えることができる。

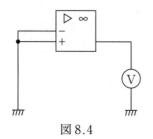

図8.4

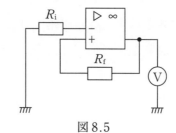

図8.5

問題 24.1 図 8.1 において，同相入力電圧 $e_1[=(v_{i1}+v_{i2})/2]$，差動入力電圧 $e_2[=(v_{i1}-v_{i2})/2]$ を考えると，出力 v_0 は e_1 を増幅せず e_2 のみを増幅する仕組みになっている。このことを説明しなさい。

問題 24.2 演図 8.2 で示されるオペアンプ回路において入力バイアス電流 I_{B1}，I_{B2} が流れているとき，$I_{B1}=I_{B2}$ であれば，この入力バイアス電流の影響を打ち消すことができる。言い換えれば，（$V_i=0$ でも一般には出力側回路に現れる）出力オフセット電圧を 0 にすることができる。このことを満たすための抵抗 R_3 の条件を求めよ。【ノート解答】

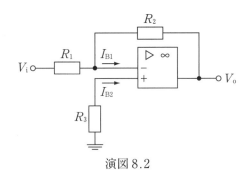

演図 8.2

問題 24.3 オフセット電圧調整端子は，1 パッケージに 1 個のオペアンプしか入っていない場合は付いているが，複数個のオペアンプが収納されている場合は通常付いていない。このようなときは外部に調整回路を設けて調整する。演図 8.3 は，その設計回路例を示す。この回路で VR_1 でのオフセット電圧調整範囲（V_{adj}）はいくらになるか。【ノート解答】

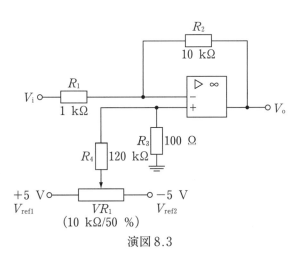

演図 8.3

チェック項目	月　　日	月　　日
理想オペアンプの回路計算ができるか。		

8 演算増幅器　　8.3 演算増幅器の基本回路

演算（オペレーション）の基本である加減乗除と微積分回路の構成要領を修得しよう。

　信号処理の基本回路には図 8.6(a) で示されるような出力信号と入力信号の位相が互いに反転する反転増幅回路と，同図(b)のような反転しない非反転増幅回路がある。オペアンプは理想オペアンプとして取り扱え，電圧増幅度は A とする。

　図 8.6(a) において，逆相端子の電位を e_1，同相端子の電位を e_2 とすると

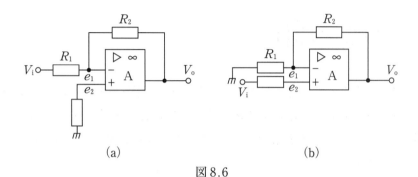

(a)　　　　　　　　　　　　　(b)

図 8.6

$$V_o = A(e_2 - e_1) \tag{8-7}$$

$$\frac{V_i - e_1}{R_1} = \frac{e_1 - V_0}{R_2} \tag{8-8}$$

$$e_1 = e_2 = 0 \tag{8-9}$$

これらの式から

$$V_o = -\frac{R_2}{R_1} V_i \tag{8-10}$$

となり，出力電圧は入力電圧と逆相関係になることがわかる。また，図 8.6(b) においては

$$\frac{0 - e_1}{R_1} = \frac{e_1 - V_0}{R_2} \tag{8-11}$$

$$e_1 = e_2 = V_i \tag{8-12}$$

となるので

$$V_o = \left(1 + \frac{R_2}{R_1}\right) V_i \tag{8-13}$$

となり，出力電圧は入力電圧と同相関係になることがわかる。また，オペアンプによる演算の基本回路には次の四則（加減乗除）演算回路，および微積分演算回路がある。

(1)加算回路

　加算回路は図 8.7 のようになる。オペアンプは理想オペアンプとして取り扱い，点 p にキルヒホッフの電流則を適用すると

$$\frac{V_1}{R_1} + \frac{V_2}{R_2} + \cdots + \frac{V_n}{R_n} = -\frac{V_0}{R_f} \tag{8-14}$$

それゆえ

$$V_o = -\left(\frac{R_f}{R_1} V_1 + \frac{R_f}{R_2} V_2 + \cdots + \frac{R_f}{R_n} V_n\right) \tag{8-15}$$

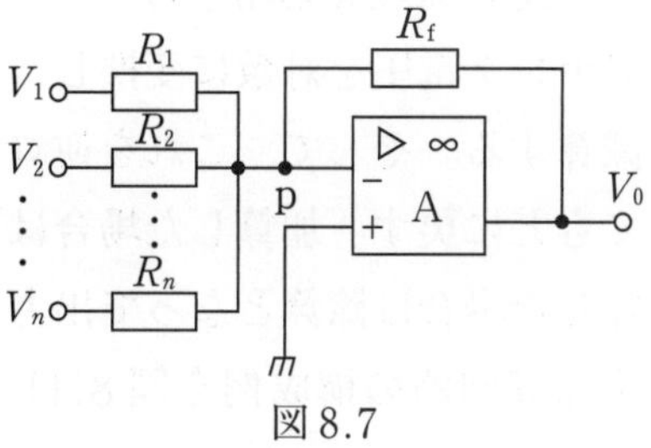

図 8.7

(2)減算回路

減算回路は図8.8のように構成される。この回路においては次式が成り立つ。入出力電圧の関係は次式で表される。

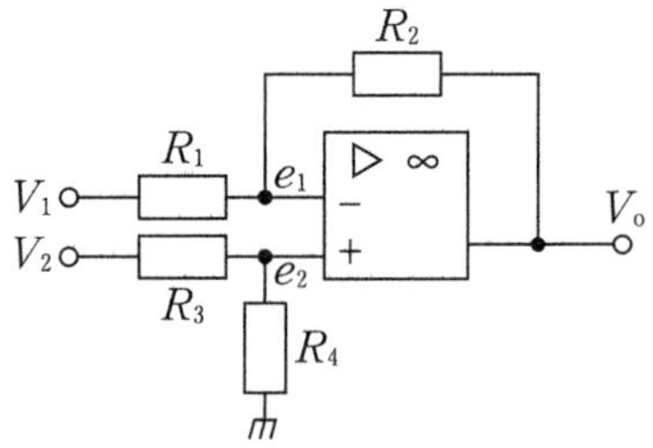

$$V_{\mathrm{o}} = A(e_2 - e_1) \tag{8-16}$$

$$e_2 = \frac{R_4}{R_3 + R_4} V_2 \tag{8-17}$$

$$\frac{V_1 - e_1}{R_1} = \frac{e_1 - V_{\mathrm{o}}}{R_2} \tag{8-18}$$

これらの式から

$$V_{\mathrm{o}} = -\frac{R_2}{R_1} V_1 + \frac{R_4(R_1 + R_2)}{R_1(R_3 + R_4)} V_2 \tag{8-19}$$

図 8.8

(3)乗除算回路

乗除算回路にはログアンプ，逆ログアンプと呼ばれる回路が用いられる。ログアンプは，出力電圧が入力電圧の対数に比例するアンプで，一般にはダイオードやトランジスタの対数特性を利用する。トランジスタを用いたログアンプおよび逆ログアンプは，図8.9(a)および(b)のように構成される。

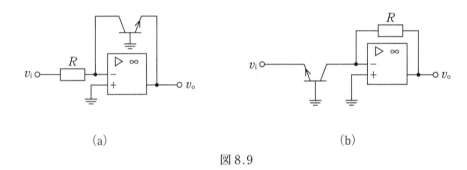

(a)   (b)

図 8.9

トランジスタの I-V 特性は，例えば図8.9(a)における Tr のベース・エミッタ間の電圧 v_{be} に対してえられるコレクタ電流は i_{c} は

$$i_{\mathrm{c}} \fallingdotseq I_{\mathrm{S}} \left[\exp\left(\frac{e v_{\mathrm{be}}}{kT} \right) - 1 \right] \tag{8-20}$$

で表される。ここで，k はボルツマン定数，T は絶対温度，I_{S} は逆方向飽和電流を表す。したがって，v_{be} については

$$v_{\mathrm{be}} \fallingdotseq \left(\frac{kT}{e} \right) \cdot \ln\left(\frac{i_{\mathrm{c}}}{I_{\mathrm{S}}} \right) = \left(\frac{kT}{e} \right) \cdot \ln\left(\frac{v_{\mathrm{i}}}{RI_{\mathrm{S}}} \right) = v_{\mathrm{o}} \tag{8-21}$$

で表され，出力電圧は入力電圧の対数に比例する。同様に，図8.9(b)においては

$$v_{\mathrm{o}} \propto \exp(-\alpha v_{\mathrm{i}}) \quad (\alpha は比例定数) \tag{8-22}$$

で表され，出力電圧は入力電圧の指数に比例する。

上述の原理を応用すると，アナログ電圧の乗除算は図8.10の原理で行うことができる。アナログ電圧を対数に変換し，これを加減算する。そして，これを逆ログ変換してもとに戻す。加算した場合は乗算，減算した場合は除算となって出力される。乗除算回路の構成例を図8.11に示す。

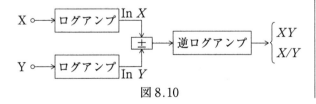

図 8.10

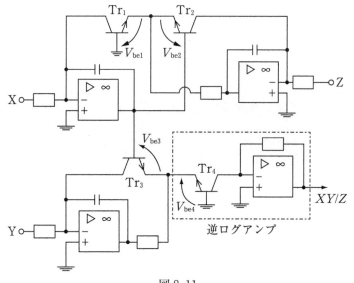

図 8.11

入力信号 X, Y, Z はすべて正の電圧である。

(4) 微積分回路

微分回路は図 8.12 で示される。仮想接地の条件により, 点 A の電圧は 0 になっている。したがって, コンデンサ C を流れる電流 i_i は

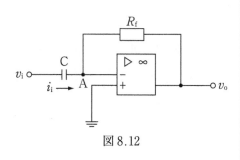

図 8.12

$$i_i = C\frac{\mathrm{d}v_i}{\mathrm{d}t} \qquad (8\text{-}23)$$

また, この電流はオペアンプの入力端子には流れず全て抵抗 R_f を流れる。したがって, 出力電圧 v_o は

$$v_o = -R_f i_i = -CR_f\frac{\mathrm{d}v_i}{\mathrm{d}t} \qquad (8\text{-}24)$$

となり, 入力電圧 v_i の時間微分に比例する。ただし, この回路では不安定になりやすいため, 一般には C に直列に抵抗 R_i を挿入している。

積分回路は, 図 8.13 で示され, 微分回路の抵抗とコンデンサの挿入箇所を互いに入れ替えて構成される。同様な解析により, 出力電圧 v_o は

$$v_o = -\frac{1}{CR_i}\int v_i \mathrm{d}t \qquad (8\text{-}25)$$

となり, 入力電圧 v_i の時間微分に比例する。コンデンサ C の初期電荷を 0 にするため, 一般には C に並列にリセットスイッチを設けている。

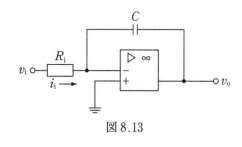

図 8.13

これらの回路では, 良好な微分や積分の動作をさせるためには, 回路の時定数 $CR_i\ (=\tau)$ は入力信号の周期 T より十分小さくしなければならないことに注意が必要である。

問題 25.1 図 8.11 のオペアンプ乗除算回路において，$v_0 \propto \dfrac{XY}{Z}$ で与えられることを説明しなさい。

問題 25.2 図 8.12 のオペアンプ微分回路において $C=1\,\mu\mathrm{F}$，$R_\mathrm{f}=100\,\Omega$ とし，$v_\mathrm{i}=0.2\sin(100\pi t)\,[\mathrm{V}]$ の正弦波を入力すると，出力 v_0 はどのように表されるか。

問題 25.3 演図 8.4 のオペアンプ回路において，演図 8.5 で示されるパルス信号 v_1，v_2 が入力されるとき，出力 v_0 はどうなるか，図示しなさい。

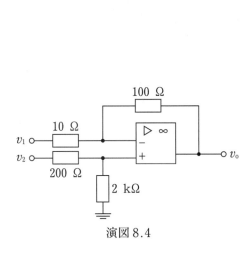

演図 8.4

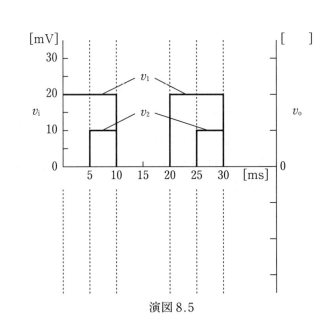

演図 8.5

問題 25.4 演図8.6はFETを用いた乗除算オペアンプ回路例である。動作原理を説明しようとする以下の文の空欄に適切な式を書き入れなさい。

〈動作原理〉

FET1とFET2は同じ特性をもつとする。FET1とFET2はゲートが接続され，そのゲートはオペアンプOP1により駆動される。したがって，FET1のソース・ドレイン間抵抗 r_{ds1} とFET2のソース・ドレイン間抵抗 r_{ds2} は等しくなる。抵抗 R_4 は r_{ds2} に比べて非常に大きいとすると，電流 I_1 と I_2 は等しいとみなしてよい。電流 I_2 はOP2の仮想接地（バーチャルショート）の条件により

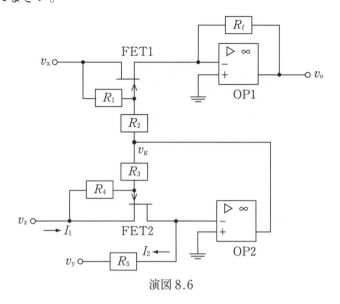

演図8.6

$$I_2 = \qquad\qquad\qquad\qquad ①$$

また，FET2のドレイン・ソース間電圧は，OP2のバーチャルショートにより V_z になる。電圧 V_z により電流 $I_1 (= I_2)$ が流れるので，r_{ds2} は V_y，V_z を用いて表すことができ

$$r_{ds2} = \frac{V_z}{I_1} = \frac{V_z}{I_2} = \qquad\qquad\qquad\qquad ②$$

反転増幅回路の出力電圧 V_o は

$$V_o = \boxed{\qquad\qquad} \cdot V_x \qquad\qquad ③$$

で表されるが，$r_{ds1} = r_{ds2}$ であり，r_{ds2} は式②で表されるので，結局

$$V_o = \qquad\qquad\qquad\qquad ④$$

となり，乗算と除算が同時に行われることがわかる。この回路では，オペアンプOP2により，非線形な特性をもつFETを線形な特性に変化させていて，機能的にはリニアライズと呼ばれている。

問題 25.5 演図 8.7 のオペアンプ回路において，演図 8.8 で示される方形波の v_i が入力されるとき，次の各問いに答えなさい。

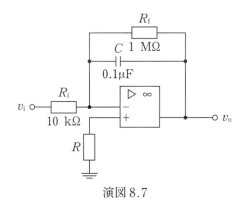

演図 8.7

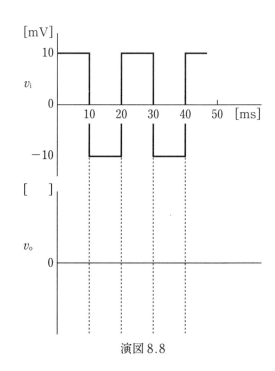

演図 8.8

(1) オフセット電圧を最小にするように抵抗 R を設計しなさい。

(2) 帰還回路に挿入されている R_f の役割は何か。

(3) 出力 v_o はどうなるか，図示しなさい。

チェック項目	月　日	月　日
文字通り，オペアンプを用いた各種演算の原理が理解できたか。		

オペアンプは単に演算するだけでなく,実用回路としていろいろな使い方があることを学ぼう。

オペアンプを用いた応用回路はいろいろあるが, ここではボルテージフォロワ, コンパレータ, フィルター回路をとりあげる。

(1) ボルテージフォロワ

　増幅回路は電圧を大きくすることが第一義的な目的であるが, 電圧は変わらないが大きな電流出力に耐えられるようにすることもできる。言い換えれば, 出力インピーダンスを下げるともいう。多くのセンサや抵抗, コンデンサなどを組み合わせた回路は, それに続く回路で電流を使うことになると特性が劣化することがある。そのため, できるだけ電流を減らさずに電圧を後段に送ることが重要になる。

　しかしながら, 一般的には電流を使う回路が多いため, その間で電流を増やす必要がある。この目的で使われるのがボルテージフォロワである。回路は簡単で, 図8.14に示されるように, 非反転増幅回路の特殊な例として, $R_i \to \infty$, $R_f = 0$ として構成される。電圧利得が1であることから, ユニティゲイン・ボルテージフォロワと呼ばれることもある。

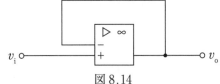

図 8.14

(2) コンパレータ

　センサ回路をつくるとき, ある温度以上になったら動作させる, ということはよくあることである。このような場合に使用する回路がコンパレータである。回路は図8.15のように構成され, −(マイナス)入力端子に比較の対象となる参照電源 V_{ref} をつないで, +(プラス)入力端子に計測対象の電圧端子をつなぐ。

　この回路では, 入力端子の差分電圧を大きくして出力させるというオペアンプの特性上, 入力が V_{ref} 以上のときは出力は最小値に振り切り, 入力が V_{ref} 未満のときは出力は最大値に振り切ることになる。したがって, 入出力特性は図8.16のようにえられる。

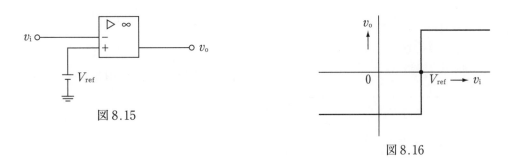

図 8.15

図 8.16

(3) フィルター回路

　要不要な周波数帯に分けることをフィルターという。増幅回路では利得の高いところを使用するのが一般的であり, 周波数が低い成分だけを通すフィルターをローパスフィルターと

いい，オペアンプ回路では図8.17のように構成される。

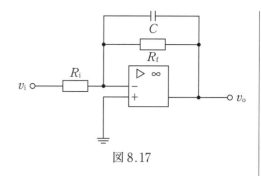

図 8.17

反転増幅回路の電圧利得 A_v は，入力インピーダンスを Z_i，帰還インピーダンスを Z_f とすると

$$A_v = -\frac{Z_f}{Z_i} \tag{8-26}$$

で与えられるので，図 8.17 における電圧利得 A_{v1} は

$$A_{v1} = -\frac{1}{R_i}\frac{\dfrac{R_f}{j\omega C}}{R_f + \dfrac{1}{j\omega C}} = -\frac{R_f}{R_i}\cdot\frac{1}{1+j\omega C R_f} \tag{8-27}$$

となるので，その大きさは

$$|A_{v1}| = \frac{R_f}{R_i}\cdot\frac{1}{\sqrt{1+(\omega C R_f)^2}} \tag{8-28}$$

となる。最大値の $\dfrac{1}{\sqrt{2}}$ に相当する周波数を遮断周波数というが，この場合の遮断周波数 f_c は

$$f_c = \frac{1}{2\pi C R_f} \tag{8-29}$$

となる。

これとは逆に，周波数が高い成分だけを通すフィルターをハイパスフィルターといい，回路は図8.18で構成される。また，ローパスとハイパスを組み合わせて特定の周波数帯域だけを通すフィルターをバンドパスフィルターといい，回路は図8.19で構成される。

フィルター回路は，これらのほかにもアクティブフィルター回路と呼ばれる回路もある。

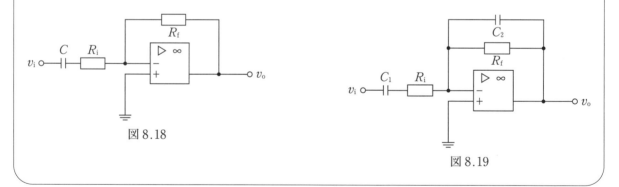

図 8.18

図 8.19

問題　26.1　演図8.9で示される回路を用いて，演図8.10で示される信号 v_i を入力したという。出力される信号波形を図中に示しなさい。

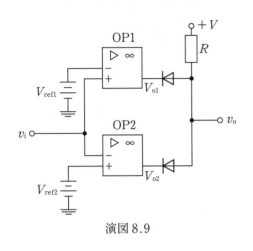

演図8.9

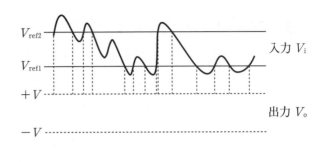

演図8.10

問題　26.2　図8.18のハイパスフィルターの回路全体の電圧利得 A_v を導出しなさい。また，遮断周波数も求めなさい。

問題　26.3　演図8.11で示される回路は，コンパレータ回路の一種である。入出力電圧の関係を求めなさい。

【ノート解答】

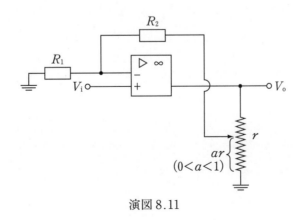

演図8.11

問題 26.4 図 8.19 のバンドパスフィルター回路において，$C_1 = 1\,\mu\mathrm{F}$，$C_2 = 0.1\,\mu\mathrm{F}$，$R_\mathrm{i} = 1\,\mathrm{k\Omega}$，$R_\mathrm{f} = 2\,\mathrm{k\Omega}$ とするとき，中心周波数 f_0 と最大電圧利得を求めなさい。また，遮断周波数および性能指数 Q も求めなさい。

【ノート解答】

問題 26.5 センサによっては一定電流で駆動することを必要とするものがある。このような場合，負荷抵抗に無関係に入力電圧で決まる電流を負荷抵抗に流す電圧と電流の変換回路が利用される。演図 8.12 は回路例である。次の各問いに答えなさい。

(1) 出力負荷電流 I_L を求めなさい。

(2) 定電流回路になるための R_3 の条件を求めなさい。

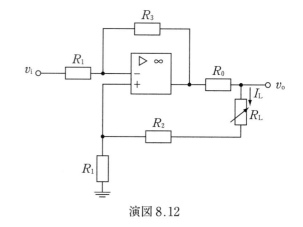

演図 8.12

問題 26.6 RCフィルタとオペアンプを組み合わせた回路は，一般にアクティブフィルタと呼ばれている。この種の回路は，RCフィルタと違い，抵抗による損失を補い，実質的に高いQ値がえられる。

演図 8.13

演図 8.13 は，この種の基本回路である。図から，つぎの関係式がえられる。

$$
\left.\begin{array}{l}
i_1 = Y_1(v_\mathrm{i} - v_\mathrm{s}) \\
i_2 = Y_2(v_\mathrm{s} - v_\mathrm{o}) \\
i_3 = Y_3 v_\mathrm{s} \\
i_4 = Y_4(v_\mathrm{s} - v_\mathrm{p}) \\
i_5 = Y_5(v_\mathrm{p} - v_\mathrm{o})
\end{array}\right\} \tag{8-T1}
$$

$$
i_1 = i_2 + i_3 + i_4 \tag{8-T2}
$$

また，オペアンプは仮想接地の条件を満たすとすると，$v_\mathrm{p} = v_\mathrm{n} = 0$ となり，

$$
i_4 = i_5 \tag{8-T3}
$$

これらの関係式から，$v_\mathrm{o}/v_\mathrm{i}$ は

$$
\frac{v_\mathrm{o}}{v_\mathrm{i}} = -\frac{Y_1 Y_4}{(Y_1 + Y_2 + Y_3 + Y_4)Y_5 + Y_2 Y_4} \tag{8-T4}
$$

となる。このアドミタンス $Y_1 \sim Y_5$ を抵抗やコンデンサで構成することにより，種々の特性を有するアクティブフィルタが構成できる。

(1) ローパスフィルタ（LPF），ハイパスフィルタ（HPF），バンドパスフィルタ（BPF）をどのように構成できるかを述べようとする次の文の空欄に適語を入れなさい。

ラプラス演算子を s $(= \mathrm{j}\omega)$，カットオフ角周波数を ω_c とすると，二次系の LPF の伝達関数 $H(s)$ は

$$
H(s) = \frac{v_\mathrm{o}(s)}{v_\mathrm{i}(s)} = -\frac{A\omega_\mathrm{c}^2}{s^2 + (\omega_\mathrm{c}/Q)s + \omega_\mathrm{c}^2} \qquad (A\text{は定数}) \tag{8-T5}
$$

と表すことができる。Q は回路の性能指数である。式(8-T5)が式(8-T4)に対応するためには，Y_1，Y_2，Y_4 が受動素子の抵抗，Y_3，Y_5 が容量でなければならない。

二次系の HPF の場合には

$$
H(s) = \frac{v_\mathrm{o}(s)}{v_\mathrm{i}(s)} = -\frac{Bs^2}{s^2 + (\omega_\mathrm{c}/Q)s + \omega_\mathrm{c}^2} \qquad (B\text{は定数}) \tag{8-T6}
$$

で表され，式(8-T6)が式(8-T4)に対応するためには，(ア)＿＿＿＿＿＿＿＿＿＿ が抵抗，(イ)＿＿＿＿＿＿＿＿＿＿ が容量でなければならない。

二次系の BPF の場合には

$$
H(s) = \frac{v_\mathrm{o}(s)}{v_\mathrm{i}(s)} = -\frac{C(\omega_\mathrm{c}/Q)s}{s^2 + (\omega_\mathrm{c}/Q)s + \omega_\mathrm{c}^2} \qquad (C\text{は定数}) \tag{8-T7}
$$

で表され，式(8-T7)が式(8-T4)に対応するためには，(ウ)＿＿＿＿＿＿＿＿＿＿＿＿ が抵抗，(エ)＿＿＿＿＿＿＿＿＿＿ が容量でなければならない。

(2) (1)で記述のとおり，アクティブLPF回路は演図8.14のように構成される。

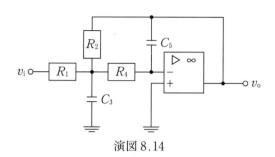

演図8.14

このときの伝達関数 $H(s)$，回路の性能指数 Q およびカットオフ周波数 f_c を式で表しなさい。

(3) 演図8.14の回路において $R_1=10\,\mathrm{k\Omega}$，$R_2=R_4=5\,\mathrm{k\Omega}$，$f_c=2\,\mathrm{kHz}$，$Q=1$ となるように，C_3，C_5 を設計しなさい。

チェック項目	月　　日	月　　日
オペアンプを用いた応用回路例としてコンパレータやフィルター回路が理解できたか。		

9 発振回路　　9.1 発振条件

定常発振は振幅一定，周波数一定の状態をいうが，短時間ではあるが，発振回路内に存在する微弱な信号のうちの特定の周波数をもつ信号がある条件で選ばれて増幅され，ついには自らの振幅制限作用により，ある一定振幅の振動に落ち着いて安定な発振をする。まずは，このことを正しく理解しよう。

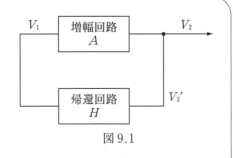

図9.1で示されるような電圧増幅度Aの増幅回路および電圧帰還率Hの帰還回路からなる帰還発振回路を考える。ノイズなどにより，微小の出力 V_2' が発生したとすると，この V_2' は帰還回路でH倍されて増幅回路への入力 $V_1 = HV_2'$ となり，さらに，A倍されて V_2 となるので，$V_2 = AHV_2'$ である。それゆえ，

$$AH > 1 \tag{9-1}$$

であれば，出力 V_2 は次第に増加する。この場合，増幅回路への入力 V_1 も次第に大きくなるが，増幅回路の増幅度Aは回路内の非線形性のために低下する。そこで，

$$AH = 1 \tag{9-2}$$

の状態，つまり，ループ利得 AH が1になる状態が生じると，外部からの入力がなくても発振回路として一定の出力がえられることになる。

増幅度Aや帰還率Hに周波数特性をもたせ，ある周波数に対して式(9-1)が成立するように回路を設計すると発振回路が構成される。したがって，式(9-1)は発振が立ち上がるための発振成長の条件と呼ばれる。また，発振が持続するためには式(9-2)を満たす必要があり，この式を発振持続の条件という。

一般に，回路にはリアクタンス分が含まれるので，AおよびHは複素数で表される。したがって，AH も複素数となり，式(9-1)および(9-2)の発振条件は

$$\mathrm{Re}(AH) \geqq 1 \tag{9-3}$$

$$\mathrm{Im}(AH) = 0 \tag{9-4}$$

の2つに分けられる。一般に，式(9-3)は振幅条件，式(9-4)は周波数条件と呼ばれている。

問題　27.1　増幅度 A，帰還率 H の帰還型発振回路におけるループ利得 AH の位相角を θ とすれば，式(9-3)と式(9-4)で与えられる発振条件は次式で表されることを示しなさい。

$$|AH| \geqq 1$$

$$\theta = 0$$

問題　27.2　図9.1の帰還型発振回路において，増幅回路の電圧増幅度が 36 dB で発振するためには帰還回路による電圧帰還率 H_v はいくらでなければならないか。ただし，ループ利得の位相角は0とする。

問題　27.3　発振回路は，演図9.1のように増幅回路と帰還回路を y（アドミタンス）パラメータで表される場合もある。この回路の発振条件を導出しなさい。

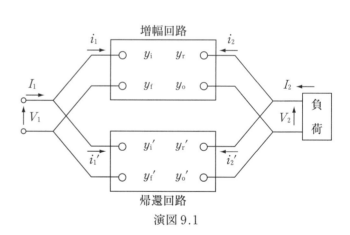

演図9.1

チェック項目	月　日	月　日
発振は，突然，定常になるのではなく，振動成長し，その成長が次第に収束して振幅，周波数とも一定になることを理解できたか。		

9 発振回路　　9.2 LC 発振回路

トランジスタを用いた代表的な発振回路には帰還回路が LC あるいは RC で構成される LC 型あるいは RC 移相型発振回路，並びに水晶振動子を組み込んだ水晶発振回路がある。それらの回路設計要領と特徴を学ぼう。

　LC 発振回路は周波数選択性の帰還回路が L と C で構成される。図 9.2(a) はトランジスタを用いた 3 点接続形と呼ばれる発振回路の例であり，負荷および帰還回路がインピーダンス Z で形成されている。h パラメータを用いた信号等価回路は同図 (b) で表される。増幅回路の取り扱う多くの場合は $v_i \gg h_{re}v_o$，$(1/h_{oe}) \gg R_L$ であるので，h_{re} と h_{oe} は省略しても回路設計上，問題にはならない。しかしながら，発振回路として取り扱う場合は R_L が比較的大きい方が安定した発振がえられ，また帰還がかかるために無次元量の掛け算項 $h_{ie}h_{oe}$ を生じ，この量の大きさ次第では回路に重大な影響を及ぼすことになるので，等価回路に h_{oe} が残ったままで表されることには十分注意する必要がある（詳細は［伊東規之著：増幅回路と負帰還増幅，東京電機大学出版局，pp. 208-214，2006.］を参照）。

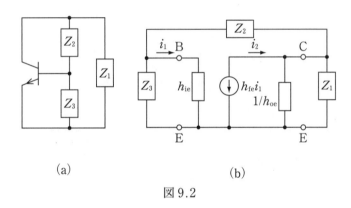

(a)　　　　　　　　　　　　(b)

図 9.2

　電流増幅度 A_i は出力電流 i_2（コレクタ電流 i_c ではないことに注意）と入力電流 i_1（ベース電流 i_b）の比で表され

$$A_i = \frac{i_2}{i_1} = -h_{fe} \tag{9-5}$$

となる。図 (b) において $Z_o = Z_1 // \left(\dfrac{1}{h_{oe}}\right)$ とおくと，電流帰還率 H_i は

$$
\begin{aligned}
H_i = \frac{i_1}{i_2} &= \frac{Z_o}{Z_o + Z_2 + (Z_3 // h_{ie})} \cdot \frac{Z_3}{h_{ie} + Z_3} \\[2mm]
&= \frac{Z_o Z_3}{(Z_o + Z_2)(Z_3 + h_{ie}) + Z_3 h_{ie}} \\[2mm]
&= \frac{\dfrac{Z_1 Z_3}{1 + h_{oe}Z_1}}{\left[\dfrac{Z_1}{1 + h_{oe}Z_1} + Z_2\right](Z_3 + h_{ie}) + Z_3 h_{ie}}
\end{aligned} \tag{9-6}
$$

となる。発振持続条件は $A_i H_i = 1$ であり，$A_i = -h_{fe}$ であるから，$H_i = -\dfrac{1}{h_{fe}}$ となる。し

たがって，発振条件は

$$-\frac{1}{h_{\mathrm{fe}}}=\frac{\dfrac{Z_1 Z_3}{1+h_{\mathrm{oe}}Z_1}}{\left[\dfrac{Z_1}{1+h_{\mathrm{oe}}Z_1}+Z_2\right](Z_3+h_{\mathrm{ie}})+Z_3 h_{\mathrm{ie}}} \tag{9-7}$$

Z_1, Z_2, Z_3 はインダクタンス L またはキャパシタンス C でつくられる純リアクタンスであることを考慮し，この式を実数部と虚数部に分けて整理すると

$$\underbrace{h_{\mathrm{fe}}+\frac{Z_1+Z_2}{Z_1}+h_{\mathrm{ie}}h_{\mathrm{oe}}\frac{Z_3+Z_2}{Z_3}}_{\text{実数部}}+\underbrace{h_{\mathrm{ie}}\frac{Z_1+Z_2+Z_3}{Z_3 Z_1}+h_{\mathrm{oe}}Z_2}_{\text{虚数部}}=0 \tag{9-8}$$

前節で述べたように，ここでは，（実数部）＝0 とおくと発振振幅の条件，（虚数部）＝0 とおくと発振周波数の条件がえられる。Z_2 が容量性で Z_1 と Z_3 が誘導性，あるいは Z_2 が誘導性で Z_1 と Z_3 が容量性であれば，式(9-8)が成り立つことが次のようにしてわかる。前者はハートレイ形，後者はコルピッツ形発振回路と呼ばれており，それぞれ図 9.3(a)，(b)で表される。

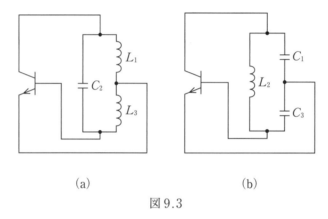

(a)   (b)

図 9.3

図(a)のハートレイ形では，周波数条件は $Z_1 = \mathrm{j}\omega L_1$，$Z_2 = \dfrac{1}{\mathrm{j}\omega C_2}$，$Z_3 = \mathrm{j}\omega L_3$ を式(9-8)の虚数部に代入し，0 とおくことにより求まる。すなわち

$$\frac{h_{\mathrm{ie}}}{\omega^2 L_1 L_3}\left[\omega(L_1+L_3)-\frac{1}{\omega C_2}\right]+\frac{h_{\mathrm{oe}}}{\omega C_2}=0 \tag{9-9}$$

$$\therefore \quad \omega(L_1+L_3)-\frac{1}{\omega C_2}+\frac{h_{\mathrm{oe}}}{h_{\mathrm{ie}}}\cdot\frac{\omega L_1 L_3}{C_2}=0$$

係数 $\dfrac{h_{\mathrm{oe}}}{h_{\mathrm{ie}}}$ の値は非常に小さいので，左辺におけるこれを含む項の寄与は小さい。それゆえ

$$\omega(L_1+L_3)-\frac{1}{\omega C_2}\fallingdotseq 0 \tag{9-10}$$

したがって，発振周波数 f は次式で与えられる。

$$f\fallingdotseq\frac{1}{2\pi\sqrt{(L_1+L_3)C_2}} \tag{9-11}$$

振幅条件は式(9-8)の実数部に $Z_1 = \mathrm{j}\omega L_1$，$Z_2 = \dfrac{1}{\mathrm{j}\omega C_2}$，$Z_3 = \mathrm{j}\omega L_3$ を代入し，0 とおいて求

まる。すなわち

$$h_{\mathrm{fe}}+1+\frac{\dfrac{1}{\mathrm{j}\omega C_2}}{\mathrm{j}\omega L_1}+h_{\mathrm{ie}}h_{\mathrm{oe}}\left(1+\frac{\dfrac{1}{\mathrm{j}\omega C_2}}{\mathrm{j}\omega L_3}\right)=0 \tag{9-12}$$

$$\therefore \quad h_{\mathrm{fe}}+1-\frac{1}{\omega^2 L_1 C_2}+h_{\mathrm{ie}}h_{\mathrm{oe}}\left(1-\frac{1}{\omega^2 L_2 C_2}\right)=0 \tag{9-13}$$

式(9-10)から，$\omega^2 \fallingdotseq \dfrac{1}{(L_1+L_3)C_2}$ であるので，これを式(9-13)に適用すると

$$h_{\mathrm{fe}}+1-\frac{L_1+L_3}{L_1}+h_{\mathrm{ie}}h_{\mathrm{oe}}\left(1-\frac{L_1+L_3}{L_3}\right)=0 \tag{9-14}$$

したがって，定常発振時の h_{fe} は次式を満たさなければならない。

$$\therefore \quad h_{\mathrm{fe}}=\frac{L_3}{L_1}+h_{\mathrm{ie}}h_{\mathrm{oe}}\frac{L_1}{L_3} \tag{9-15}$$

もちろん，発振起動時には左辺＞右辺でなければならない。

　図(b)のコルピッツ形でも同様に解析することができ，周波数条件から発振周波数 f は

$$f \fallingdotseq \frac{1}{2\pi\sqrt{\dfrac{L_2 C_1 C_3}{C_1+C_3}}} \tag{9-16}$$

振幅条件から定常発振時の h_{fe} は

$$h_{\mathrm{fe}}=\frac{C_1}{C_3}+h_{\mathrm{ie}}h_{\mathrm{oe}}\frac{C_3}{C_1} \tag{9-17}$$

当然，発振起動時には左辺＞右辺でなければならない。

　LC 発振回路には上記の2つのタイプのほかにもコレクタ同調形やベース同調形もあり，いずれも波形のきれいな発振電圧をえることができる。しかしながら，周波数安定性をよくするためには Q 値がある程度以上必要であり（$Q>20$），そのためには極端に大きな負荷をかけないこと，大きな帰還をかけないことが必要である。

問題 28.1　図 9.3 (a) のハートレイ形発振回路において，$L_1 = 0.1\,\mathrm{mH}$，$C_2 = 0.1\,\mathrm{\mu F}$，$L_3 = 0.4\,\mathrm{mH}$ のとき，発振するためのトランジスタの h_{fe} の条件，および発振時の発振周波数 f を求めなさい。ただし，h_{fe} 以外の h パラメータは $h_{\mathrm{ie}} = 2\,\mathrm{k\Omega}$，$h_{\mathrm{re}} = 10^{-5}$，$h_{\mathrm{oe}} = 20\,\mathrm{\mu S}$ とする。

問題 28.2　図 9.3(b) のコルピッツ形発振回路について，次の各問いに答えなさい。

(1) 定常発振条件が式 (9-16)，(9-17) で表されることを導出しなさい。

(2) $C_1 = 10\,\mathrm{nF}$，$L_2 = 1\,\mathrm{mH}$，$C_3 = 20\,\mathrm{nF}$ のとき，発振するためのトランジスタの h_{fe} の条件，および発振時の発振周波数 f を求めなさい。ただし，h_{fe} 以外の h パラメータは $h_{\mathrm{ie}} = 2\,\mathrm{k\Omega}$，$h_{\mathrm{re}} = 10^{-5}$，$h_{\mathrm{oe}} = 20\,\mathrm{\mu S}$ とする。

問題 28.3 演図 9.2 は，コレクタ回路に LC 共振回路をもち，トランスの二次側からベースに正帰還するコレクタ同調形発振回路である。また，演図 9.3(a) は演図 9.1 のバイアス抵抗 R_A, R_B を省いた信号等価回路である。ただし，コイルタップはないものとし（密結合），一次コイル L_1 と二次コイル L_2 の巻数比は $n:1$ とした。また，g はコイルの抵抗成分を表すコンダクタンス

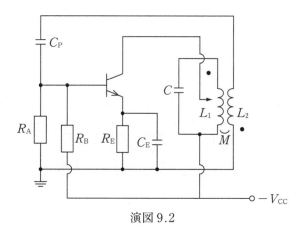

演図 9.2

とする。同図では h_{ie} に流れる電流を i_1，トランスの二次コイル L_2 から帰還される電流を i_1' とすると，$i_1' \geqq i_1$ であれば発振する。i_1' は，一次コイル L_1 に流れる電流 i_L により生ずる二次コイル L_2 の起電力 $j\omega M i_1$ を h_{ie} で割ったものであるので，次の関係が成り立つ。

$$i_1' = \frac{j\omega M i_1}{h_{ie}}$$

また，演図 9.3(b) は，図 (a) の h_{ie} を一次コイル側に換算した等価回路である。

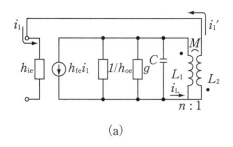

(a)

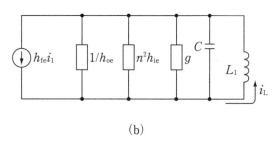

(b)

演図 9.3

　この回路の発振条件（発振するためのトランジスタの h_{fe} の条件，および発振時の発振周波数 f）を求めなさい。

問題 28.4 演図9.4(a)はFETを用いたドレイン同調形発振回路，同図(b)はその信号等価回路である。g_m および r_d は，それぞれFETの相互コンダクタンスおよびドレイン抵抗を表す。同調回路のコイル L_1 と二次側コイルの L_2 は蜜結合し（結合係数 $k=1$），巻線比は $n:1$ とする。また，コイルの銅損・鉄損などによる等価直列抵抗は省略できるほど小さいとする。

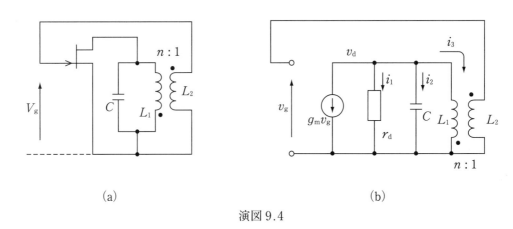

(a)   (b)

演図9.4

　この回路の発振条件（発振するためのFETの電圧増幅率 μ の条件，および発振時の発振周波数 f）を求めなさい。

チェック項目	月	日	月	日
3点接続形と呼ばれるトランジスタLC発振回路の構成要領，並びに発振条件を理解できたか。				

LC 発振回路で低周波をえようとすると同調回路の L と C の値を大きくする必要があり，そのために L と C の形状，質量ともに大きくなり，実用には向かない。低周波用の発振回路として代表的なものには CR 発振回路がある。しかしながら，周波数選択性は LC 型より劣り，増幅度の大きい増幅回路を必要とするため，CR 発振回路は低周波領域（～10 kHz 以下）でのみ使用されている。

1 段の CR 回路では入力電圧 v_i に対して出力電圧 v_o の位相は進むが，位相差 ϕ は 90° より小さい。そこで，この回路を 3 段接続すると，ある周波数において 180° の位相差，つまり，入力と出力の位相を互いに逆相の関係にすることができる。したがって，トランジスタと 3 段の CR 回路を接続すると，トランジスタ増幅部の入出力の位相の反転と合わせて正帰還がなされ，発振が得られる。このような回路を進み位相形（微分形）移相発振回路といい，図 9.4(a) のように示される。

増幅器の出力インピーダンスが移相回路のインピーダンスに比べて十分小さければ，発振源は出力電圧 v_o の定電圧源とみなされる。また，増幅器の入力インピーダンスが移相回路の最終段のインピーダンス R に比べて十分大きければ，増幅器に対する入力電圧 v_i は，移相回路の最終段を流れる電流を i_3 とすると，$v_i \fallingdotseq R i_3$ となる。この様子は図 9.4(b) で示される。

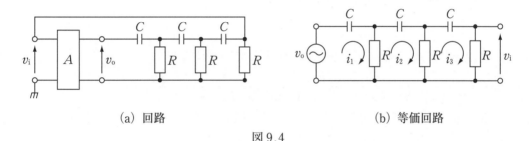

(a) 回路   (b) 等価回路

図 9.4

図 (b) の回路を解析し，発振するためには電圧 v_o と v_i が同相であることから発振周波数 f が求まる。また，これらの比 $\dfrac{v_o}{v_i}$ が発振回路全体の電圧増幅度 A_v であり，定常発振時にはそれぞれ

$$f = \frac{1}{2\pi\sqrt{6}\cdot CR} \tag{9-18}$$

$$A_v = -29 \tag{9-19}$$

となる。

また，移相回路を図 9.4(a) の C，R の挿入箇所を互いに置き換えた構成の発振器を遅れ位相形（積分形）移相発振回路という。定常発振時の周波数 f と電圧増幅度 A_v を求めると，それぞれ

$$f = \frac{\sqrt{6}}{2\pi CR} \tag{9-20}$$

$$A_v = -29 \tag{9-21}$$

となり，微分形，積分形ともに電圧増幅率が 29 で，位相が反転する逆相増幅器を用いれば発振回路が構成できることがわかる。

CR 発振には上述のような移相型発振回路と，帰還回路に CR のブリッジ回路を用いたブリッジ型発振回路がある。発振周波数の安定度の面では後者が優れており，広く応用されている。

図 9.5 にウィーンブリッジ発振回路の実例を示す。発振器は，ブリッジの平衡を少し崩

し，図の端子 $3-4$ 間にわずかな電位差 v_i を発生させ，これをオペアンプで増幅し，その出力 v_o を端子 $1-2$ 間に正帰還する仕組みになっている。端子 $4-2$ 間の電位差 v_{42} は，R_3 と R_4 で v_o を分圧しているので

図9.5

$$v_{42} = \frac{R_4}{R_3 + R_4} v_o \qquad (9\text{-}22)$$

である。同様に，端子 $3-2$ 間の電位差 v_{32} は次式で表される。

$$v_{32} = \frac{Z_2}{Z_1 + Z_2} v_o \qquad (9\text{-}23)$$

$$Z_1 = R_1 + \frac{1}{j\omega C_1} \qquad (9\text{-}24)$$

$$Z_2 = \frac{1}{\dfrac{1}{R_2} + j\omega C_2} \qquad (9\text{-}25)$$

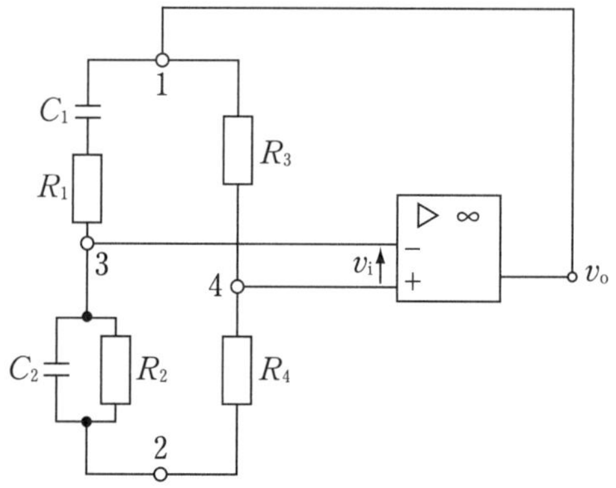

したがって，端子 $3-4$ 間の電位差，つまり，v_i は

$$v_i = \left(\frac{Z_2}{Z_1 + Z_2} - \frac{R_4}{R_3 + R_4} \right) v_o \qquad (9\text{-}26)$$

オペアンプの電圧増幅度 A_v は，逆数の形で表すと

$$\frac{1}{A_v} = \frac{v_i}{v_o} = \frac{Z_2}{Z_1 + Z_2} - \frac{R_4}{R_3 + R_4} \qquad (9\text{-}27)$$

となる。式(9-27)に式(9-24)，式(9-25)を代入して整理すると

$$\frac{1}{A_v} = \frac{j\omega C_1 R_2}{j\omega (C_1 R_1 + C_2 R_2 + C_1 R_2) + (1 - \omega^2 C_1 C_2 R_1 R_2)} - \frac{R_4}{R_3 + R_4} \qquad (9\text{-}28)$$

で表される。それゆえ，定常発振条件から，発振周波数 f および電圧増幅度 A_v は，それぞれ

$$f = \frac{1}{2\pi\sqrt{C_1 C_2 R_1 R_2}} \qquad (9\text{-}29)$$

$$\frac{1}{A_v} = \frac{C_1 R_2}{C_1 R_1 + C_2 R_2 + C_1 R_2} - \frac{R_4}{R_3 + R_4} \qquad (9\text{-}30)$$

となる。一般には，簡単化のために，$C_1 = C_2 = C$，$R_1 = R_2 = R$ とする。この場合には

$$f = \frac{1}{2\pi CR} \qquad (9\text{-}31)$$

$$\frac{1}{A_v} = \frac{1}{3} - \frac{R_4}{R_3 + R_4} \qquad (9\text{-}32)$$

となる。当然，増幅度は実数でなければならないので

$$\frac{R_4}{R_3 + R_4} \neq \frac{1}{3} \qquad (9\text{-}33)$$

を満足しなければならない。すなわち，式(9-33)の左辺が1/3より大か小かのいずれかでなければならない。実用回路では，使いやすい小の関係を使う。そのとき，式(9-32)の A_v は正となり，図9.5におけるオペアンプは，いわゆる正帰還の働きをすることになる。

問題 29.1　図 9.4(a)で示される微分形移相発振回路における "微分形" とは何が何に対して微分の形をとるのか，説明しなさい。

問題 29.2　図 9.4(a)で示される微分形移相発振回路における定常発振条件，式(9-18)および式(9-19)を導出しなさい。

問題 29.3 演図 9.5 で示される積分形移相発振回路について

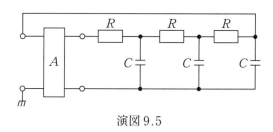

演図 9.5

(1)定常発振時の周波数 f，および電圧増幅度 A_v を表す式を導出しなさい。

(2) C が 20 nF のとき，発振周波数が 3.2 kHz になるように R を設計しなさい。

問題 29.4 図 9.5 で示されるウィーンブリッジ発振回路において，$C_1 = C_2 = 10$ nF，$R_1 = R_2 = 5$ kΩ のとき，発振周波数はいくらか。また，同図におけるオペアンプが電圧に対して正帰還作用するためには R_3，R_4 はいくらにすればよいか。

チェック項目		月　日	月　日
RC 移相形発振回路の構成要領，並びに発振条件を理解できたか。			

　3点接続法で説明できる LC 発振回路において，構成素子の1個のインダクタンスを水晶振動子で置き換えたものを水晶発振回路という。発振の定常状態における平均の発振周波数を f_0，周波数変動の最大値を $\pm\Delta f$ とすれば，$\dfrac{\pm\Delta f}{f_0}(=\delta)$ および $\dfrac{\Delta f}{f_0}(=s)$ はそれぞれ周波数正確度および周波数安定度と呼ばれる。水晶発振回路は，周波数正確度および周波数安定度ともに LC 発振回路に比べて2桁以上高く，10^{-6} 程度は容易にえられる。このため，周波数副標準，通信用送信機の主発振回路，受信機の局部発振回路，時計や精密計測器などに応用される。

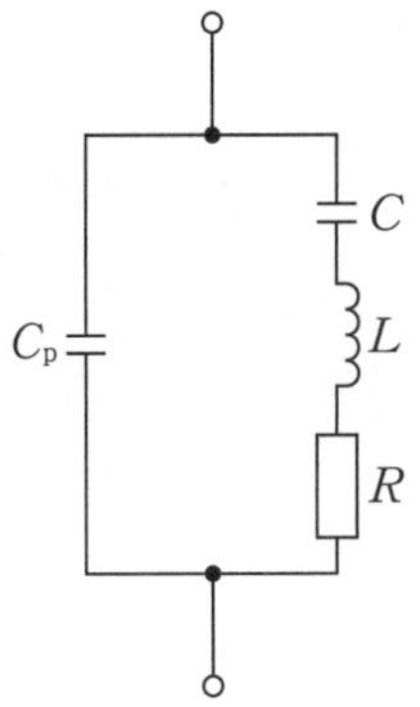

図 9.6

　圧電効果がある水晶振動子に，その固有振動数と同じ周波数の電界を加えると共振を起こし，LC 共振回路と等価になる。水晶振動子の等価回路は図 9.6 のように示される。L は水晶の質量に相当するインダクタンス，C はコンプライアンス（振動子のある一点に単位の力を加えたときのその点の弾性的な変位）に相当する固有の容量である。また，R は機械的損失に相当する抵抗，C_p は電極間の容量である。通常，R の値は小さいので，等価的な Q 値は非常に大きく，$10^4 \sim 10^5$ 程度になる（LC 共振回路の Q は，通常，数十～数百）。

　したがって，R が極めて小さく省略できるとすれば，水晶振動子の等価リアクタンス X は次式で表される。

$$X = j\frac{\omega L - \dfrac{1}{\omega C}}{1 - \omega_p\left(\omega L - \dfrac{1}{\omega C}\right)} \tag{9-34}$$

等価リアクタンス X の周波数特性は図 9.7 のように表される。周波数 f_s と f_p は，関数 X の0点と極で，これらは X の分子と分母をそれぞれ0とおくことによりえられ，

$$f_s = \frac{1}{2\pi\sqrt{LC}} \tag{9-35}$$

$$f_p = \frac{1}{2\pi\sqrt{\dfrac{LCC_p}{C+C_p}}} = f_s\sqrt{1+\frac{C}{C_p}} \tag{9-36}$$

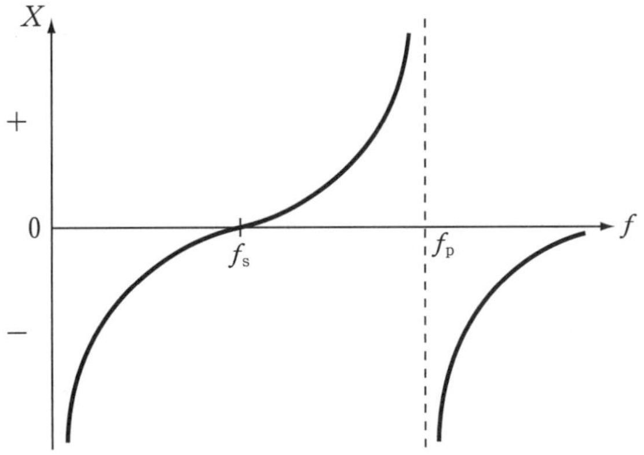

図 9.7

となる。f_s は印加電圧端子からみた場合の L，C からなる直列共振回路の共振周波数であり，f_p は同じ端子からみた場合の C_p を含む並列共振周波数である。f_p と f_s の差は，実際には，f_s に対してわずか 0.1 % 程度である。この範囲では，周波数がわずかに変化してもリアクタンスは大きく変化する。したがって，LC 発振回路のインダクタンスを水晶振動子に置き換えると，周波数が f_s と f_p の範囲で安定な発振がえられることがわかる。f_s に対する水晶振動子の Q は

$$Q = \frac{\omega_s L}{R} = \frac{1}{\sqrt{LC}}\cdot\frac{L}{R} = \frac{1}{R}\cdot\sqrt{\frac{L}{C}} \tag{9-37}$$

で与えられる。

問題　30.1　水晶振動子の電気的な等価回路が図 9.6 で表されることを説明しなさい。

問題　30.2　水晶振動子の等価回路（図 9.6）において $L=3\,\mathrm{H}$, $C=0.02\,\mathrm{pF}$, $C_\mathrm{p}=3\,\mathrm{pF}$, $R=400\,\Omega$ のとき，直列共振周波数 f_s，並列共振周波数 f_p，および f_s に対する周波数安定度 $\dfrac{(f_\mathrm{p}-f_\mathrm{s})}{f_\mathrm{s}}$ を求めなさい。また，この振動子の Q はいくらか。

問題　30.3　水晶振動子と FET を用いた発振回路を演図 9.6 に示す。この回路の発振周波数 f を求めなさい。ただし，水晶振動子の等価回路は図 9.6 で表され，R の大きさは L, C のリアクタンス成分に比べて省略できるとする。

【ノート解答】

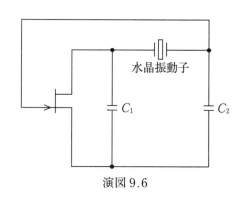

水晶振動子

C_1　　C_2

演図 9.6

問題 30.4 演図 9.7(a)はピアス形水晶発振回路,図(b)はその小信号等価回路である。g_m および r_d は,それぞれ FET の相互コンダクタンスおよび内部抵抗を,L_C は水晶振動子のインダクタンスを表す。$R_G \gg \dfrac{1}{\omega C_G}$ の関係を満たすとして,この回路の発振条件を求めなさい。

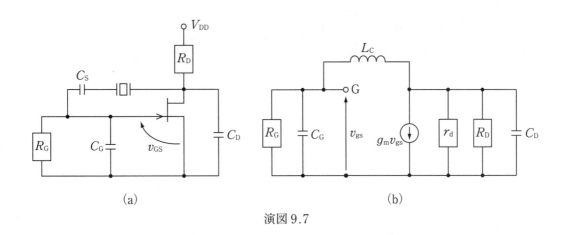

演図 9.7

問題 **30.5** 水晶振動子を用いたトランジスタ発振回路はいろいろあるが，サバロフ（Sabaroff）発振回路，ならびにミーチャム（Meacham）ブリッジ発振回路について，回路図およびその特徴を述べなさい。

チェック項目	月　　日	月　　日
水晶振動子を組み込む発振回路の構成要領，発振条件，並びに桁違いに発振周波数の精度が高くなることを理解できたか。		

10 変復調回路

直接遠くまで送ることができない低周波の音声信号や映像信号はキャリアと呼ばれる高周波信号に乗せて伝送する。この送信技術は変調といわれ，元の低周波信号を復元させる復調と言われる受信技術とペアで成り立つ。ここでは，基本となる振幅変復調，周波数変復調の原理および回路の構成要領を学ぼう。

10.1 振幅変調の原理

キャリア（搬送波）$v_c(t)$ および信号波 $v_m(t)$ は，それぞれ図 10.1(a) および同図(b) のように示され，

$$v_c(t) = V_c \cos(\omega t + \phi) \tag{10-1}$$

および

$$v_m(t) = V_m \cos pt \tag{10-2}$$

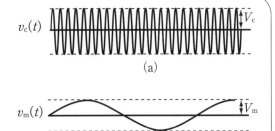

(a)

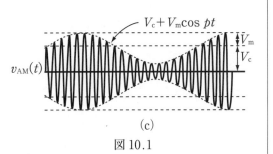

(b)

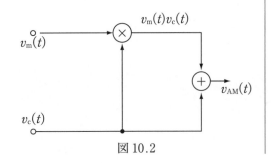

(c)

図 10.1

で表されるとする。V_c, ω, ϕ は搬送波の振幅，角周波数（$\omega = 2\pi f$，f：搬送波の周波数），初期位相を表し，V_m, p は信号の振幅，角周波数（$p = 2\pi f_m$，f_m：信号の周波数）を表す。

搬送波の振幅 V_c を信号の振幅 V_m に比例して変化させる。すなわち，振幅変調すると，搬送波の振幅は図(c)で示されるように，$V_c + V_m \cos pt$ となり，時間 t とともに変化する。したがって，被変調波 v_{AM} は

$$
\begin{aligned}
v_{AM}(t) &= (V_c + V_m \cos pt)\cos(\omega t + \phi) \\
&= V_c(1 + m \cos pt)\cos(\omega t + \phi)
\end{aligned}
\tag{10-3}
$$

となる。ここで，$m = \left(\dfrac{V_m}{V_c}\right)$ は変調度と呼ばれる。正常な変調では $0 < m \le 1$ となる。$m > 1$ となると過変調といわれ，被変調波はその波形が一部脱落することになり，通常の通信では使えなくなる。式(10-3)を展開すると

$$v_{AM}(t) = V_c \cos(\omega t + \phi) + m V_c \cos pt \cdot \cos(\omega t + \phi) \tag{10-4}$$

となる。この式から，振幅変調するためには，図 10.2 に示されるように，信号と搬送波の積をつくり，これに搬送波を足すように回路をつくらなければならないことがわかる。さらに，式(10-4)を展開すると

図 10.2

$$v_{\mathrm{AM}}(t)=V_c\cos(\omega t+\phi)+\frac{1}{2}mV_c\cos[(\omega+p)t+\phi]+\frac{1}{2}mV_c\cos[(\omega-p)t+\phi]$$

$$(10\text{-}5)$$

となり，被変調波には元の搬送波のほかに，角周波数が $\omega+p$ の上側波帯と $\omega-p$ の下側波帯が含まれていることがわかる。これらのスペクトル分布を示すと，図10.3のようになる。

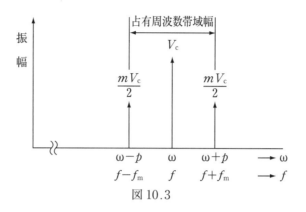

図 10.3

下側波帯，上側波帯の周波数をそれぞれ f_1，f_2 とすると

$$B=f_2-f_1=\left(\frac{1}{2\pi}\right)[(\omega+p)-(\omega-p)]=\frac{p}{\pi}=2f_m \qquad (10\text{-}6)$$

となり，この B は占有周波数帯域幅と呼ばれる。もし，この占有周波数帯域幅内に他の波が表れると混信を引き起こすことになる。

問題　31.1　変調度が m の振幅変調波をアンテナから放射するとき，搬送波と両側波帯のパワー比は $1:\dfrac{m^2}{2}$ であることを示しなさい。

問題　31.2　正弦波信号で振幅変調された波をシンクロスコープで観測したところ，最大振幅 9 V，最小振幅 1 V だったとする。この被変調波の変調度 m を求めなさい。

問題　31.3　電話の音声信号（300～3400 Hz）で 600 kHz の搬送波を振幅変調したときの占有周波数帯域幅はいくらか。

問題　31.4　$f_s=3\,\text{kHz}$ の正弦波信号で $f_c=1.2\,\text{MHz}$ の搬送波（振幅 9 V）を振幅変調した。変調度が 80 % の場合，側波帯の振幅と周波数を求めよ。

問題 31.5 $f_c = 24\,\mathrm{kHz}$ の搬送波を $f_s = 4\,\mathrm{kHz}$ の信号波（振幅 12 V）で変調した場合，搬送波をフィルタリングして取り除き，両側波帯のみを含む波形を観測したところ，演図 10.1 のように得られたという。図の $x[\mathrm{sec}]$, $y[\mathrm{sec}]$, $z[\mathrm{V}]$ はそれぞれいくらか。

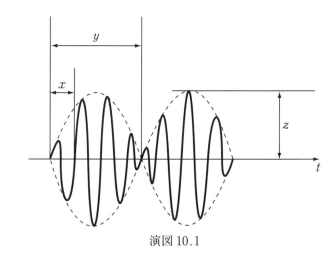

演図 10.1

問題 31.6 搬送波 $v_c = V_c \cos(2\pi f_c t)$ が信号波 $v_m = V_{m1} \cos(2\pi f_{m1} t) + V_{m2} \cos(2\pi f_{m2} t)$ で振幅変調されるとき，被変調波に含まれる周波数成分とそれらの振幅を求め，いわゆるスペクトル分布を示しなさい。ただし，$V_c > V_{m1} > V_{m2}$, $f_c \gg f_{m1} > f_{m2}$ とする。

チェック項目	月	日	月	日
高周波の搬送波を低周波の信号波で変調する技法の一つ，振幅変調（AM）の原理が理解できたか。				

振幅変調の原理に基づいた回路構成例は次のようになる。

エミッタ接地におけるトランジスタの入力信号電圧 v_{be} と出力信号電流 i_c の関係は，図 10.4 のように非線形特性として表される。簡単化のために出力電流 i_c は入力信号 v_{be} の 2 乗の形で特性づけられ

$$i_c = I_0 + a_1 v_{be} + a_2 v_{be}{}^2 \qquad (10\text{-}7)$$

で表されるものとする。I_0 は出力側における直流分を表し，a_1，a_2 は非線形性を特性づける定数である。

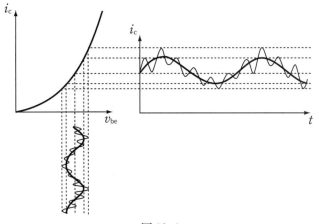

図 10.4

さて，入力信号 v_{be} が正弦波である搬送波 $v_c(t)$ と信号 $v_m(t)$ の和で与えられたとすると

$$v_{be}(t) = v_c(t) + v_m(t) = V_c \cos \omega t + V_m \cos pt \qquad (10\text{-}8)$$

すなわち

$$i_c(t) = I_0 + \overset{①}{a_1(V_c \cos \omega t} + \overset{②}{V_m \cos pt)}$$
$$+ a_2(\overset{③}{V_c{}^2 \cos^2 \omega t} + \overset{④}{V_m{}^2 \cos^2 pt} + \overset{⑤}{2V_c V_m \cos \omega t \cdot \cos pt}) \qquad (10\text{-}9)$$

となる。このうち，①は搬送波，②は信号で，③，④，⑤はそれぞれ

$$③\, a_2 \frac{V_c{}^2}{2}(1 + \cos 2\omega t)$$

$$④\, a_2 \frac{V_m{}^2}{2}(1 + \cos 2pt)$$

$$⑤\, a_2 V_c V_m [\cos(\omega + p)t + \cos(\omega - p)t]$$

と変形できる。それゆえ，i_c のスペクトル分布は図 10.5 のようになる。式(10-9)のうち，①は搬送波，⑤は信号と搬送波の積であり，図 10.2 の振幅変調回路の構成法を考慮すると，図 10.5 の破線で取り囲んだスペクトルだけ取り出せば振幅変調したことになる。

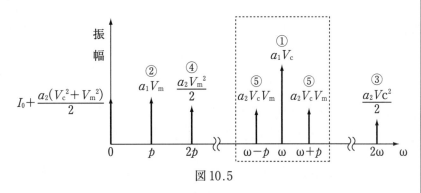

図 10.5

図 10.6 に，その一例を示す。この回路は，入力のベース側に搬送波 v_c と信号波 v_m を加えるベース変調回路である。この回路は入力側で変調を行うため，変調に要する変調信号電力が非常に少なくてすむ。しかしながら，トランジスタでは完全な 2 乗特性が得られず，不必要な高周波が発生して波形歪みの原因にもなるので，低出力で，かつ変調度が小さい場合にだけ使われる。

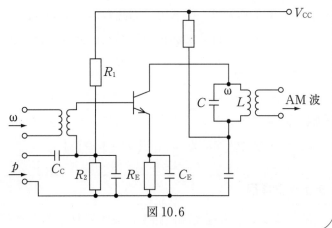

図 10.6

問題 32.1 A級動作，B級動作，C級動作とはどのような動作のことか，簡潔に説明しなさい。

問題 32.2 ベース変調回路で AM 変調がかけられる仕組みを簡潔に説明しなさい。

問題 32.3 搬送波 $A_c \cos(2\pi f_c t)$ と変調信号 $m(t)$ を加算した信号を非線形素子（例えば，変数 x に対して $f(x) = \alpha x + \beta x^2$ の特性をもつ素子）に印加すると，出力信号 $s(t)$ は

$$s(t) = f(m(t) + A_c \cos(2\pi f_c t))$$

$$= \alpha m(t) + \alpha A_c \cos(2\pi f_{ct})$$

$$+ \beta m^2(t) + 2\beta m(t) A_c \cos(2\pi f_c t) + \beta A_c^2 \cos^2(2\pi f_c t)$$

$$= A_c \alpha \left[1 + \frac{2\beta}{\alpha} m(t)\right] \cos(2\pi f_c t) + \alpha m(t) + \beta m^2(t) + \beta A_c^2 \cos^2(2\pi f_c t)$$

となり，AM 信号は，上式では右辺の第1項のみあればよいことになる。

さて，AM 信号は，問題提起されている回路にどのような回路を付け加えれば実現できるか。

問題 32.4 トランジスタを用いたコレクタ変調回路を図示し，AM 変調波がえられる仕組みについて簡潔に説明しなさい。【ノート解答】

チェック項目	月　日	月　日
原理に基づいて振幅変調回路を構成する仕組みが理解できたか。		

送信側の変調はトランジスタが使われるのに対し，受信側の復調は，一般にはダイオードを用いて行われる。基本的な回路は図10.7で示される半波整流回路である。

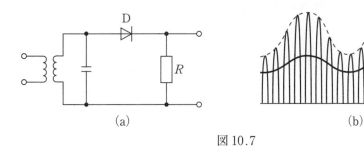

(a)　　　　　　　　　　(b)

図10.7

出力は半波整流された振幅の変化するパルス列となる。信号成分はこれの平均値で与えられるので，平均値復調回路といわれる。これを低域フィルタを通して高周波成分を除去すれば（変調）信号が得られる。図10.8は，図10.7の回路の負荷抵抗に適切な値のコンデンサを並列に接続した包絡線復調回路と呼ばれる。この回路では，入力の正の半周期でコンデン

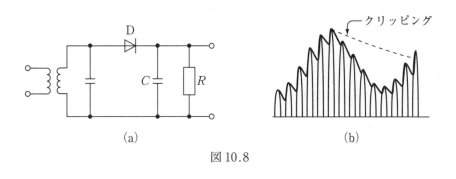

(a)　　　　　　　　　　(b)

図10.8

サが充電され，負の半周期では負荷抵抗Rを通じて放電されるので，図10.8(b)に示されるように，出力は包絡線に近い波形が得られる。この回路では，出力電圧が最大値に近い値に維持されるので，平均値復調回路より大きな出力電圧が得られる。この回路は，ダイオードの順方向抵抗r_dとコンデンサCの容量との積で表される時定数Cr_dが搬送波の1周期に比べて十分小さくなければ，充電に時間を要し最大値まで充電されないので出力は小さくなる。また，出力回路の時定数CRが大きすぎると信号波の変化に対応しきれず，図10.8(b)の破線で示されるようなクリッピングと呼ばれる波形歪みを発生するので，回路設計上，注意を要する。

問題　33.1　ラジオで特定の放送局の電波を受信する際，まずアンテナを通じてチューニングしているが，基本的なチューニング回路を図示しなさい。

問題　33.2　図 10.7 で示されている波形は負荷抵抗端子間でえられる信号であるが，ダイオードからトランジスタ，たとえば演図 10.2 に示される回路に替えた場合に，抵抗 R_L 端子間でえられる信号波形はどうなるか。概形を図示しなさい。

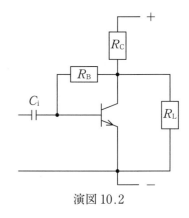

演図 10.2

問題　33.3　図 10.8(a)で示される包絡線復調回路において，コンデンサが十分に充電されるための時定数 Cr_d と CR の関係，および出力波形がクリッピングされないための搬送波と信号波の周期 $\left(\dfrac{1}{f_c} と \dfrac{1}{f_s}\right)$ の関係について説明しなさい。ただし，r_d はダイオードの順方向抵抗とする。

問題　33.4　図 10.8(a)の包絡線復調回路において，$r_d=200\,\Omega$，$R=10\,\mathrm{k\Omega}$，$f_c=1.2\,\mathrm{MHz}$，$f_s=3\,\mathrm{kHz}$ の場合，コンデンサ C の容量はいくらに設計すればよいか。

チェック項目	月　日	月　日
振幅変調波から元の信号を復元する方法と回路の構成要領が理解できたか。		

搬送波 $v_c = V_c \sin \omega t (= V_c \sin \theta)$ の角周波数 ω を信号波 $v_m = V_m \cos pt$ で変化させるとき，時々刻々と変わる角周波数は ω を中心にして $\pm\Delta\omega$ 変動するものとする。変調という意味合いから，$\Delta\omega$ は信号の振幅 V_m に比例する量である。このときの変調をうけた波の任意の時刻 t における角周波数 ω_i は

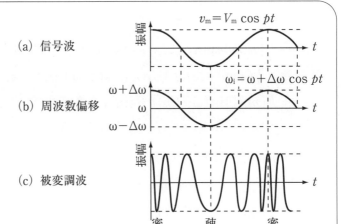

(a) 信号波 $v_m = V_m \cos pt$

(b) 周波数偏移 $\omega_i = \omega + \Delta\omega \cos pt$

(c) 被変調波

密   疎   密

図 10.9

$$\omega_i = \omega + \Delta\omega \cos pt \quad (10\text{-}10)$$

で表される（図 10.9 参照）。角周波数が一定値 ω の場合，搬送波の位相 θ は ωt，つまり，時間 t に比例するが，角周波数が式(10-10)のように時間に対して変化するとき，位相 θ は単純に ωt とはならない。一般に，$\omega_i = \dfrac{\mathrm{d}\theta}{\mathrm{d}t}$ の関係があるので

$$\theta = \int_0^t \omega_i \mathrm{d}t$$

$$= \int_0^t (\omega + \Delta\omega \cdot \cos pt)\mathrm{d}t$$

$$= \omega t + \frac{\Delta\omega}{p} \sin pt \quad (10\text{-}11)$$

となり，周波数変調を受けた被変調波 v_{FM} は

$$v_{FM} = V_c \sin\left(\omega t + \frac{\Delta\omega}{p} \sin pt\right) \quad (10\text{-}12)$$

で与えられる。この式において，$\Delta f\left(= \dfrac{\Delta\omega}{2\pi}\right)$ を最大周波数偏移という。また

$$m_f = \frac{\Delta\omega}{p} = \frac{\Delta f}{f_m} \quad (10\text{-}13)$$

とおいて，式(10-12)を書き直すと

$$v_{FM} = V_c \sin(\omega t + m_f \sin pt) \quad (10\text{-}14)$$

となる。m_f は変調指数と呼ばれる。図 10.9(c) は被変調波の波形であるが，この図からわかるように，被変調波は振幅一定の疎密波を形成する。

　周波数変調をうけた波のスペクトル分布は，式(10-14)を展開して次のようにえられる。すなわち

$$v_{FM} = V_c[\sin\omega t \cdot \cos(m_f \sin pt) + \cos\omega t \cdot \sin(m_f \sin pt)] \quad (10\text{-}15)$$

この式の右辺の正弦的に変化する偏角の各項，$\cos(m_f \sin pt)$ および $\sin(m_f \sin pt)$ は n 次の第一種ベッセル関数に展開することができる。すなわち，n 次の第一種ベッセル関数を $J_n(m_f)$ とすると

$$\left.\begin{array}{l} \cos\left(m_{\mathrm{f}}\sin pt\right)=J_0(m_{\mathrm{f}})+2[J_2(m_{\mathrm{f}})\cos 2pt+J_4(m_{\mathrm{f}})\cos 4pt+\cdots\cdots] \\ \sin\left(m_{\mathrm{f}}\sin pt\right)=2[J_1(m_{\mathrm{f}})\sin pt+J_3(m_{\mathrm{f}})\sin 3pt+\cdots\cdots] \end{array}\right\} \tag{10-16}$$

となるので，これらを式(10-15)に代入すると

$$\begin{aligned} v_{\mathrm{FM}} &= V_{\mathrm{c}}[J_0(m_{\mathrm{f}})\sin\omega t+2J_1(m_{\mathrm{f}})\cos\omega t\cdot\sin pt+2J_2(m_{\mathrm{f}})\sin\omega t\cdot\cos 2pt+2J_3(m_{\mathrm{f}})\cos\omega t\cdot\sin 3pt+\cdots] \\ &= V_{\mathrm{c}}\{J_0(m_{\mathrm{f}})\sin\omega t+J_1(m_{\mathrm{f}})[\sin(\omega+p)t-\sin(\omega-p)t] \\ &\quad +J_2(m_{\mathrm{f}})[\sin(\omega+2p)t+\sin(\omega-2p)t] \\ &\quad +J_3(m_{\mathrm{f}})[\sin(\omega+3p)t-\sin(\omega-3p)t]+\cdots \\ &\quad +J_n(m_{\mathrm{f}})[\sin(\omega+np)t+(-1)^n\sin(\omega-np)t]\} \end{aligned} \tag{10-17}$$

となる。また，ベッセル関数の関係式

$$J_{-n}(m_{\mathrm{f}})=(-1)^n J_n(m_{\mathrm{f}})$$

を用いれば，v_{FM} は次のように表される。

$$v_{\mathrm{FM}}=V_{\mathrm{c}}\sum_{n=-\infty}^{\infty}J_n(m_{\mathrm{f}})\sin(\omega+np)t \tag{10-18}$$

$n=0$ は搬送波，$1\sim n$ は n 番目の側波帯を表す。したがって，周波数変調では，側波帯は ω を中心に $\pm p$ の角周波数間隔で無限個発生する。また，側波帯の振幅は $J_n(m_{\mathrm{f}})$ で与えられ，高次の項の振幅は小さくなる。

搬送波を中心として上下に $(m_{\mathrm{f}}+1)$ 個の側波帯をとると，その帯域に含まれるエネルギーは全エネルギーの約 99 % となる。したがって，実用的には側波帯は搬送波を中心に上下 $(m_{\mathrm{f}}+1)$ 個ずつ存在するとして取り扱ってよい。この場合，被変調波の占有帯域幅 B は次のように表される。

$$B=\frac{\omega_{\mathrm{h}}-\omega_{\mathrm{l}}}{2\pi}=\frac{2(m_{\mathrm{f}}+1)p}{2\pi}=2(m_{\mathrm{f}}+1)f_{\mathrm{m}}=2(\Delta f+f_{\mathrm{m}}) \tag{10-19}$$

問題 34.1 最大周波数偏移 30 kHz, 信号周波数 10 kHz の周波数変調波における変調指数および占有帯域幅はそれぞれいくらか。

問題 34.2 $x=0$ で有限値になる, または発散するベッセル関数はそれぞれ第一種, または第二種ベッセル関数と呼ばれている。第一種 n 次ベッセル関数 $J_n(x)$ とはどのような関数か。また, $J_0(x)-x$, $J_1(x)-x$ を図示しなさい。

問題 34.3 20 MHz の搬送波を中心周波数 3 kHz, 最大周波数偏移 35 kHz で変調した FM 波の第 1 側波帯, 第 2 側波帯, 第 3 側波帯の周波数 f_{sb1}, f_{sb2}, f_{sb3} を表しなさい。

問題 34.4 $f_s = 5\,\text{kHz}$ の正弦波信号で $f_c = 80\,\text{MHz}$ の搬送波（振幅 $10\,\text{V}$）を周波数変調したところ，最大周波数偏移は $25\,\text{kHz}$ だったという。このときの変調指数はいくらか。また，そのときのスペクトル分布を示せ。ただし，変数 5 の n 次第一種ベッセル関数 $J_n(5)$ は下表に示される値とし，スペクトルの振幅は絶対値を用いるものとする。

n	$J_n(5)$
0	-0.178
1	-0.328
2	0.046
3	0.364
4	0.391
5	0.261
6	0.131
7	0.053

チェック項目	月　日	月　日
搬送波の周波数を信号波で時間的に変化させる周波数変調（FM）の原理が理解できたか。		

　周波数変調回路の構成方法には，搬送周波数で発振する発振回路の位相を変調入力に比例して変化させる直接変調法と，主発振回路で搬送周波数を発振させ，これにより変調入力に比例する位相変調をえた後に等価的に周波数変調する間接変調法がある。前者の方式では大きい周波数偏移が容易にえられるが，中心周波数の安定度がよくない。そのため，自動周波数制御（AFC）回路などを付加的に組み込まなければならない。一方，後者の方式では主発振回路として水晶発振回路を使用できるので，搬送波の中心周波数を高精度に安定できる。しかし，大きい周波数偏移をえることは困難で，変調回路に縦続的に大きな倍数をもつ周波数逓倍器を組み込まなければならなくなる。ここでは前者の直接変調法による回路構成法について説明する。

　一般に，LC 発振回路の発振周波数 f は，$f=\dfrac{1}{2\pi\sqrt{LC}}$ で与えられ，C のわずかな変化 ΔC による f の変化 Δf は次のように表される。

$$\Delta f=\frac{\partial f}{\partial C}\Delta C=-\frac{f}{2C}\Delta C \tag{10-20}$$

$$\therefore \frac{\Delta f}{f}=-\frac{\Delta C}{2C} \tag{10-21}$$

同様に，L の微小変化 ΔL にともなう周波数変化を Δf とすると

$$\frac{\Delta f}{f}=-\frac{\Delta L}{2L} \tag{10-22}$$

となる。ΔC または ΔL が変調信号の振幅に比例すれば周波数変調を行うことができる。ΔC または ΔL をえるために，図 10.10(a)に示される回路の Z_1，Z_2 に可変リアクタンス素子を用いることを考えてみよう。この回路はリアクタンス・トランジスタと呼ばれ，ab 端子からみたインピーダンスが容量性の場合はキャパシタンス・トランジスタ，誘導性の場合はインダクタンス・トランジスタという。

　トランジスタが遮断周波数より低い周波数で動作していれば，図 10.10(a)の等価回路は同図(b)のように表される。図(b)のように電圧，電流を仮定し，$Z_1 \ll h_{ie}$ の関係が成り立つとすると

$$i=\frac{v_{ce}}{Z_1+Z_2}\left(1+\frac{h_{fe}}{h_{ie}}Z_1\right) \tag{10-23}$$

となる。それゆえ，$Z_2 \gg Z_1$ と仮定すると，ab 端子からみた出力アドミタンス Y は

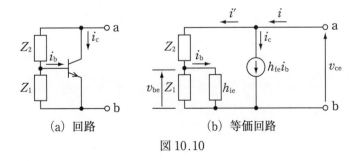

(a)　回路　　　　　　　(b)　等価回路

図 10.10

$$Y = \frac{i}{v_{ce}} \fallingdotseq \frac{h_{fe}}{h_{ie}} \cdot \frac{Z_1}{Z_2} \qquad (10\text{-}24)$$

となる。いま，$Z_1 = R$，$Z_2 = \dfrac{1}{j\omega C}$ とすると，式(10-24)は

$$Y = j\omega CR \frac{h_{fe}}{h_{ie}} \qquad (10\text{-}25)$$

となり，Yは容量性アドミタンスとなる。その等価容量 C_e は

$$C_e = \frac{h_{fe}}{h_{ie}} CR \qquad (10\text{-}26)$$

で表され，式(10-21)から，周波数変化率 $\dfrac{\Delta f}{f}$ は次のように表される。

$$\frac{\Delta f}{f} = -\frac{CR}{2C_e} \cdot \Delta \left(\frac{h_{fe}}{h_{ie}} \right) \qquad (10\text{-}27)$$

$\dfrac{h_{fe}}{h_{ie}}$ はトランジスタの動作点によって
変化するので，例えば，図10.11に示さ
れるように，AFC 回路が付加された
LC 発振回路に並列にキャパシタンス・
トランジスタを接続し，そのトランジス
タのベースに変調信号を加えてやれば周
波数変調を行うことができる。インダク
タンス・トランジスタを用いる場合もこ
れと同様に考え，回路構成できる。

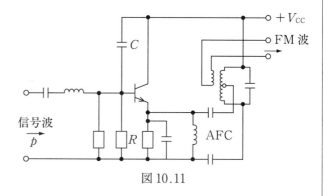

図 10.11

問題　35.1　式(10-23)を導出しなさい。

問題　35.2　図 10.10 で示されるリアクタンス・トランジスタにおいて，$h_{ie}=2\,\mathrm{k\Omega}$, $h_{fe}=100$, $Z_1=R=500\,\Omega$ および Z_2 が $C=20\,\mathrm{pF}$ で構成される場合，等価キャパシタンス C_e はいくらか。ただし，$\dfrac{1}{\omega C}\gg R$ とする。

問題　35.3　FM の直接変調方式では，発振回路のコンデンサまたはコイルの容量を変化させることにより FM 波がえられる。

　そこで，コルピッツ発振回路にバリキャップ（可変容量ダイオード：—▷|—）を接続した FM 変調回路の原理図を示しなさい。バリキャップは，ダイオードに加える逆方向電圧の大きさにより pn 接合面に生じる空乏層の幅，等価的にコンデンサの容量を変えることができる素子である。

問題 35.4 演図 10.3 はハートレー形 FET 発振回路に
コンデンサマイクを接続した回路である。

　周波数変調がえられる仕組みについて説明しなさい。

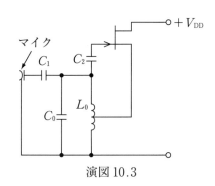

演図 10.3

問題 35.5 次の文は，FM 送信機の変調方式について述べたものである。空欄に入れるべき
適切な語句を下の語群から選びなさい。

　FM 変調方式は，可変リアクタンス回路を用いて ⬚ 発振器の発振周波数を信号波
により変化させる ⬚ 変調方式と，発振器の後段に ⬚ 変調器を設ける
⬚ 変調方式とに大別される。前者には，搬送波の周波数安定度をよくするために
⬚ 回路が用いられる。

〈選択語群〉

　帰還　平衡　位相　間接　自励　直接　水晶

　AFC　ALC　IDC

※
　AFC（Automatic Frequency Control）
　ALC（Automatic Level Control）
　IDC（Instant Deviation Control）

チェック項目	月　日	月　日
原理に基づいた周波数変調（FM）回路の構成要領が理解できたか。		

　　FM 波を復調するためには，まず，FM 波の搬送周波数を中心として周波数に対して直線的に変化する出力が得られるような回路を設けて周波数変調を振幅変化に変換する。さらに，得られた振幅変調波を前述したような振幅復調法によって復調すればよい。このような機能をもつ復調回路を周波数弁別回路という。一例として，複同調形周波数弁別回路について説明する。

　　LC 並列共振回路では周波数に対してその端子電圧が変化し，共振周波数で最大となる。したがって，共振周波数が周波数変調波の搬送周波数からわずかにずれた LC 共振回路を用いれば，周波数弁別回路をつくることができる。しかしながら，この方法では共振曲線の傾斜が完全には直線的ではないので，復調される出力は波形が歪んでしまう。

　　この欠点を改良するために，通常，図 10.12 のように搬送周波数の上と下に中心周波数をもつ 2 つの同調回路が付加された回路が用いられる。この回路はフォスター・シーレー回路と呼ばれている。図のトランジスタはリミッターとして動作し，L_1, C_1 からなる同調回路Aは周波数変調波の搬送周波数 f_c に同調させる。L_2, C_2 からなる同調回路Bの共振周波数は f_c より少し高い f_h に，L_3, C_3 からなる同調回路Cの方は f_c より幾分低い f_1 に同調するように回路設計する。それぞれの共振特性は，図 10.13 の破線のようになる。同調回路

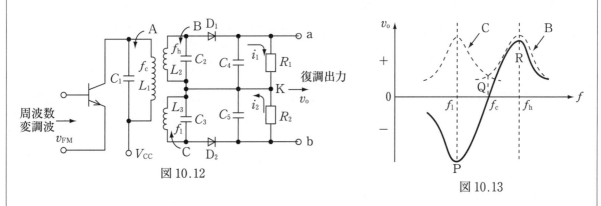

図 10.12　　　　　　　　　　　　　　図 10.13

B, C に誘起した電圧をダイオード D_1, D_2 で包絡線検波して端子Kにて接続し，a － b 端子から出力を取り出すと，抵抗 R_1 と R_2 を流れる電流は逆向きとなり，a － b 端子には図 10.13 の実線で示されるような出力電圧の周波数特性が得られる。無変調時には，入力周波数は搬送周波数 f_c であり，$i_1 = i_2$ となって出力は 0 となる。入力周波数が低くなれば $i_2 > i_1$ となり負の出力を生じ，逆に入力周波数が高くなれば $i_2 > i_1$ となり正の出力を生ずる。結局，周波数弁別作用は図 10.13 の PQR 部分を点Qを中心として行われることになり，極めて良好な直線特性が得られることになる。この回路は，実際に，テレビ映像信号や周波数分割多重信号で周波数変調された波の復調などに用いられている。

問題　36.1　次の文は，受信機に用いられる周波数弁別器について述べられたものである。空欄に適切な用語を入れなさい。

周波数弁別器は，　_____　の変化を　_____　の変化に変換して，音声信号波やその他の信号波を検出する回路である。この周波数弁別器は　_____　波の復調に用いられており，代表的なものに　_____　回路がある。

問題　36.2　次の記述は，各種通信方式の復調について述べたものである。空欄に入れるべき適切な用語を下の語群から選びなさい。

(1)DSB（両側波帯）方式の包絡線検波回路は，　_____　検波回路に比較して検波効率がよい。

(2)SSB（単側波帯）波の復調には，抑圧された　_____　波に相当する周波数を復元するため，復調用局部発振器が用いられる。

(3)FM受信機に用いられる周波数弁別器は，変調波入力の瞬時周波数と出力の　_____　が直線関係にある回路および直線検波回路の組み合わせから構成される。

(4)SSB受信機では，局部発振器の発振周波数が　_____　周波数からずれると，復調信号の　_____　が落ちる。

〈選択語群〉
　最大値　　最小値　　平均値　　搬送　　信号　　振幅　　周波数　　位相
　中心　　中間　　明瞭度　　了解度

チェック項目	月　日	月　日
周波数変調波から元の信号波を復元する方法と回路の構成要領が理解できたか。		

　搬送波の位相が信号波 $v_m = V_m \sin pt$ によって変調をうけるとすると，その位相 θ は

$$\theta = \omega t + \Delta\theta \sin pt \tag{10-28}$$

で表される。したがって，位相変調をうけた波 v_{PM} は

$$v_{PM} = V_c \sin(\omega t + \Delta\theta \sin pt) \tag{10-29}$$

で表される。θ [rad] は最大位相偏移と呼ばれている。この位相変調をうけた波の瞬時角周波数 ω_i は $\dfrac{d\theta}{dt}(=\omega + p\Delta\theta \cos pt)$ で表されるので，周波数変調の場合の式(10-10)と対比して

$$\left.\begin{array}{l} \Delta\omega = p\Delta\theta \\[2mm] \Delta\theta = \dfrac{\Delta\omega}{p} = \dfrac{\Delta f}{f_m} \end{array}\right\} \tag{10-30}$$

とおくと，式(10-29)は式(10-14)と同じになる。したがって，位相変調をうけた波のスペクトル分布は周波数変調の場合と同じになり，側帯波は無限に存在する。また，被位相変調の波形は被周波数変調のそれと全く同じになる。ただし，位相変調の場合は $v_m = V_m \sin pt$ とおいて式(10-29)をえているのに対し，周波数変調の場合は $v_m = V_m \cos pt$ とおいて式(10-14)をえているので，被変調波の位相は互いに $\dfrac{\pi}{2}$ [rad] だけ異なる。したがって，周波数変調信号の位相を積分器などを用いて $\dfrac{\pi}{2}$ [rad] だけずらして変調すれば，位相変調がえられることになる。

　位相変調回路としては，原理的にはアームストロング変調回路があるが，ここでは，ブリッジ形変調回路を例にとり，その動作原理を述べる。

　図10.14に，このブリッジ形変調回路を示す。図におけるコンデンサ C は直流阻止用であり，直流バイアスが抵抗素子に流れるのを防止する。また，L_1 は小さいインダクタンスであり，低周波に対しては無視でき，高周波に対しては大きいインピーダンスを示す。直流バイアス電圧とともに変調入力電圧がダイオードに加えられるので，ダイオードの障壁容量の大きさは変調入力電圧に応じて変化する。この回路の各部の端子間電圧の関係は図10.15のようなベクトル図で示される。変調出力は，ブリッジの点cとdから取り出されるので，図10.15の電圧ベクトル V_{ba} の中点cと V_{ad} の合成点dとを結んだ V_{cd} で与えられる。点dは可変容量ダイオードの容量，L および R_3 の値によって決まり，これらの値の変化によって ab を直径とする円周上を移動する。したがって，可変容量ダイオードの容量の値が変調入力によって変化すれば，出力電圧はベクトル V_{cd1}, V_{cd2} と移動して，V_{ba} に対する位相角が θ_1, θ_2 の間を変化して位相変調が行われる。

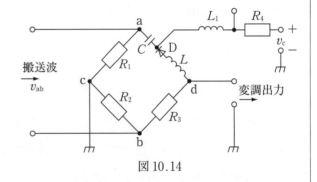

図 10.14

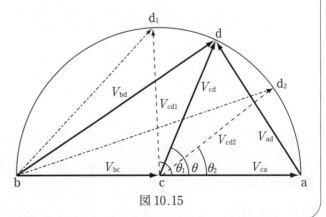

図 10.15

問題　37.1　周波数が 3 kHz の信号で位相変調して得られた位相変調波の最大位相偏移は 1.2 rad だったという。このときの最大周波数偏移はいくらか。

問題　37.2　位相偏移が信号に比例する変調方式が位相変調であるのに対し，周波数変調は周波数偏移が信号に比例する変調方式である。

　さて，信号を $f(t)$，搬送波を $A \cos \omega_c t$ とするとき，上記のことを反映させた被位相変調 $v_{PM}(t)$，および被周波数変調 $v_{FM}(t)$ は，それぞれ式で表すとどうなるか。

問題　37.3　式(10-29)で表される被位相変調波 $v_{PM} = V_c \sin(\omega t + \Delta \theta \sin pt)$ について，信号波に相当する $\Delta \theta \sin pt$ を時間積分すると

$$V_{PM} = V_c \sin\left[\omega t + \int (\Delta \theta \sin pt)\mathrm{d}t\right]$$
$$= V_c \sin\left[\omega t - \left(\frac{\Delta \theta}{p}\right)\cos pt\right]$$

となり，周波数変調を表す式になっていることがわかる。

　このことから，搬送波，信号波，位相変調回路などをどのような構成にすれば，周波数変調波がえられるかをブロック図で示しなさい。

チェック項目	月	日	月	日
位相変調（PM）と FM は本質的に同じことが理解できたか。				

　位相偏移に比例した復調出力をえるためには位相弁別回路を用いる。これは，PM 波と搬送波とを比較し，その位相差を直流信号として取り出す手法である。
　図 10.16(a) は図 10.12 のフォスター・シーレー形の周波数弁別回路を変形した位相弁別回路である。

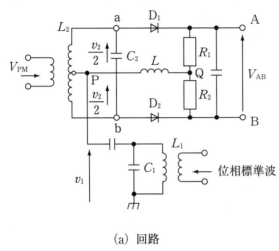

<table>
<tr><td>(a) 回路</td><td>(b) 出力と位相推移の関係</td></tr>
</table>

図 10.16

いま，位相変調をうけた波 V_{PM} が回路に入力され，L_2 に

$$v_2 = A\cos(\omega t + m\cos pt) \tag{10-31}$$

を生じていると仮定しよう。一方，L_1 には PM の搬送波より $\dfrac{\pi}{2}$[rad] 遅れた位相標準波が入力され

$$v_1 = B\cos\left(\omega t - \frac{\pi}{2}\right) = B\sin\omega t \tag{10-32}$$

が生じているとすると，アースと端子 a 間の電圧 v_a およびアースと端子 b 間の電圧 v_b は，それぞれ次式で表される。

$$\left.\begin{array}{l} v_a = v_1 + \dfrac{v_2}{2} \\[2mm] v_b = v_1 - \dfrac{v_2}{2} \end{array}\right\} \tag{10-33}$$

　D_1，D_2 は包絡線検波器で，点 P と点 Q を結ぶ L は，搬送波 ω に対して無限大とみなせる高いリアクタンスを表し，変調信号の p に対してはほとんど短絡とみなせるような高周波チョークコイルで，これによって D_1，D_2 は独立に作用する。したがって，端子 A – B 間の電圧 V_{AB} は

$$V_{AB} = K(|v_a| - |v_b|) \tag{10-34}$$

となる。ここで，K は比例定数で，検波効率と呼ばれている。
　V_{PM} の位相が信号により推移した場合の位相推移と出力の関係は，次のようになる。
ⅰ）$m\cos pt = 0$（無変調）の場合　$V_{AB} = 0$
ⅱ）$m\cos pt > 0$ の場合　$V_{AB} < 0$
ⅲ）$m\cos pt < 0$ の場合　$V_{AB} > 0$
この結果，弁別出力 V_{AB} の位相特性は図 10.16(b) のように，位相推移 $m\cos pt$ に対して逆 S 字形になる。

問題 38.1　FM（または PM）の復調方法は周波数弁別回路を用いる方法もあるが，この方法では入力周波数と出力電圧の間の線形性に制約が大きい。より高い線形性が要求される場合には PLL（位相ロックループ）による復調方法が用いられる。演図 10.4 は，後者の復調方法のフロー図である。図中の(ア)，(イ)に入れるべき回路の名称を下記の各語群から選択しなさい。VCO は，FET の制御電圧を変えることにより pn 接合容量が変えられ，このことを応用した発振回路である。

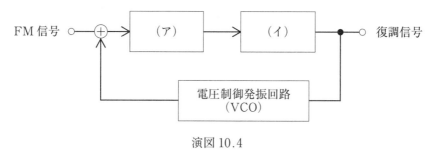

FM 信号 ○ ── ⊕ ── → | （ア） | ── → | （イ） | ── ● ── ○ 復調信号

電圧制御発振回路
（VCO）

演図 10.4

〈選択語群〉

　　　　（ア）　　　　　　　（イ）

　　位相比較回路　　高域フィルター

　　遅延回路　　　　低域フィルター

問題 38.2　PM と FM の仕組みは本質的には同じであるが，演図 10.5(b)で示される搬送波を同図(a)の信号波で変調するとき，FM 波と PM 波はどのように表されるか。波形の概形をそれぞれ同図(c)と(d)に描き，その違いを確かめなさい。

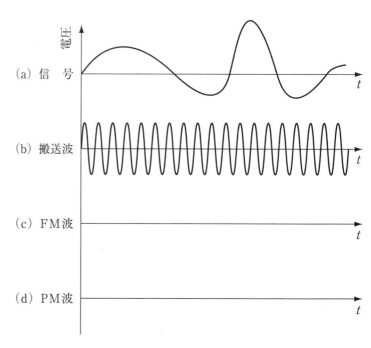

電圧

(a) 信　号　　　　　　　　　　　　　　　　　t

(b) 搬送波　　　　　　　　　　　　　　　　t

(c) FM 波　　　　　　　　　　　　　　　　t

(d) PM 波　　　　　　　　　　　　　　　　t

演図 10.5

チェック項目	月　日	月　日
位相変調波から元の信号を復元する方法と回路の構成要領が理解できたか。		

11 電源回路

> 数 10 V の直流電源として使い勝手の高い単相の降圧用 AC−DC コンバータ回路設計，すなわち整流回路，平滑回路，そして安定化回路の原理と効率のよい構成要領を学ぼう。

11.1 整流回路

　電子デバイスを動作させるには数 V〜数十 V の直流電源が必要である。交流の商用電源から直流をえるためには，まず交流をプラスかマイナスかの一方向に揃える整流回路が必要になる。一般には次に示す半波整流回路，または全波整流回路が用いられる。

　整流回路の性能は次の諸量で評価される。

(1)脈動率（リップル率）r

　整流器により交流を直流に変換しようとしても完全な直流を得ることはできず，周期的な変動分が必ず含まれる。この変動量を表す目安として，出力電圧（電流）中に含まれる直流値 V_{dc}（I_{dc}）に対する脈動電圧（電流）の割合で定義され，脈動率（リップル率）という。すなわち

$$r = \frac{\text{出力に含まれる交流電圧（電流）の実効値}}{\text{出力直流電圧（電流）}} \times 100\ \% \tag{11-1}$$

(2)電圧変動率 K_v

　負荷電流の増加とともに負荷端子電圧は低下する。これは，整流素子の内部抵抗，平滑回路のインダクタンスの抵抗分などによる電圧降下のために起こる。この低下率として，無負荷時の出力電圧を V_0，定格負荷電流を流したときの出力電圧を V_1 として

$$K_v = \frac{V_0 - V_1}{V_1} \times 100\ \% \tag{11-2}$$

で定義される量を電圧変動率という。

(3)整流効率 η

　整流回路では整流素子，平滑回路のインダクタンスなどの抵抗により損失を生ずる。したがって，回路のエネルギー（パワー）の変換率として，負荷側で消費される直流電力 P_{dc} と電源から供給される交流電力 P_{ac} との比で定義され，整流効率という。

$$\eta = \frac{P_{dc}}{P_{ac}} \times 100\ \% \tag{11-3}$$

整流回路としてはリップル率，電圧変動率は小さいほどよく，整流効率は高いほどよい。

　図 11.1 に単相半波整流回路を示す。整流器の電圧 v_b と電流 i との関係は，図 11.2(a)で示される静特性のようになる。図 11.1 では，

$$v = v_b + iR_1 \tag{11-4}$$

の関係が成り立つので，静特性の代わりに入力電圧 v を基準にした動特性を用いなければならない。図 11.2 から明らかなように，整流回路の変圧器の二次側に発生する正弦波電圧を

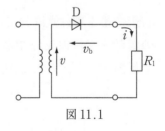

図 11.1

$v = V_m \sin \omega t$ とすると，負荷には同図(b)に示すような半周期だけ流れる電流が得られる。

　整流器の順方向抵抗 r_d が一定であると仮定すると，この動特性は直線となり，負荷に流

れる電流 i は半波の正弦波電流となる。これを式で表すと

$0 \leqq \omega t \leqq \pi$ の場合

$$i = \frac{V_\mathrm{m}}{R_\mathrm{l} + r_\mathrm{d}} \sin \omega t = I_\mathrm{m} \sin \omega t \left.\vphantom{\begin{array}{c}1\\1\\1\\1\end{array}}\right\} \quad (11\text{-}5)$$

$\pi \leqq \omega t \leqq 2\pi$ の場合

$$i = 0$$

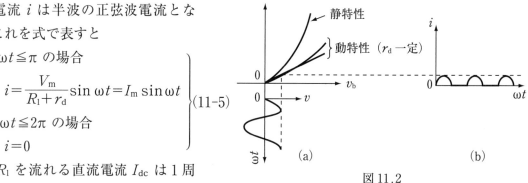

図 11.2

負荷 R_l を流れる直流電流 I_dc は1周期にわたる平均値として求められ

$$I_\mathrm{dc} = \frac{1}{2\pi} \int_0^\pi i \mathrm{d}(\omega t) \tag{11-6}$$

$$= \frac{1}{2\pi} \int_0^\pi I_\mathrm{m} \sin \omega t \, \mathrm{d}(\omega t) = \frac{I_\mathrm{m}}{\pi} \tag{11-7}$$

となる。したがって，負荷の出力電圧 V_dc は次のようになる。

$$V_\mathrm{dc} = R_\mathrm{l} I_\mathrm{dc} = R_\mathrm{l} \frac{I_\mathrm{m}}{\pi} = \frac{V_\mathrm{m}}{\pi} \cdot \frac{R_\mathrm{l}}{r_\mathrm{d} + R_\mathrm{l}} = \frac{V_\mathrm{m}}{\pi} - I_\mathrm{dc} r_\mathrm{d} \tag{11-8}$$

負荷がないときには出力電圧は $\dfrac{V_\mathrm{m}}{\pi}$ になる。したがって，電圧変動率は

$$K_\mathrm{v} = \frac{\dfrac{V_\mathrm{m}}{\pi} - \dfrac{V_\mathrm{m}}{\pi} \cdot \dfrac{R_\mathrm{l}}{r_\mathrm{d} + R_\mathrm{l}}}{\dfrac{V_\mathrm{m}}{\pi} \cdot \dfrac{R_\mathrm{l}}{r_\mathrm{d} + R_\mathrm{l}}} \times 100\ \% = \frac{r_\mathrm{d}}{R_\mathrm{l}} \times 100\ \% \tag{11-9}$$

で与えられる。また，負荷により消費される直流電力 P_dc は次のようになる。

$$P_\mathrm{dc} = (I_\mathrm{dc})^2 R_\mathrm{l} = \left(\frac{I_\mathrm{m}}{\pi}\right)^2 R_\mathrm{l} = \frac{1}{\pi^2} \left(\frac{V_\mathrm{m}}{r_\mathrm{d} + R_\mathrm{l}}\right)^2 R_\mathrm{l} \tag{11-10}$$

一方，変圧器を理想変圧器と仮定すると，負荷に供給される交流電力 P_ac は

$$P_\mathrm{ac} = \frac{1}{2\pi} \int_0^{2\pi} vi \, \mathrm{d}(\omega t) = \frac{V_\mathrm{m}{}^2}{4(r_\mathrm{d} + R_\mathrm{l})} \tag{11-11}$$

で与えられるので，整流効率 η は次のように表される。

$$\eta = \left(\frac{2}{\pi}\right)^2 \frac{R_\mathrm{l}}{r_\mathrm{d} + R_\mathrm{l}} \times 100\ \% \tag{11-12}$$

$$\fallingdotseq 40.6\ \% \quad (\because\ r_\mathrm{d} \ll R_\mathrm{l})$$

式(11-5)で表される電流は，フーリエ級数に展開すれば次のようになる。

$$i = I_\mathrm{m} \left[\frac{1}{\pi} + \frac{1}{2} \sin \omega t - \frac{2}{\pi} \sum_{k=2,4} \frac{\cos k\omega t}{(k+1)(k-1)} \right] \tag{11-13}$$

右辺の第1項は直流分であり，第2項は入力信号と同じ周波数成分，第3項以下は入力信号の偶数次高調波成分である。第2項以下の交流分の実効値 I_ACrms は，各項の実効値を用いて算出する方法もあるが，出力電流の実効値 I_rms，直流分 I_dc との関係から

$$I_\mathrm{ACrms} = \sqrt{I_\mathrm{rms}{}^2 - I_\mathrm{dc}{}^2}$$

$$= I_\mathrm{m} \sqrt{\frac{1}{4} - \frac{1}{\pi^2}} \tag{11-14}$$

となる。したがって，脈動率 r は

$$r = \frac{I_\mathrm{ACrms}}{I_\mathrm{dc}} = \sqrt{\frac{\pi^2}{4} - 1} \times 100\ \% \fallingdotseq 121\ \% \tag{11-15}$$

で与えられる。このように，半波整流回路は整流効率が低く，脈動率が大きい。また，負荷を流れる直流電流が電源変圧器の二次巻線を流れるから，鉄心が直流で磁化されてしまう。実際には，この直流電流による飽和を防止するため鉄心にエア・ギャップを設けるので，電圧変動率も大きい。このようなことから，半波整流回路は出力数 10 W 以下の小電源用にしか用いられない。

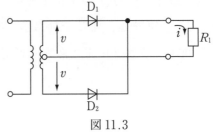

　図 11.3 に示される回路は，2 個の整流器を同方向にして電源変圧器の二次巻線の両端に接続し，整流器の他端を結んで電源変圧器の二次巻線の中性点との間に負荷を接続したセンタータップ方式の単相全波整流回路である。この回路では，交流電圧の正の半周期でダイオード D_1 が導通し R_1 に整流電流が流れ，負の半周期で D_2 が導通し R_1 に同じ向きの整流電流が流れる。半波整流回路と同様に解析すると，電圧変動率 K_v は半波整流の場合と同じになるが，整流効率 η は

$$\eta = 2\left(\frac{2}{\pi}\right)^2 \frac{R_1}{r_d + R_1} \times 100 \ \% \tag{11-16}$$

$$\fallingdotseq 81.2 \ \% \quad (\because \quad r_d \ll R_1)$$

で与えられ，半波整流の場合の 2 倍になる。また，リップル率 r は

$$r = \frac{I_{ACrms}}{I_{dc}} = \sqrt{\left(\frac{\pi}{2\sqrt{2}}\right)^2 - 1} \times 100 \ \% \tag{11-17}$$

$$\fallingdotseq 48 \ \%$$

となり，半波整流回路に比べてかなり改善されることがわかる。また，変圧器二次側巻線に加わる直流起磁力は互いに打ち消される利点がある。しかしながら，電源変圧器の二次巻線は半波整流の 2 倍必要になり，非導通時でも整流器には交流電圧の最大値の 2 倍の逆電圧がかかることになる。

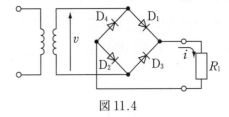

　図 11.4 に示される回路は，これらの不利点がやや緩和される 4 個の整流器を用いたブリッジ方式の全波整流回路である。この回路では，交流電圧の正の半周期でダイオード D_1 と D_2 が導通し，負の半周期で D_3 と D_4 が導通し R_1 に同じ向きの整流電流が流れる。図 11.3 の回路に比べて変圧器の二次巻線に中心タップが必要でなく，二次巻線電流は正，負の方向に流れ，巻線の利用効率はよくなる。また，非導通時に整流器にかかる逆電圧は交流電圧の最大値 V_m になり，図 11.3 の回路の半分になる。

　しかしながら，ダイオード数が多くなり，ダイオードの電圧降下は 2 倍になる。これらの全波整流回路は，出力数 100 W 以下の直流電源として汎用されている。

問題　39.1　図 11.1 の単相半波整流回路において，$v=10\sin(2\pi\times50t)$[V] の電圧が加わる場合，リップル率 r，電圧変動率 K_v および整流効率 η をそれぞれ求めなさい。ただし，負荷抵抗 $R_\mathrm{l}=500\,\Omega$，ダイオードの順方向抵抗 $r_\mathrm{d}=20\,\Omega$ とする。

問題　39.2　式(11-5)をフーリエ級数展開した式(11-13)を導出しなさい。【ノート解答】

問題　39.3　図 11.3 で示されるセンタータップ方式の全波整流回路において，正弦波交流電圧が入力される場合の整流効率 η［式(11-16)］およびリップル率 r［式(11-17)］を導出しなさい。【ノート解答】

問題　39.4　図 11.4 で示されるブリッジ方式の全波整流回路において，正弦波交流電圧が入力される場合の整流効率 η およびリップル率 r を導出しなさい。【ノート解答】

問題　39.5　図 11.3 および図 11.4 の整流回路において，$v=10\sin(2\pi\times50t)$[V] が入力される場合の整流効率 η およびリップル率 r をそれぞれ求めなさい。ただし，負荷抵抗 $R_\mathrm{l}=500\,\Omega$，ダイオードの順方向抵抗 $r_\mathrm{d}=20\,\Omega$ とする。【ノート解答】

問題　39.6　整流器を通じてコンデンサを充電することにより，交流電圧の最大値より高い直流電圧を取り出すことができる回路がある。演図 11.1 は，倍電圧全波整流回路と呼ばれる回路である。$v=V_\mathrm{m}\sin\omega t$ が入力されるとき，負荷抵抗 R_L 端子間では最大 $2V_\mathrm{m}$ の電圧がえられる原理を説明しなさい。

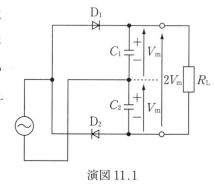

演図 11.1

チェック項目	月　日	月　日
交流から直流への変換技術の基本，整流が理解できたか。また，電源回路としての性能因子のリップル率，電圧変動率および整流効率を計算できるか。		

波形を時間的に滑らかにする基本は RC，RL 回路であることを理解しよう。

　整流回路の出力には脈動分が含まれており，一般に，そのままでは電子回路の直流電源として使用できない。平滑回路は，この脈動分をできるだけ抑制し，直流に近づけるために用いられるフィルタである。代表的な回路には以下に述べるコンデンサ・フィルタとインダクタンス・フィルタがある。

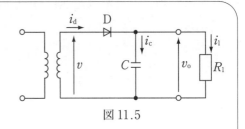

図 11.5

　図 11.5 はコンデンサ・フィルタである。負荷抵抗に並列に容量の大きいコンデンサが接続される。ダイオードDが導通のときにコンデンサCが充電され，非導通のときに負荷抵抗R_1を通じて放電されるので，1周期にわたって正弦波は平滑されることになる。

　負荷抵抗の端子電圧 v_1 の波形は図 11.6(a)のようになる。位相角 θ_1，$\theta_1+2\pi$，…では，ダイオードDが非導通（オフ）から導通（オン）に変わる。また，θ_2，$\theta_2+2\pi$，…では，Dがオンからオフに変化する。したがって，$\theta_1 \leqq \omega t \leqq \theta_2$ において，v_1 は入力電圧 $v = V_m \sin \omega t$ にそって変化するから

$$v_1 = V_m \sin \omega t \tag{11-18}$$

で表され，$\omega t = \dfrac{\pi}{2}$ のとき最大値 V_m を示す。続いて，$\theta_2 \leqq \omega t \leqq \theta_1 + 2\pi$ ではDがオフとなり，負荷電圧は

$$v_1 = (V_m \sin \theta_2) \exp\left(-\frac{t}{CR_1}\right) \tag{11-19}$$

の形で減少する。その後，これらの波形が繰り返されることになる。

　脈動率（リップル率）を求めてみよう。簡単化のため，v_1 を次のように近似する。まず，時定数 CR_1 は大きいから，$\theta_2 = \dfrac{\pi}{2}$ とおき，減少する v_1 を直線で近似する。また，コンデンサCの充電時間をほぼ0とすると，$\theta_1 = \dfrac{\pi}{2} = \theta_2$ となる。すなわち，

(a)

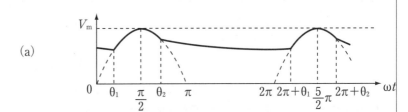

(b)

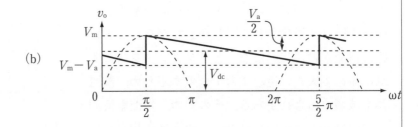

(c)

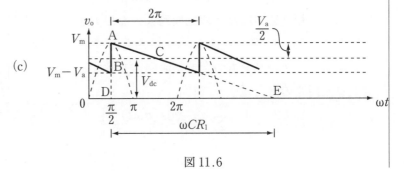

図 11.6

$\theta_1 = \theta_2 = \dfrac{\pi}{2}, \dfrac{5\pi}{2}, \cdots$ となる。したがって，v_1 の近似波形は図 11.6(b) となる。そこで，C が放電開始する点から放電の電圧波形に接線を描くと ωt 軸と交わる。すなわち，位相が放電開始点より ωCR_1 だけ変化すると $v_1=0$ となる。図(b)では，ωCR_1 の意味をわかりやすくするために，放電は迅速に行われるように描いてある。同図の $\triangle ABC$ と $\triangle ADE$ との関係から

$$\frac{\dfrac{V_a}{2}}{V_{dc}+\dfrac{V_a}{2}} = \frac{\pi}{\omega CR_1} \tag{11-20}$$

が得られる。$V_{dc} \gg \dfrac{V_a}{2}$ とすれば，上式は

$$\frac{\dfrac{V_a}{2}}{V_{dc}} = \frac{1}{2fCR_1} \tag{11-21}$$

となる。つぎに，三角波形の交流分の実効値 $V_{rms}{}'$ を求める。図 11.6(c) の波形から

$$v_1 = -\frac{V_a}{2\pi}\omega t + V_{dc} + \frac{V_a}{2} \tag{11-22}$$

で与えられるので，$V_{rms}{}'$ は

$$\begin{aligned}
V_{rms}{}' &= \frac{1}{\sqrt{2\pi}}\int_0^{2\pi}(v_1 - V_{dc})^2 \mathrm{d}(\omega t)\\
&= \frac{1}{\sqrt{2\pi}}\int_0^{2\pi}V_a{}^2\left(\frac{1}{2}-\frac{\omega t}{2\pi}\right)^2 \mathrm{d}(\omega t)\\
&= \frac{V_a}{2\sqrt{3}} \tag{11-23}
\end{aligned}$$

となる。それゆえ，脈動率 r は式(11-21)と式(11-23)から次のようにえられる。

$$r = \frac{V_{rms}{}'}{V_{dc}} = \frac{1}{2\sqrt{3}\,fCR_1} \tag{11-24}$$

図 11.7 はインダクタンス・フィルタである。負荷抵抗 R_1 の値を一定にしてインダクタンス L の値を変化させると，出力電圧 $v_0(=iR_1)$ の波形は図 11.8 のようになる。すなわち，L が大きくなると整流器が導通する時間が π より大きくなり，同時に電流 i のピーク値が減少し，出力電圧は平滑化される。しかしながら，この回路は電流が遮断状態になるとインダクタンスの両端に極めて大きい逆起電力を発生するため，整流器を破壊する恐れがある。そのため，半波整流回路にはほとんど用いられない。通常は単相全波整流回路や 3 相整流回路などの比較的大きな出力を必要とする回路に用いられる。図 11.9 にインダクタンス・フィルタをもつ全波整流回路を示す。全波整流回路の出力電圧 v_b は

$$v_b = V_m\left[\frac{2}{\pi} - \frac{4}{\pi}\sum_{n=2,4,6,\cdots}\frac{\cos(n\omega t)}{(n+1)(n-1)}\right] \tag{11-25}$$

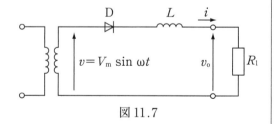

図 11.7

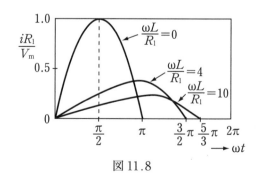

図 11.8

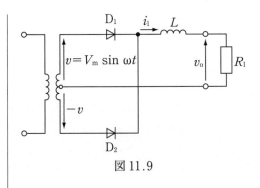

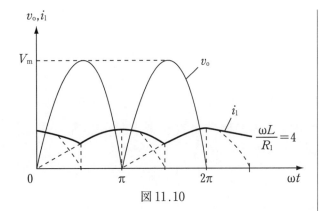

図 11.9

図 11.10

で表され，直流成分と偶数高調波成分からなり，偶数高調波の振幅は次数が高くなるにつれて急速に小さくなる。また，インダクタンスのリアクタンスは周波数に比例するから，負荷抵抗に流れる高周波電流は第4次以上の項を無視しても差し支えない。したがって，負荷電流 i_1 は

$$i_1 \fallingdotseq \frac{2V_m}{\pi R_1} - \frac{4V_m}{3\pi} \cdot \frac{\cos(2\omega t - \theta)}{\sqrt{R_1{}^2 + (2\omega L)^2}} \tag{11-26}$$

ただし，

$$\theta = \tan^{-1} \frac{2\omega L}{R_1} \tag{11-27}$$

で表される。それゆえ，全波整流電圧 v_b と負荷電流 i_1 の波形は図 10.10 のようになる。式 (11-26) の交流分の実効値を求め，式 (11-1) で定義した脈動率を求めると

$$
\begin{aligned}
r &= \frac{2R_1}{3\sqrt{2}} \cdot \frac{1}{\sqrt{R_1{}^2 + (2\omega L)^2}} \\
&= \frac{2}{3\sqrt{2}} \cdot \frac{1}{\sqrt{1 + \left(\dfrac{4\omega^2 L^2}{R_1{}^2}\right)}}
\end{aligned}
\tag{11-28}
$$

となる。この式から，コイルのリアクタンス ωL に対して負荷抵抗 R_1 が小さくなればなるほど脈動率は小さくなり，逆に R_1 が大きくなるにつれ平滑の効果は薄れることがわかる。一方，直流分の出力電圧 V_{dc} は

$$V_{dc} = I_{dc}R_1 = \frac{2V_m}{\pi} = 0.637 V_m \tag{11-29}$$

となる。整流器が理想的であるならば，負荷電圧は負荷電流の関数ではなく，電圧変動率はなくなる。このように，インダクタンス・フィルタの出力電圧はコンデンサ・フィルタに比べて低いが，負荷の値に無関係になる。

問題　40.1　図 11.5 に示されるコンデンサ・フィルタをもつ半波整流回路において，入力正弦波電圧の周波数が 50 Hz，$C = 20\,\mu\mathrm{F}$，$R_l = 10\,\mathrm{k\Omega}$ の場合，リップル率 r を求めなさい。

問題　40.2　図 11.5 に示されるコンデンサ・フィルタをもつ半波整流回路において，負荷電圧が 15 V，負荷電流が 0.5 A でリップル率が 1 % となるように，コンデンサ C を設計し，実用性の適否について述べなさい。ただし，電源の周波数は 50 Hz とする。【ノート解答】

問題　40.3　演図 11.2 の平滑回路は，$h_{fe}C$ のコンデンサ・フィルタと等価であることを示しなさい。h_{fe} はトランジスタの電流増幅率であり，$h_{fe} \gg 1$ とする。また，トランジスタの入力インピーダンスは h_{ie} とし，電圧帰還率 h_{re} および出力アドミタンス h_{oe} は省略できるほど小さいとし，$R \gg \dfrac{1}{\omega C}$ が成り立つとする。

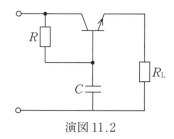

演図 11.2

【ノート解答】

問題　40.4　演図 11.3 の LC フィルタをもつセンタータップ方式の単相全波整流回路において，以下の各問いに答えなさい。ただし，ダイオード D_1 と D_2 の I－V 特性は同じとし，$v^+ = V_m \sin \omega t$，$v^- = -V_m \sin \omega t$ とする。
【ノート解答】

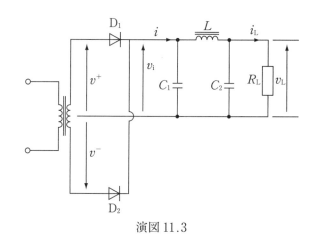

演図 11.3

(1)回路のリップル率 r を表す式を導出しなさい。ただし，ωL，R_L はともに $\dfrac{1}{\omega C_1}$，$\dfrac{1}{\omega C_2}$ に比べ十分大きいとする。また，フーリエ級数展開できる波形関数は，直流分と交流第 1 次高調成分のみで近似できるとする。

(2)回路の左端子につながれる電源の周波数は 50 Hz とし，また $C_1 = C_2 = 20\,\mu\mathrm{F}$，$L = 5\,\mathrm{H}$，$R_L = 2\,\mathrm{k\Omega}$ のときの回路のリップル率 r を算出しなさい。

チェック項目	月　　日	月　　日
平滑作用の RC，RL 回路におけるキーポイントは時定数であることが理解できたか。		

11 電源回路　　11.3 安定化回路

前節で述べたように，整流回路に平滑回路を付加すると脈動分はかなり抑制される。しかしながら，交流電源の電圧変動や負荷の変動による出力電圧・電流の変動は抑えることができない。安定化回路，つまり，定電圧回路や定電流回路は，このような変動をもさらに減少させるために用いられる。

図 11.11 にツェナーダイオード D_z を用いた簡単な定電圧回路およびその等価回路を示す。同図(b)における V_z および r_d は，それぞれツェナーダイオードのツェナー電圧および内部抵抗である。

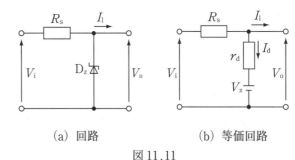

(a) 回路　　　　　(b) 等価回路

図 11.11

同図(b)より

$$V_o = V_i - R_s(I_l + I_d) \quad (11\text{-}30)$$

$$I_d r_d = V_o - V_z \quad (11\text{-}31)$$

が成り立つので，式(11-31)を式(11-30)に代入し整理すると

$$V_o = \frac{r_d}{R_s + r_d} V_i - \frac{R_s r_d}{R_s + r_d} I_l + \frac{R_s}{R_s + r_d} V_z \quad (11\text{-}32)$$

となる。それゆえ，この回路における入出力の電圧変化率 δ_v は

$$\delta_v = \left.\frac{\partial V_o}{\partial V_i}\right|_{I_l = \text{const.}} = \frac{r_d}{R_s + r_d} \quad (11\text{-}33)$$

で表される。また，出力電流の変化にともなって生ずる出力抵抗の変化分 ΔR は

$$\Delta R = \left.\frac{\partial V_o}{\partial I_l}\right|_{V_i = \text{const.}} = \frac{r_d R_s}{R_s + r_d} \quad (11\text{-}34)$$

で見積もることができる。定電圧回路としては電圧変化率 δ_v，出力抵抗の変化分 ΔR，ともに小さくすることが望ましい。ツェナーダイオードの内部抵抗 r_d は通常 10 Ω 程度であるので，直列抵抗 R_s を大きい値に設定すれば電圧変化率 δ_v を小さくできる。しかしながら，実際には R_s を大きくとりすぎると R_s における電圧降下が大きくなり，所望の出力電圧が得られなくなることもあるので，適切な値に設定する必要がある。

図 11.11 の回路では出力電圧がツェナー電圧で決められてしまうので回路設計上は柔軟性

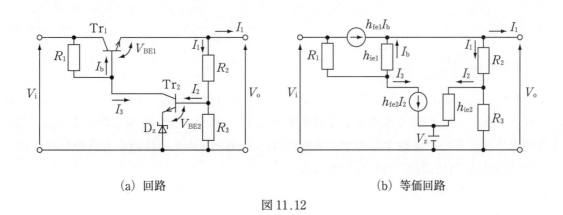

(a) 回路　　　　　　　　　(b) 等価回路

図 11.12

に乏しく，このまま電源回路として用いられることは少ない。実用回路の一例として，図11.12(a)に直列形定電圧回路を示す。同図(b)はその等価回路である。h_{fe} および h_{ie} は，それぞれトランジスタの小信号電流増幅率および小信号入力インピーダンスを表し，V_z はダイオードのツェナー電圧である。ここでは，ダイオードの内部抵抗は省略した。

　回路の動作原理は定性的には次のように説明できる。いま，何らかの原因で出力電圧 V_o が上昇すると，Tr_2 のベース電位が上昇する。Tr_2 のエミッタ電位はダイオード D_z のツェナー電圧 V_z で一定であるので，V_{BE2} が増加し，その結果，Tr_1 の内部抵抗が増加し，これによる電圧降下が大きくなり V_o は減少する。この一連の動作により，V_o を一定に保つように作用する。V_o が減少する場合は，これと全く逆に考えればよい。

　さて，図11.12(b)の等価回路において，Tr_1 周辺では

$$V_i = (I_b + I_3)R_1 + h_{ie1}I_b + V_o \tag{11-35}$$

が成り立つ。また，Tr_2 周辺では

$$V_o = I_1 R_2 + h_{ie2}I_2 + V_z \tag{11-36}$$

$$I_3 = h_{fe2}I_2 \tag{11-37}$$

が成り立つ。また，分圧回路 $R_2 - R_3$ では

$$V_o = I_1 R_2 + (I_1 - I_2)R_3 \tag{11-38}$$

となる。さらに，分圧回路に流れる電流 I_1 は負荷電流 I_1 に比べて通常は非常に小さくなるので

$$I_1 \doteqdot I_b + h_{fe1}I_b = (1 + h_{fe1})I_b \tag{11-39}$$

これらの式から

$$V_o = \frac{E_2}{B}V_i - \frac{E_1 E_2}{(1+h_{fe1})B}I_1 + \frac{h_{fe2}R_1}{B}V_z \tag{11-40}$$

となる。ここで，B, E_1, E_2 はそれぞれ次のように置いた。

$$\left. \begin{array}{l} B = E_2 + n h_{fe2}R_1 \\ E_1 = h_{ie1} + R_1 \\ E_2 = h_{ie2} + R_t \end{array} \right\} \tag{11-41}$$

また，式(11-41)の n および R_t はそれぞれ

$$\left. \begin{array}{l} n = \dfrac{R_3}{R_2 + R_3} \\[2mm] R_t = \dfrac{R_2 R_3}{R_2 + R_3} \end{array} \right\} \tag{11-42}$$

　したがって，式(11-40)を式(11-33)と式(11-34)に適用し，それぞれ，この回路全体の電圧変化率 δ_v および出力抵抗の変化分 ΔR を求めると

$$\delta_v = \frac{E_2}{B} \tag{11-43}$$

$$\Delta R = \frac{E_1 E_2}{(1+h_{fe1})B} \tag{11-44}$$

がえられる。δ_v, ΔR をできるだけ小さくして，より良好な定電圧回路に設計するためには，B を大きく，E_1, E_2 を小さくする必要があるが，式(11-41)から明らかなように，これらの要求事項は互いに矛盾するので，実際には，トランジスタの性能をも考慮して，R_1, R_2, R_3 は適切な値に設計しなければならない。

問題　41.1　ツェナーダイオードの I − V 特性を示すとともに，作製方法の特殊性について説明しなさい。

問題　41.2　ツェナーダイオードを用いた定電圧回路（図 11.11）において，$R_s=400\,\Omega$，$V_i=10\,V$，$I_1=4\,mA$ の場合，電圧変化率 δ_v，出力抵抗の変化分 ΔR，ダイオードおよび R_s の消費電力はそれぞれいくらか。ただし，ツェナー電圧 $V_z=6\,V$，ダイオードの順方向抵抗 $r_d=10\,\Omega$ とする。

問題　41.3　図 11.12(b) の回路において，式(11-35) − (11-39) から式(11-40) がえられることを示しなさい。【ノート解答】

問題　41.4　図 11.12 の直列形定電圧回路において，$R_1=2\,k\Omega$，$R_2=100\,\Omega$，$R_3=200\,\Omega$，$h_{ie2}=2\,k\Omega$，$h_{fe2}=80$ とすれば，電圧変化率 δ_v はいくらか。

問題 41.5 演図 11.4 に示す並列形定電圧回路の電圧変化率 δ_v および出力抵抗の変化分 ΔR を式で表しなさい。ただし，トランジスタの h パラメータは，$h_\mathrm{fe} \gg 1$，$h_\mathrm{re} \ll 1$，$h_\mathrm{ie} h_\mathrm{oe} \ll 1$，$h_\mathrm{ie} \gg R$ とする。【ノート解答】

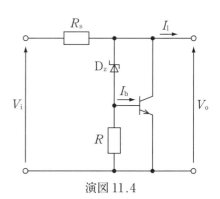

演図 11.4

問題 41.5 演図 11.5(a) はツェナーダイオード D_z と抵抗とトランジスタで構成される電源安定化の基本回路である。各問いに答えなさい。【ノート解答】

(1) 図 (a) の回路を，制御用の Tr を中心に同図 (b) に書き直しなさい。

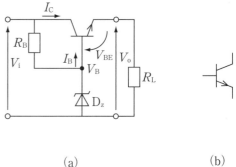

(a)   (b)

演図 11.5

(2) 図 (a) または図 (b) の回路でつぎのことを検討しなさい。

(ア) R_L を取り外した（$R_\mathrm{L}=0$）場合，D_z に流れる電流 I_z と回路の出力電圧 V_o を求めなさい。ただし，$V_\mathrm{i}=9\,\mathrm{V}$，ツェナー電圧 $V_\mathrm{z}=5.6\,\mathrm{V}$，$R_\mathrm{B}=340\,\Omega$ とする。

(イ) 負荷 R_L を取り付けた場合に $I_\mathrm{C}=10\,\mathrm{mA}$，$V_\mathrm{BE}=0.8\,\mathrm{V}$ になったという。このときの V_o，I_B，I_z はそれぞれいくらか。ただし，Tr の h_FE は 80 とする。

(ウ) 何らかの影響で $I_\mathrm{C}=20\,\mathrm{mA}$ になると，V_o，I_B，I_z はそれぞれいくらになるか。

※問(2)の結果から，ツェナーダイオードに I_z が流れている限り出力電圧は変化しないことがわかる。言い換えれば，ベース電流が増えて I_z がなくなるまで回路の出力電圧は一定に保てることになる。

チェック項目	月 日	月 日
安定化回路の基本部品はフィードバック型トランジスタ，ツェナーダイオード，抵抗であることが理解できたか。		

1.1

㋐10^{-6} Ω·m$<\rho<10^6$ Ω·m　㋑14　㋒真性　㋓15

㋔5　㋕4　㋖1　㋗n　㋘13　㋙3　㋚ホール（正孔）

㋛p

1.2

式(1-1)，$I \fallingdotseq I_s\left[\exp\{[e(V-V_F)]/kT\}-1\right]$ から

$$V=\frac{kT}{e}\ln\left(\frac{I}{I_s}+1\right)+V_F$$

題意から $I_s=6\times10^{-5}$ A，$V_F=0.5$ V，$T=293$ K，

$I=10^{-2}$ A

また，電子の電荷 e，ボルツマン定数 k はそれぞれ

$e=1.6\times10^{-19}$ C，$k=1.38\times10^{-23}$ J/K であるから

$$V=\frac{1.38\times10^{-23}\times293}{1.6\times10^{-19}}\cdot\ln\left(\frac{10^{-2}}{6\times10^{-5}}+1\right)+0.5\fallingdotseq0.63\text{ V}$$

1.3

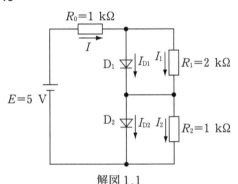

解図 1.1

解図 1.1 のように電流 I，I_{D1}，I_{D2}，I_1，I_2 を仮定すると，まず回路電流 I は

$$I=\frac{E-2V_F}{R_0}=\frac{5-2\times0.5}{10^3}=4\text{ mA}$$

R_1，R_2 回路では，回路全体に $2V_F$ を超える電圧がかかれば，各抵抗には一定の電圧 V_F がかかった状態に保持されるので

$$I_1=\frac{V_F}{R_1}=\frac{0.5}{2\times10^3}=0.25\text{ mA}$$

$$I_2=\frac{V_F}{R_2}=\frac{0.5}{10^3}=0.5\text{ mA}$$

したがって，各ダイオードを流れる電流は

$$I_{D1}=I-I_1=3.75\text{ mA}$$

$$I_{D2}=I-I_2=3.5\text{ mA}$$

1.4

電圧の単位を [V]，点 p，q の電位をそれぞれ V_p，V_q とすると，ダイオードDに電流が流れるためには

$$V_p\geqq V_q+0.5$$

を満たさなければならない。

$$V_p=3\times\frac{R_2}{5+R_2}, \quad V_q=3\times\frac{10}{30}=1$$

を上式に代入して

$$\frac{3R_2}{5+R_2}\geqq1.5$$

$$\therefore \quad R_2\geqq5\text{ Ω}$$

1.5

解図 1.2 のようにダイオードのオフセット電圧 0.5 V を考慮すると，v_i の電圧が 2.5 V を超えるとダイオードは導通する。したがって，v_0 は解図 1.3 のようになる。

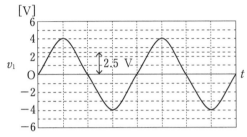

解図 1.2

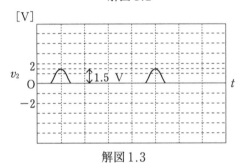

解図 1.3

1.6

㋐Si　㋑②　㋒Ge　㋓③　㋔0　㋕①　㋖5　㋗0

㋘⑤　㋙ツェナー　㋚負性　㋛高い　㋜エサキ

ドリル No.2　　解　答

2.1

半導体の原理に照らして E→B→C にキャリアが移動することを考えると，解図1.4のようになる。

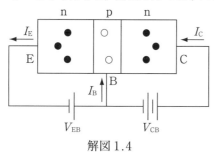

解図1.4

2.2

ベース接地方式およびエミッタ接地方式における直流電流増幅率 α および β は，それぞれ

$$\alpha = I_C/I_E, \quad \beta = I_C/I_B \cdots\cdots ①$$

一方，熱平衡状態で I_E, I_B, I_C の関係は

$$I_E = I_B + I_C \cdots\cdots ②$$

式②より

$$\frac{I_C}{I_E} = \frac{I_C}{I_B + I_C} = \frac{1}{\dfrac{I_B}{I_C} + 1} \cdots\cdots ③$$

式①を式③に適用すると

$$\alpha = \frac{1}{\dfrac{1}{\beta} + 1} = \frac{\beta}{\beta + 1}$$

2.3

エミッタ接地方式およびベース接地方式の pnp 形バイポーラトランジスタの原理図は，それぞれ解図1.5および解図1.6のようになる。

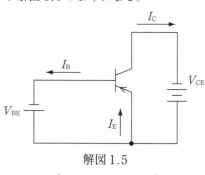

解図1.5

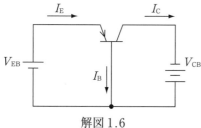

解図1.6

2.4

ベース接地方式では $I_C/I_E < 1$ となり，電流増幅はでき

ないが，入力側抵抗を小さく，出力側抵抗を大きくすれば電圧増幅はできる。

2.5

(ア)　ドーピング前後で積 $N_n N_p$ は一定であるので

$$(1.4\times10^{10})^2 = 1.0\times10^{18} \times N_n$$

$$\therefore \quad N_n = \frac{(1.4\times10^{10})^2}{1.0\times10^{18}} \fallingdotseq 2.0\times10^2 \text{ 個/cm}^3$$

(イ)　題意から，電子濃度の変化率 r は

$$r = 10^{780/60} = 10^{13}$$

したがって

$$N'_n = N_n \times r = 2.0\times10^2 \times 10^{13} = 2.0\times10^{15} \text{ 個/cm}^3$$

(ウ)　濃度勾配 η は

$$\eta = \frac{N'_n}{d} = \frac{2.0\times10^{15}}{2\times10^{-5}} = 1.0\times10^{20} \text{ 個/cm}^4$$

(エ)　題意から，電子の量（単位時間につき，単位面積を通過する電子の数）N は，拡散定数を D_n とすると，

$$N = \eta D_n \text{ で与えられるので}$$

$$N = \eta D_n = 1.0\times10^{20} \times 25 = 2.5\times10^{21} \text{ 個/(cm}^2\cdot\text{s)}$$

(オ)　1.6×10^{-19}

(カ)　電流密度 J は，$J = eN$ で表されるので

$$([eN] = [C][1/(cm^2\cdot s)] = [A/cm^2])$$

$$J = eN = 1.6\times10^{-19} \times 2.5\times10^{21} = 4.0\times10^2 \text{ A/cm}^2$$

3.1

キャリア（この場合は電子）の電荷を e，質量を m と
すると，外部電圧 V_{DS} を受けて電子は速度 v で S→D
に向けて移動する。この際，半導体中を内部抵抗による
電圧降下を受けながら移動することになる。この電圧降
下を V_F とすると，電子の運動は $\frac{1}{2}mv^2=e(V_{DS}-V_F)$
で表される。この式において，電子が S→D に進むにつ
れて V_F が徐々に大きくなり，電子の速度 v は小さくな
り空乏層を押し切れないため，空乏層は拡がる。

3.2

下に凸で，頂点座標が $(V_{GS(off)}, 0)$ の放物線は
$$I_D=a(V_{GS}-V_{GS(off)})^2 \cdots\cdots ①$$
と書ける。$V_{GS}=0$ で $I_D=I_{DSS}$ を式①に適用すると
$$I_{DSS}=a(-V_{GS(off)})^2 \quad \therefore a=\frac{I_{DSS}}{V_{GS(off)}^2} \cdots\cdots ②$$
式②を式①に代入すると
$$I_D=\frac{I_{DSS}}{V_{GS(off)}^2}(V_{GS}-V_{GS(off)})^2$$
$$=I_{DSS}[(V_{GS}/V_{GS(off)})-1]^2$$
$$=I_{DSS}[1-(V_{GS}/V_{GS(off)})]^2 \tag{1-4}$$

3.3

出力電圧 V_{DS} と入力電圧 V_{GS} は互いに極性が逆である
ことに注意すると，FET の電圧増幅率 μ は次のように
表される。
$$\mu=-\left.\frac{\partial V_{DS}}{\partial V_{GS}}\right|_{I_D=\text{const.}}=g_m r_d$$

3.4

解図 1.7 のとおり。

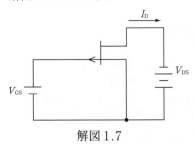

解図 1.7

3.5

㋐電子　㋑電子　㋒S　㋓D　㋔増加　㋕n

4.1

$V_{CC}-R_1-R_2$ の閉回路 I と $R_E-V_{BE}-R_2$ の閉回路 II に
それぞれキルヒホッフの電圧則を適用すると

$$\left.\begin{array}{l} V_{CC}=I_1 R_1 + I_2 R_2 \\ I_2 R_2 = V_{BE} + I_E R_E \end{array}\right\} \qquad ①$$

ベース端子につながれたノードに電流則を適用すると

$$I_1 = I_B + I_2 = \frac{I_C}{h_{FE}} + I_2 \quad (\because \quad I_C = h_{FE} I_B) \qquad ②$$

また，熱平衡状態では

$$I_E = I_B + I_C = \left(\frac{I_C}{h_{FE}}\right) + I_C$$

$$= \left[1 + \left(\frac{1}{h_{FE}}\right)\right] I_C$$

$$\fallingdotseq I_C \quad (\because \quad h_{FE} \gg 1) \qquad ③$$

式②，③を式①に代入すると

$$V_{CC} \fallingdotseq \frac{I_C}{h_{FE}} R_1 + \frac{R_1 + R_2}{R_2}(V_{BE} + I_C R_E)$$

$$\therefore \quad V_{CC} - \frac{R_1 + R_2}{R_2} V_{BE} = \left[\frac{R_1}{h_{FE}} + \frac{R_1 + R_2}{R_2} R_E\right] I_C \qquad ④$$

式④の両辺に $\dfrac{R_2}{R_1 + R_2}$ を掛けて，I_C について解くと

$$I_C = \frac{\dfrac{R_2}{R_1 + R_2} V_{CC} - V_{BE}}{R_E + \dfrac{1}{h_{FE}} \cdot \dfrac{R_1 R_2}{R_1 + R_2}} \qquad (2\text{-}4)$$

4.2

図(a)；$S_{3a} = \dfrac{\partial I_C}{\partial h_{FE}} = \dfrac{V_{CC} - V_{BE}}{R_B}$

図(b)；$S_{3b} = \dfrac{\partial I_C}{\partial h_{FE}}$

$$= \frac{(V_{CC} - V_{BE})(R_B + h_{FE} R_E) - h_{FE}(V_{CC} - V_{BE}) R_E}{(R_B + h_{FE} R_E)^2}$$

$$= \frac{R_B(V_{CC} - V_{BE})}{(R_B + h_{FE} R_E)^2}$$

$$= \frac{V_{CC} - V_{BE}}{R_B \left(1 + h_{FE} \dfrac{R_E}{R_B}\right)^2}$$

以上のことから，$S_{3a} > S_{3b}$ であるので，図(b)の回路
の方が安定性が高いことになる。

4.3

温度上昇などにより h_{FE} の値が増加すると I_C は増加す
る。I_C が増加すると I_E も増加する。I_E が増加するとエ
ミッタ回路での電圧降下 $I_E R_E$ が大きくなる。このた
め，エミッタ電位 V_E は上昇する。これにより，V_{BE} は
相対的に減少する。V_{BE} 減少により I_B も減少する。こ
のため，I_C は減少する。

結局，h_{FE} が増加すると I_C を増やす働きと同時に I_C を
減らす働きが起きることになり，結果的に h_{FE} の増加
率に比べて I_C の増加率は小さくなることがわかる。

4.4

図 2.1(b)に対応する I_C は

$$I_C = \frac{V_{CC} - V_{BE}}{\dfrac{R_B}{h_{FE}} + R_E} \qquad (2\text{-}2)$$

（電流の単位が [mA] であれば，抵抗の単位は [kΩ] に
なることに配慮し）数値代入すると

$$5.6 = \frac{80 \times (15 - 1)}{R_B + 80 \times 0.5}$$

$$\therefore \quad R_B = \frac{80 \times (15 - 1) - 80 \times 5.6 \times 0.5}{5.6} = 160 \text{ k}\Omega$$

また，V_{CE} は出力側回路に電圧則を適用し，次のように
求められる。

$$V_{CC} = I_C R_C + V_{CE} + I_E R_E$$

$$\fallingdotseq (R_C + R_E) I_C + V_{CE}$$

$$\therefore \quad V_{CE} = V_{CC} - (R_C + R_E) I_C$$

上式に数値代入して

$$V_{CE} = 15 - (1 + 0.5) \times 5.6 = 6.6 \text{ V}$$

4.5

図 2.2 に対応する I_C は

$$I_C = \frac{\dfrac{R_2}{R_1 + R_2} V_{CC} - V_{BE}}{R_E + \dfrac{1}{h_{FE}} \cdot \dfrac{R_1 R_2}{R_1 + R_2}} \qquad (2\text{-}4)$$

（電流の単位が [mA] であれば，抵抗の単位は [kΩ] に
なることに配慮し）数値代入すると

$$5 = \frac{\dfrac{15 R_2}{R_1 + R_2} - 1}{0.5 + \dfrac{1}{80} \times \dfrac{R_1 R_2}{R_1 + R_2}}$$

$$5 \times \left(0.5 + \frac{1}{80} \times \frac{R_1 R_2}{R_1 + R_2}\right) = \frac{15 R_2}{R_1 + R_2} - 1$$

$$40 + \frac{R_1 R_2}{R_1 + R_2} = \frac{240 R_2}{R_1 + R_2} - 16$$

$$40(R_1 + R_2) + R_1 R_2 = 240 R_2 - 16(R_1 + R_2)$$

$$\therefore \quad R_1 R_2 = 240 R_2 - 56(R_1 + R_2)$$

$$\therefore \quad \frac{184}{R_1} - \frac{56}{R_2} = 1 \qquad ①$$

R_1，R_2 は式①を満足するように設計すれば題意を満た
すことになる。例えば，$R_2 = 56 \text{ k}\Omega$ とすれば
$R_1 = 92 \text{ k}\Omega$ となる。

また，このときの V_{CE} は

$$V_{CE} \fallingdotseq V_{CC} - (R_C + R_E) I_C$$

に数値代入して

$$V_{CE} = 15 - (1 + 0.5) \times 5 = 7.5 \text{ V}$$

4.6

図 (a), (b), (c) の I_C はそれぞれ式 (2-1), (2-2), (2-3) で表され, I_C の変化分 ΔI_C は

$$\Delta I_C = \frac{\partial I_C}{\partial h_{FE}} \Delta h_{FE} \qquad ①$$

で表されるので, 各回路について次のように算出される。

図 (a) ; $I_C = \dfrac{V_{CC} - V_{BE}}{\dfrac{R_B}{h_{FE}}} = \dfrac{15 - 1}{\dfrac{100}{80}} = 11.2 \text{ mA}$

$$\frac{\partial I_C}{\partial h_{FE}} = \frac{V_{CC} - V_{BE}}{R_B}$$

$$\therefore \quad \Delta I_C = \frac{\partial I_C}{\partial h_{FE}} \Delta h_{FE} = \frac{15 - 1}{100} \times 20 = 2.8 \text{ mA}$$

$$\therefore \quad \frac{\Delta I_C}{I_C} = \frac{2.8}{11.2} = 0.25 = 25 \text{ \%}$$

図 (b) ; $I_C = \dfrac{V_{CC} - V_{BE}}{\dfrac{R_B}{h_{FE}} + R_E} = \dfrac{15 - 1}{\dfrac{100}{80} + 0.5} = 8.0 \text{ mA}$

$$\frac{\partial I_C}{\partial h_{FE}} = \frac{(V_{CC} - V_{BE})(R_B + h_{FE} R_E) - h_{FE}(V_{CC} - V_{BE}) R_E}{(R_B + h_{FE} R_E)^2}$$

$$= \frac{R_B(V_{CC} - V_{BE})}{(R_B + h_{FE} R_E)^2}$$

$$\therefore \quad \Delta I_C = \frac{\partial I_C}{\partial h_{FE}} \Delta h_{FE} = \frac{100 \times (15 - 1)}{(100 + 80 \times 0.5)^2} \times 20 ≒ 1.43 \text{ mA}$$

$$\therefore \quad \frac{\Delta I_C}{I_C} = \frac{1.43}{8.0} ≒ 0.18 = 18 \text{ \%}$$

図 (c) ; $I_C = \dfrac{V_{CC} - V_{BE}}{\dfrac{R_B}{h_{FE}} + R_C} = \dfrac{15 - 1}{\dfrac{100}{80} + 1} ≒ 6.2 \text{ mA}$

$$\frac{\partial I_C}{\partial h_{FE}} = \frac{R_B(V_{CC} - V_{BE})}{(R_B + h_{FE} R_C)^2}$$

$$\therefore \quad \Delta I_C = \frac{\partial I_C}{\partial h_{FE}} \Delta h_{FE} = \frac{100 \times (15 - 1)}{(100 + 80 \times 1)^2} \times 20$$

$$≒ 0.86 \text{ mA}$$

$$\therefore \quad \frac{\Delta I_C}{I_C} = \frac{0.86}{6.2} ≒ 0.14 = 14 \text{ \%}$$

5.1

解図 2.1 の通り。

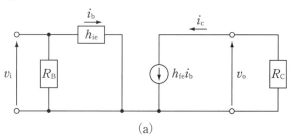

(a)

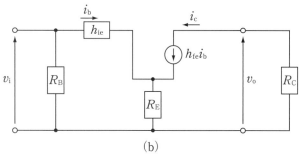

(b)

または，$1+h_{\mathrm{fe}} \fallingdotseq h_{\mathrm{fe}}$ であるので

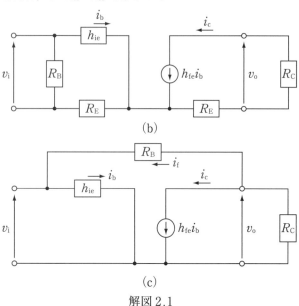

(b)

(c)

解図 2.1

5.2

図 (a)；$v_{\mathrm{i}} = h_{\mathrm{ie}} i_{\mathrm{b}}$

$v_{\mathrm{o}} = -h_{\mathrm{fe}} i_{\mathrm{b}} R_{\mathrm{C}}$

$\therefore \quad A_{\mathrm{v}} = \dfrac{v_{\mathrm{o}}}{v_{\mathrm{i}}} = -\dfrac{h_{\mathrm{fe}}}{h_{\mathrm{ie}}} R_{\mathrm{C}}$

図 (b)；負帰還がかかると入力側回路のインピーダンス R_{if} は

$$R_{\mathrm{if}} = \frac{h_{\mathrm{ie}} + R_{\mathrm{E}}(1+h_{\mathrm{fe}})}{h_{\mathrm{ie}} + R_{\mathrm{E}}} \times (h_{\mathrm{ie}} + R_{\mathrm{E}})$$

$$= h_{\mathrm{ie}} + R_{\mathrm{E}}(1+h_{\mathrm{fe}})$$

となるので（ドリル No.22 参照）

$v_{\mathrm{i}} = [h_{\mathrm{ie}} + R_{\mathrm{E}}(1+h_{\mathrm{fe}})] i_{\mathrm{b}} \fallingdotseq (h_{\mathrm{ie}} + h_{\mathrm{fe}} R_{\mathrm{E}}) i_{\mathrm{b}}$

$v_{\mathrm{o}} = -h_{\mathrm{fe}} i_{\mathrm{b}} R_{\mathrm{C}}$

$\therefore \quad A_{\mathrm{v}} = \dfrac{v_{\mathrm{o}}}{v_{\mathrm{i}}} = -\dfrac{h_{\mathrm{fe}}}{h_{\mathrm{ie}} + h_{\mathrm{fe}} R_{\mathrm{E}}} R_{\mathrm{C}}$

図 (c)；この回路では入力側と出力側回路を完全分離することができない。

そこで，定常状態で出力される電圧 v_{o} と等価入力電圧 v_{if} を考え，回路全体の電圧増幅度を A_{v} とすると

$A_{\mathrm{v}} v_{\mathrm{if}} = v_{\mathrm{o}}$ ①

が成り立つ。v_{if} および v_{o} は，それぞれ

$v_{\mathrm{if}} = v_{\mathrm{i}} + v_{\mathrm{f}} = h_{\mathrm{ie}} i_{\mathrm{b}} + R_{\mathrm{B}} i_{\mathrm{f}}$

$\quad = (h_{\mathrm{ie}} + R_{\mathrm{B}}) i_{\mathrm{b}} \quad (\because \ i_{\mathrm{f}} = i_{\mathrm{b}})$ ②

$v_{\mathrm{o}} = -(i_{\mathrm{b}} + i_{\mathrm{c}}) R_{\mathrm{C}} \fallingdotseq -h_{\mathrm{fe}} i_{\mathrm{b}} R_{\mathrm{C}}$ ③

式①に式②，③を適用すると

$$A_{\mathrm{v}} = -\frac{h_{\mathrm{fe}}}{h_{\mathrm{ie}} + R_{\mathrm{B}}} R_{\mathrm{C}}$$

5.3

(1) 解図 2.2 の通り。

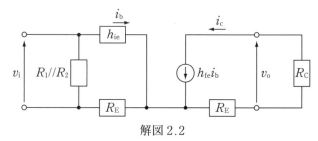

解図 2.2

(2) 入出力電圧については解図 2.1(b) の場合と同じであるので $A_{\mathrm{v}} = \dfrac{v_{\mathrm{o}}}{v_{\mathrm{i}}} = -\dfrac{h_{\mathrm{fe}}}{h_{\mathrm{ie}} + h_{\mathrm{fe}} R_{\mathrm{E}}} R_{\mathrm{C}}$

(3) 上記(2)から $\left| A_{\mathrm{v}} \right| = \dfrac{h_{\mathrm{fe}} R_{\mathrm{C}}}{h_{\mathrm{ie}} + h_{\mathrm{fe}} R_{\mathrm{E}}}$

数値代入して $30 = \dfrac{60 \times 2}{1 + 60 R_{\mathrm{E}}}$

$\therefore \quad R_{\mathrm{E}} = \dfrac{4-1}{60} = 0.05 \ \mathrm{k\Omega}$

$\qquad = 50 \ \Omega$

5.4

演図 2.3 の h パラメータによる等価回路における入出力の関係は

$v_{\mathrm{i}} = h_{\mathrm{ie}} i_{\mathrm{b}} + h_{\mathrm{re}} v_{\mathrm{o}}$ ①

$i_{\mathrm{c}} = h_{\mathrm{fe}} i_{\mathrm{b}} + h_{\mathrm{oe}} v_{\mathrm{o}}$ ②

一方，演図 2.4 の回路定数による等価回路では

$v_{\mathrm{i}} = (r_{\mathrm{b}} + r_{\mathrm{e}}) i_{\mathrm{b}} + r_{\mathrm{e}} i_{\mathrm{c}}$ ③

$v_{\mathrm{o}} = r_{\mathrm{c}}(1-\alpha)(i_{\mathrm{c}} - \beta i_{\mathrm{b}}) + r_{\mathrm{e}}(i_{\mathrm{c}} + i_{\mathrm{b}})$

$\quad = [r_{\mathrm{c}}(1-\alpha) + r_{\mathrm{e}}] i_{\mathrm{c}} + (r_{\mathrm{e}} - \alpha r_{\mathrm{c}}) i_{\mathrm{b}}$ ④

式④を i_{c} について解くと

$$i_c = \frac{1}{r_c(1-\alpha)+r_e}\left[(\alpha r_c - r_e)i_b + v_o\right] \qquad ⑤$$

式⑤を式③に代入すると

$$v_i = \left[r_b + r_e + \frac{r_e(\alpha r_c - r_e)}{r_c(1-\alpha)+r_e}\right]i_b + \frac{r_e}{r_c(1-\alpha)+r_e}v_o \qquad ⑥$$

式①と式⑥，式②と式⑤を比較することにより次式がえられる。

$$h_{ie} = r_b + r_e + \frac{r_e(\alpha r_c - r_e)}{r_c(1-\alpha)+r_e} \fallingdotseq r_b + \frac{r_e}{1-\alpha}$$

$$h_{re} = \frac{r_e}{r_c(1-\alpha)+r_e} \fallingdotseq \frac{r_e}{r_c(1-\alpha)}$$

$$h_{fe} = \frac{\alpha r_c - r_e}{r_c(1-\alpha)+r_e} \fallingdotseq \frac{\alpha}{1-\alpha}$$

$$h_{oe} = \frac{1}{r_c(1-\alpha)+r_e} \fallingdotseq \frac{1}{r_c(1-\alpha)}$$

6.1

互いに逆相（π [rad] のズレ）。

6.2

交流負荷線の中点に動作点を設定する。

6.3

i)　直流分について

$V_{BE}=0.7$ V であるので，図 (a) から $I_B=40$ μA，図 (b) から $I_C=2$ mA

負荷線は $V_{CC}=R_C I_C+V_{CE}$ より，抵抗の単位を [kΩ]，電流の単位を [mA] とすると，$V_{CE}=12-3\times2=6$ V。それゆえ，出力電圧 V_o は 6 V。

ii)　交流分について

$v_i=0.05\sin\omega t$ [V] が V_{BE} に足されるので，交流分の i_b, i_c, v_o については解図 2.3 のようになる。

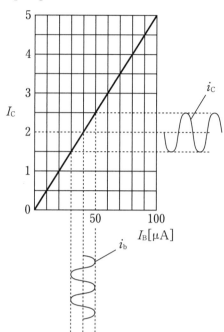

(b)

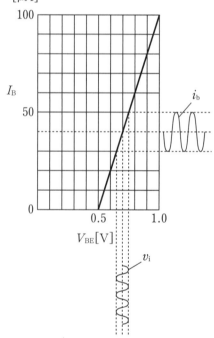

(a)

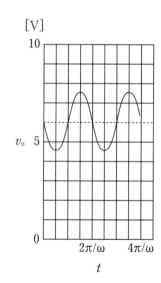

(c)

解図 2.3

したがって，出力信号電圧 v_o，電流増幅度 A_i，電圧増幅度 A_v はそれぞれ次のように求められる。

$$v_o = -i_c R_c = -1.5 \sin \omega t \ [\text{V}]$$

$$A_i = \frac{i_c}{i_b} = \frac{0.5 \sin \omega t \ [\text{mA}]}{10 \sin \omega t \ [\mu\text{A}]} = 50$$

$$A_v = \frac{v_o}{v_i} = \frac{-1.5 \sin \omega t \ [\text{V}]}{0.05 \sin \omega t \ [\text{V}]} = -30$$

6.4

(1)題意から

$$I_B = \frac{I_C}{h_{FE}} = \frac{1.6 \times 10^{-3}}{50} = 32 \times 10^{-6} \text{A} = 32 \ \mu\text{A}$$

$$I_1 = 10 I_2$$

$$V_E = 0.1 V_{CC}$$

$V_{CC} - R_1 - V_{BE} - R_E$ 閉回路の回路方程式は

$$V_{CC} = I_1 R_1 + V_{BE} + V_E = I_1 R_1 + V_{BE} + 0.1 V_{CC}$$

$$\therefore \quad 0.9 V_{CC} = I_1 R_1 + V_{BE} \tag{①}$$

電流 I_1, I_2, I_B の関係は

$$I_1 = I_B + I_2 = I_B + 0.1 I_1$$

$$\therefore \quad I_1 = \frac{I_B}{0.9} \tag{②}$$

式②を式①に代入すると

$$0.9 V_{CC} = \frac{I_B R_1}{0.9} + V_{BE} \tag{③}$$

式③に数値代入して R_1 を求めると

$$R_1 = \frac{0.9 \times (0.9 V_{CC} - V_{BE})}{I_B} = \frac{0.9 \times (0.9 \times 15 - 0.8)}{32 \times 10^{-6}}$$
$$\fallingdotseq 0.36 \times 10^6 \ \Omega$$
$$= 360 \ \text{k}\Omega$$

一方，$R_2 - V_{BE} - R_E$ 閉回路の回路方程式は

$$I_2 R_2 = V_{BE} V_E \left(= 0.1 I_1 R_2 = \frac{I_B R_2}{9} \right) \tag{④}$$

式④に数値代入して R_2 を求めると

$$R_2 = \frac{0.9 (V_{BE} + V_E)}{I_B} = \frac{9 \times (0.8 + 1.5)}{32 \times 10^{-6}}$$
$$\fallingdotseq 0.65 \times 10^6 \ \Omega$$
$$= 650 \ \text{k}\Omega$$

また，エミッタ側回路において

$$V_E = R_E I_E = R_E (I_B + I_C) = R_E (1 + h_{FE}) I_B \tag{⑤}$$

式⑤に数値代入して R_E を求めると

$$R_E = \frac{V_E}{(1 + h_{FE}) I_B} = \frac{1.5}{(1 + 50) \times 32 \times 10^{-6}}$$
$$\fallingdotseq 9.2 \times 10^2 \ \Omega$$
$$= 920 \ \Omega$$

(2)出力信号電圧の振幅をできるだけ大きくするためには，動作点 (V_{CE}, I_{CQ}) を交流負荷線の中点に置かなければならない。

本回路では直流負荷線も交流負荷線も

$$V_{CE} = V_{CC} - \left[R_C + R_E \left(1 + \frac{1}{h_{FE}} \right) \right] I_C$$

で表されるので，動作点電圧は

$$V_{CEQ} = \frac{V_{CC}}{2} = \frac{15}{2} = 7.5 \text{ V}$$

に設定しなければならない。それゆえ

$$7.5 = 15 - 1.6 \left[R_C + 0.92 \times \left(1 + \frac{1}{50} \right) \right]$$

$$\therefore \quad R_C \fallingdotseq 3.75 \text{ k}\Omega$$

ドリル No.7　解　答

7.1

FET の入力抵抗が非常に大きい（～1 MΩ）ので，R_G にはほとんど電流が流れず，R_G での電圧降下がほとんどないため。

7.2

JFET のゲート・ソース間が順バイアスになるときの入力抵抗を r_i，順方向電流を I_G とすれば，常温のもとでは

$$r_i = \frac{1}{\dfrac{dI_G}{dV_{GS}}} \fallingdotseq \frac{0.026}{I_G} \qquad ①$$

となる。それゆえ，$r_i = 100\text{ k}\Omega$ とするための I_G は 0.26 μA となる。このときのゲート－ソース間の順方向電圧を V_{GS} とすれば，

$$V_{GS} \fallingdotseq \frac{kT}{e}\ln\left(\frac{I_G}{I_S}\right) = 0.026 \times \ln\left(\frac{2.6 \times 10^{-7}}{10^{-10}}\right) \fallingdotseq 0.20\text{ V}$$

となり，$V_{GS} = 0.20\text{ V}$ 程度であれば JFET の入力抵抗を $100\text{ k}\Omega$ に保つことができる。

7.3

式(2-21)を式(2-19)に代入して

$$I_D = I_{DSS}\left[1 + \frac{I_D R_S}{V_{GS(off)}}\right]^2 \qquad ①$$

I_D について整理すると

$$\left[\frac{R_S}{V_{GS(off)}}\right]^2 I_D{}^2 + \left[\frac{2R_S}{V_{GS(off)}} - \frac{1}{I_{DSS}}\right]I_D + 1 = 0 \qquad ②$$

式②に $R_S = 0.1\text{ k}\Omega$，$V_{GS(off)} = -0.8\text{ V}$，

$I_{DSS} = 8\text{ mA}$ を代入し，I_D について整理すると

$$0.0156 I_D{}^2 - 0.375 I_D + 1 = 0 \quad （I_D の単位は [mA]） \qquad ③$$

トランジスタの特性上，$0 \leqq I_D \leqq 8\text{ mA}$ であるので

$$I_D = 3.1\text{ mA}$$

また，V_{GS} は

$$V_{GS} = -I_D R_S = -0.31\text{ V}$$

7.4

式(2-22)に数値代入すると

$$V_{GS} = \frac{R_2}{R_1 + R_2}V_{DD} - I_D R_S = \frac{100}{1000 + 100} \times 12 - 1.0 I_D (I_D[\text{mA}])$$

$$\fallingdotseq 1.09 - I_D \qquad ①$$

式①，および $I_{DSS} = 8\text{ mA}$，$V_{GS(off)} = -0.8\text{ V}$ を式(2-19)に代入すると

$$I_D = 8 \times \left(1 - \frac{1.09 - I_D}{-0.8}\right)^2$$

I_D について整理すると

$$12.5 I_D{}^2 - 48.25 I_D + 44.65 = 0 \qquad ②$$

$$\therefore \quad I_D = 1.54\text{ mA}, 2.32\text{ mA}$$

トランジスタの特性上，$I_D = 2.32\text{ mA}$ は不適であるので

$$I_D = 1.54\text{ mA} \qquad ③$$

また，V_{GS} は，③を式①に代入して

$$V_{GS} = -0.45\text{ V}$$

8.1

相互コンダクタンス g_m は式(2-25)で表されるので，この式に数値代入すると

$$g_m = -\frac{2I_{DSS}}{V_{GS(off)}}\left(1-\frac{V_{GS}}{V_{GS(off)}}\right)$$

$$= -\frac{2\times 8\times 10^{-3}}{-1}\times\left(1-\frac{V_{GS}}{-1}\right)$$

$$= 16\times 10^{-3}\times(1+V_{GS}) \quad [S]$$

$$= 16(1+V_{GS}) \quad [mS]$$

8.2

等価電源の定理により解図 2.4 のように変換される。

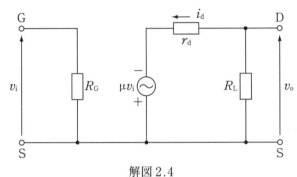

解図 2.4

8.3

演図 2.7 において，次の関係式がえられる。

$$\left.\begin{array}{l} v_{gs} = -v_1 + i_1 R_S \\ v_{ds} = v_2 - v_1 + i_1 R_S \\ i_d = i_2 = -i_1 \end{array}\right\} \quad ①$$

一方，図 2.12 で示されたように，ドレイン電流 i_d は，G－S 間の電圧を v_{gs}，D－S 間の電圧を v_{ds} とすれば

$$i_d = g_m v_{gs} + \frac{v_{ds}}{r_d} \quad ②$$

となる。また，JFET の電圧増幅率 μ は

$$\mu = g_m r_d \quad ③$$

で表される。

式①を式②に代入すると

$$i_2 = g_m(-v_1 + i_1 R_S) + \frac{1}{r_d}(v_2 - v_1 + i_1 R_S)$$

$$= g_m(-v_1 - i_2 R_S) + \frac{1}{r_d}(v_2 - v_1 - i_2 R_S)$$

$$\therefore \ i_2[r_d + (1+g_m r_d)R_S] = v_2 - v_1 - g_m r_d v_1 \quad ④$$

さらに，式③を式④に代入すると，次式がえられる。

$$i_2[r_d + (1+\mu)R_S] + g_m r_d v_1 = v_2 - v_1 \quad ⑤$$

したがって，式⑤の $g_m v_1$ を電流源とすれば，等価回路は解図 2.5 となる。

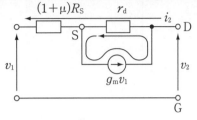

解図 2.5

8.4

(1) G－S 間の信号電圧 v_{gs} は

$$v_{gs} = v_g - i_d R_L \quad ①$$

で表されるので，電圧源を用いた等価回路は解図 2.6 のように描ける。

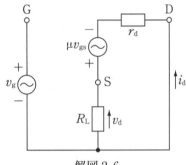

解図 2.6

(2) 等価回路から

$$\mu v_{gs} = i_d(r_d + R_L) \quad ②$$

式②に式①を代入して

$$\mu(v_g - i_d R_L) = i_d(r_d + R_L)$$

i_d について解くと

$$i_d = \frac{\mu v_g}{r_d + (1+\mu)R_L} \quad ③$$

また

$$v_d = i_d R_L \quad ④$$

式③，④より

$$A_v = \frac{v_d}{v_g} = \frac{\mu R_L}{r_d + (1+\mu)R_L} \quad ⑤$$

次に，R_o を求める。出力側開放電圧 v_{oo} は $R_L \to \infty$ としてえられるので，解図 2.7(a)において

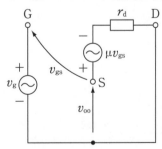

(a) v_{oo} の計算

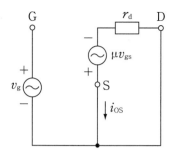

(b) i_{os} の計算

解図 2.7

$$v_{oo} = \mu v_{gs} \qquad ⑥$$

$$v_g = v_{gs} + v_{oo} \qquad ⑦$$

式⑥, ⑦より

$$v_{oo} = \frac{\mu v_g}{1+\mu} \qquad ⑧$$

出力側短絡電流 i_{os} は $R_L = 0$ とした解図 2.7(b)から

$$i_{os} = \frac{\mu v_{gs}}{r_d} \qquad ⑨$$

であり, 式①で $R_L = 0$ とおくと, $v_{gs} = v_g$ となる
ので, 結局

$$i_{os} = \frac{\mu v_g}{r_d} \qquad ⑩$$

となる。したがって, 出力抵抗 R_o は

$$R_o = \left| \frac{v_{oo}}{i_{os}} \right| = \frac{r_d}{1+\mu} \qquad ⑪$$

(3)数値代入して

$$\mu = g_m r_d = 3 \times 10^{-3} \times 20 \times 10^3 = 60$$

$$A_v = \frac{\mu R_L}{r_d + (1+\mu) R_L} = \frac{60 \times 50 \times 10^3}{20 \times 10^3 + (1+60) \times 50 \times 10^3}$$

$$\fallingdotseq 0.98$$

$$R_o = \frac{r_d}{1+\mu} = \frac{20 \times 10^3}{1+60} \fallingdotseq 330 \ \Omega$$

ドリル No.9　　解　答

9.1

(1)出力側回路にキルヒホッフの法則を適用すると

$$V_{DD}=I_D R_L + V_{DS}$$

よって，負荷線の式は

$$V_{DS}=V_{DD}-R_L I_D=10-I_D \quad (I_D \text{ の単位は } [\text{mA}]) \quad ①$$

式①を演図2.9に描くと，$V_{GS}=-0.15$ V の特性線との交点，すなわち動作点電圧 $V_{DS}=6$ V，電流 $I_D=4$ mA が求まる。

(2)$V_{DS}=V_{DD}=10$ V を起点にして直線の傾きを変え，この直線と $V_{GS}=-0.15$ V の特性線との交点が動作点になることを念頭に置いて，活性領域内で動作点が負荷線の中点になるような直線を探すと，I_D 軸の切片が 9.5 mA のときにえられる。したがって，その負荷線は

$$V_{DS}=10-\frac{10}{9.5}I_D=10-\frac{20}{19}I_D \quad ②$$

で表される。よって，求める R_L は

$$R_L=\frac{20}{19}\doteqdot 1.05 \text{ k}\Omega$$

9.2

(1)負荷線の式は

$$V_{DS}=V_{DD}-R_L I_D=12-1.2 I_D \quad (I_D \text{ の単位は } [\text{mA}]) \quad ①$$

これを演図2.11に描き，$V_{GS}=-0.1$ V の特性線との交点が動作点になる。それゆえ，動作点電圧 V_{DS} は 4.7 V，電流 I_D は 6 mA となる。

(2)$g_m=\dfrac{\Delta I_D}{\Delta V_{GS}}\Big|_{v_{DS}=\text{const.}}=\dfrac{(8-4)\times 10^{-3}}{(-0.05-(-0.15))}\Big|_{V_{DS}=4.7\text{ V}}$

$\quad =40\times 10^{-3} \text{ S}$

$\quad =40 \text{ mS}$

(3)$V_R=I_D R_L=6\times 1.2=7.2$ V

$v_R=-g_m v_i R_L=-40\times \sin(2\times 10^3 \pi t)\times 10^{-3}\times 1.2$

$\quad =-48\sin(2\times 10^3 \pi t)\times 10^{-3} \text{ V}$

$\quad =-48\sin(2\times 10^3 \pi t)[\text{mV}]$

9.3

(1)各 V_{GS} 値でえられるドレイン飽和電流 I_{DSS} を写し取り，つなげた線が伝達特性線になる。解図2.8のとおり。

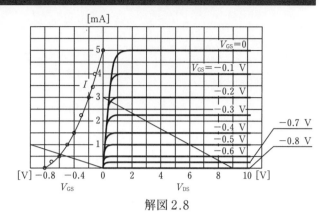

解図2.8

(2)入力側回路の負荷線は

$$V_{GS}=-R_S I_D=-I_D \quad (I_D \text{ の単位は } [\text{mA}]) \quad ①$$

出力側回路の負荷線は

$$V_{DS}=V_{DD}-(R_L+R_S)I_D=9-3 I_D$$

$$(I_D \text{ の単位は } [\text{mA}]) \quad ②$$

これらを特性図中に示すと解図2.8のようになる。

伝達特性線と負荷線①の交点は動作制御電圧 V_{GS} で -0.58 V と読み取れる。

この V_{GS} 値における出力特性線と負荷線②の交点は動作電圧 V_{DS} と動作電流 I_D で，それぞれ 7.2 V と 0.6 mA と読み取れる。

$$V_{GS}=-0.58 \text{ V}, \quad V_{DS}=7.2 \text{ V}, \quad I_D=0.6 \text{ mA}$$

(3)R_S を変えると出力側回路の負荷線だけでなく入力側回路の負荷線も変化する。最大効率をえるためには，R_S は当初の設計値 1 kΩ より小さくなることは容易にわかる。$R_S=0.2$ kΩ とすると，V_{GS} は -0.35 V 程度になり，この付近で最大効率がえられることもわかる。このことを考慮に入れて，$V_{DS}=V_{DD}=9$ V を起点にして直線の傾きを変え，この直線とある動作電圧 V_{GS} の特性線との交点が動作点になることを念頭に置いて，活性領域内で動作点が負荷線の中点になるような直線を探すと，I_D 軸の切片が 4.1 mA のときにえられる。したがって，その負荷線は次式で表されなければならない。すなわち，

$$V_{DS}=V_{DD}-(R_L+R_S)I_D=9-\frac{9}{4.1}I_D \quad ③$$

題意から

$$R_L+R_S=2+R_S=\frac{9}{4.1}$$

$$\therefore \quad R_S=\frac{9}{4.1}-2\doteqdot 0.2 \text{ k}\Omega$$

10.1

R_E を交流的に短絡させる要件は

$$R_E \gg \frac{1}{\omega C_E} = \frac{1}{2\pi f C_E}$$

$$\therefore C_E \gg \frac{1}{2\pi f R_E} = \frac{1}{2\pi \times 10^3 \times 10^3} \fallingdotseq 0.16 \times 10^{-6}\,\text{F}$$

$$= 0.16\,\mu\text{F}$$

設計マージンをとると，$C_E \geqq 2\,\mu\text{F}$ が要求される。

10.2

R_E は C_E により交流的に短絡されるので，コレクタ信号電流の負荷 Z_L は

$$Z_L = \frac{R_C R_L}{R_C + R_L} = \frac{2 \times 3 \times 10^6}{(2+3) \times 10^3} = 1.2 \times 10^3\,\Omega = 1.2\,\text{k}\Omega$$

10.3

(1)R_E は C_E により交流的に短絡されるので

$$A_{vm} = -\frac{h_{fe}}{h_{ie}} R_L' \qquad \qquad ①$$

$$R_L' = \frac{R_C R_L}{R_C + R_L} \qquad \qquad ②$$

数値代入して

$$R_L' = \frac{2 \times 3 \times 10^6}{(2+3) \times 10^3} = \frac{6}{5} \times 10^3\,\Omega = 1.2\,\text{k}\Omega$$

$$A_{vm} = -\frac{80 \times 6 \times 10^3}{2 \times 10^3 \times 5} = -48$$

$$\therefore\ |A_{vm}| = 48$$

(2)C_E がないときの電圧増幅度 A_{vm}' は

$$A_{vm}' = -\frac{h_{fe} R_L'}{h_{ie} + h_{fe} R_E} \qquad \qquad ③$$

数値代入して

$$A_{vm}' = -\frac{80 \times 6 \times 10^3}{(2 + 80 \times 1) \times 10^3 \times 5} \fallingdotseq 1.17$$

$$\therefore\ |A_{vm}'| \fallingdotseq 1.17$$

それゆえ，これらの比 r は

$$r = \frac{|A_{vm}|}{|A_{vm}'|} = \frac{48}{1.17} \fallingdotseq 41$$

r を [dB] で表すと

$$G_r = 20\log_{10} r = 20\log_{10} 41 \fallingdotseq 20 \times 1.6 = 32\,\text{dB}$$

10.4

演図 3.1 より

$$v_i = (h_{ie} + h_{fe} Z_E) i_b$$

$$Z_E = R_E // \frac{1}{j\omega C_E} = \frac{R_E}{1 + j\omega C_E R_E}$$

$$v_o = -h_{fe} i_b \frac{R_C}{R_C + R_L + \dfrac{1}{j\omega C_o}} R_L$$

$$= -h_{fe} i_b R_L' \left[1 + \frac{1}{j\omega C_o(R_C + R_L)} \right]^{-1}$$

$$R_L' = \frac{R_C R_L}{R_C + R_L}$$

したがって，低域における電圧増幅度 A_{v1} は

$$A_{v1} = \frac{v_o}{v_i}$$

$$= -\frac{h_{fe}}{h_{ie}} R_L' \left[1 + \frac{1}{j\omega C_o(R_C + R_L)} \right]^{-1} \left(1 + \frac{h_{fe}}{h_{ie}} Z_E \right)^{-1}$$

$$= A_{vm} \left[1 + \frac{1}{j\omega C_o(R_C + R_L)} \right]^{-1} \left(1 + \frac{h_{fe}}{h_{ie}} Z_E \right)^{-1}$$

で与えられ，周波数が低くなると出力インピーダンスとエミッタ・インピーダンスの相乗的な作用により増幅度は低下することがわかる。

10.5

(1) 10.4 の解析式から，f_{c1} は A_{v1} を表す式の分母の絶対値が $\sqrt{2}$ になる $f \left(= \dfrac{\omega}{2\pi}\right)$ である。回路条件から

$$C_o(R_C + R_L) = 4 \times 10^{-5} \times (2+4) \times 10^3 = 0.24\,\text{s}$$

$$C_E R_E = 4 \times 10^{-5} \times 1 \times 10^3 = 0.04\,\text{s}$$

となる。また，f_{c1} は数 10〜数 100 Hz であるから，ω の概数値として $10^2\,\text{rad/s}$ と置いてみると，A_{v1} を表す式の分母の [　]部，（　）部はそれぞれ

$$[\ \ ] = 1 - \frac{1}{j24} \fallingdotseq 1 - j0.04$$

$$(\ \ ) = 1 + \frac{40}{1 + j4} = \frac{57 - j160}{17} \fallingdotseq \frac{57}{17}(1 - j9.4)$$

となり，ω を含む項，すなわち虚数部の影響は（　）部の方が支配的となることがわかる。それゆえ，A_{v1} の分母は（　）部のみで評価して差支えないことになる。したがって

$$\left| 1 + \frac{h_{fe}}{h_{ie}} Z_E \right| \fallingdotseq \sqrt{2}$$

を ω について解けばよい。与えられた数値を代入すると

$$\left| \frac{(41 + 0.0016\omega^2) - j1.6\omega}{1 + 0.0016\omega^2} \right| \fallingdotseq \sqrt{2}$$

$$\therefore\ (41 + 0.0016\omega^2)^2 + (1.6\omega)^2 = 2(1 + 0.0016\omega^2)^2$$

整理すると

$$2.6 \times 10^{-6}\omega^4 - 2.7\omega^2 - 1.7 \times 10^3 \fallingdotseq 0$$

$$\therefore\ \omega^2 \fallingdotseq 1.0 \times 10^6$$

$$\therefore\ \omega = 2\pi f_{c1} = 1.0 \times 10^3$$

$$\therefore\ f_{c1} \fallingdotseq 160\,\text{Hz}$$

(2)中域での電圧増幅度を A_{vm} とすると，$f = f_{c1}$ のとき，

$$A_{\mathrm{vl}} = \frac{A_{\mathrm{vm}}}{1-\mathrm{j}}$$

$$\therefore \quad \theta = \angle A_{\mathrm{vl}} = \angle A_{\mathrm{vm}} - \angle (1-\mathrm{j})$$

$$= \pi - \left(-\frac{\pi}{4} \right)$$

$$= \frac{5}{4}\pi \ [\mathrm{rad}]$$

よって，v_{o} は v_{i} より $\dfrac{5}{4}\pi\,[\mathrm{rad}]$ 進み位相になる。

10.6

演図 3.2 より

$$v_{\mathrm{i}} = h_{\mathrm{ie}} i_{\mathrm{b}}$$

$$v_{\mathrm{o}} = -\frac{h_{\mathrm{fe}} i_{\mathrm{b}}}{1+\mathrm{j}\dfrac{\omega}{\omega_{\mathrm{C}}}} \cdot \frac{\dfrac{R_{\mathrm{L}}'}{\mathrm{j}\omega C_{\mathrm{os}}}}{R_{\mathrm{L}}' + \dfrac{1}{\mathrm{j}\omega C_{\mathrm{os}}}}$$

$$= -\frac{h_{\mathrm{fe}} i_{\mathrm{b}}}{1+\mathrm{j}\dfrac{\omega}{\omega_{\mathrm{C}}}} \cdot \frac{R_{\mathrm{L}}'}{1+\mathrm{j}\omega C_{\mathrm{os}} R_{\mathrm{L}}'}$$

$$R_{\mathrm{L}}' = \frac{R_{\mathrm{C}} R_{\mathrm{L}}}{R_{\mathrm{C}} + R_{\mathrm{L}}}$$

したがって，高域における電圧増幅度 A_{vh} は

$$A_{\mathrm{vh}} = \frac{v_{\mathrm{o}}}{v_{\mathrm{i}}}$$

$$= -\frac{h_{\mathrm{fe}}}{h_{\mathrm{ie}}} R_{\mathrm{L}}' \frac{1}{1+\mathrm{j}\dfrac{\omega}{\omega_{\mathrm{C}}}} \cdot \frac{1}{1+\mathrm{j}\omega C_{\mathrm{os}} R_{\mathrm{L}}'}$$

で表され，周波数が高くなると信号の周期とキャリアの走行時間の不整合と分布キャパシタンスの相乗的な作用により増幅度は低下することがわかる。

11.1

図(a)：$R_{DC} = R_C + R_E$

　　　　$R_{AC} = R_C + R_E$

図(b)：$R_{DC} = R_C + R_E$

　　　　$R_{AC} = R_C$

図(c)：$R_{DC} = R_C + R_E$

　　　　$R_{AC} = \dfrac{R_C R_L}{R_C + R_L}$

11.2

動作点 (I_{CQ}, V_{CEQ}) を通り，交流電流 i_c に対する傾きが $-(R_C /\!/ R_L)$ の直線の式は

$$v_{CE} - V_{CEQ} = -(R_C /\!/ R_L)(i_c - I_{CQ}) = -(R_C /\!/ R_L)(I_{CQ} + i_c - I_{CQ})$$

$$\therefore\ v_{CE} = V_{CEQ} - i_c(R_C /\!/ R_L) \qquad ①$$

V_{CEQ} は，式(3-4)において $I_C = I_{CQ}$ と置いてえられるので

$$V_{CEQ} = V_{CC} - I_{CQ}(R_C + R_E) \qquad ②$$

式②を式①に代入して

$$v_{CE} = V_{CC} - I_{CQ}(R_C + R_E) - i_c(R_C /\!/ R_L) \qquad (3\text{-}5)$$

また最適条件下における I_{CQ} を I_{op} とすると，I_{op} はつぎのように求められる。

図 3.1 より

$$i_c = i_{c1} + i_{c2} \qquad ③$$

の関係があるので，$v_{CE} = 0$ のとき，$i_c = I_{CQ} = I_{op}$ の関係が成り立てば（不活性領域が狭ければほぼ成り立つ。），動作点Qは直線 CD の中点に置かれることになる。そこで，この関係を式(3-5)に適用すれば

$$I_{op} = \dfrac{V_{CC}}{R_C + R_E + (R_C /\!/ R_L)} \qquad (3\text{-}7)$$

11.3

R_1, R_2 に流れる直流電流を I_1, I_2，ベース直流電流を I_B とすると

$$V_{CC} = R_1 I_1 + R_2 I_2 \qquad ①$$

$$I_1 = I_2 + I_B \qquad ②$$

式②を式①に代入すると

$$V_{CC} = R_1(I_2 + I_B) + R_2 I_2 = R_1 I_B + (R_1 + R_2)I_2$$

$$\therefore\ I_2 = \dfrac{V_{CC} - R_1 I_B}{R_1 + R_2}$$

11.4

(1) $I_E = I_B + I_C \fallingdotseq I_C$

回路図の R_1, R_2，ベース端子をつなぐ節点P，およびエミッタ端子点Qの電位を求める。図より，$I_1 = I_B + I_2$ ところが，題意から，$I_B \ll I_1$, I_2 であるから，$I_1 \fallingdotseq I_2$ したがって

$$I_2 = \dfrac{V_{CC}}{R_1 + R_2} = \dfrac{15}{(400 + 100) \times 10^3} = 0.03 \times 10^{-3}\,\text{A}$$

$$\therefore\ V_P = I_2 R_2 = 0.03 \times 10^{-3} \times 100 \times 10^3 = 3\,\text{V}$$

点Qの電位は点Pの電位より 0.8 V 低いので

$$V_Q = 3 - 0.8 = 2.2\,\text{V}$$

$$\therefore\ I_E = \dfrac{V_Q}{R_E} = \dfrac{2.2}{10^3} = 2.2 \times 10^{-3}\,\text{A}$$

出力側回路に電圧則を適用すると

$$V_{CC} = I_C R_C + V_{CE} + I_E R_E$$

$$\therefore\ V_{CE} \fallingdotseq V_{CC} - (R_C + R_E)I_C$$

$$= 15 - (4 + 1) \times 10^3 \times 2.2 \times 10^{-3} = 4\,\text{V}$$

(2) コレクタ電流に対する直流負荷は $R_C + R_E = 5\,\text{k}\Omega$，交流負荷は $R_C R_L / (R_C + R_L) = 1.4\,\text{k}\Omega$，動作点は $V_{CEQ} = 4\,\text{V}$，$I_{CQ} = 2.2\,\text{mA}$ であるので，直流負荷線および交流負荷線はそれぞれ解図 3.1 のように描くことができる。

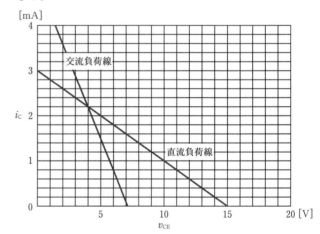

解図 3.1

(3) 信号の周波数は 5 kHz であるので中域と考えてよい。中域での信号等価回路は図 3.2 で示されている。したがって，図 3.2 におけるベース信号電流 i_b は

$$i_b = \dfrac{v_i}{h_{ie}} = \dfrac{2 \times 10^{-3} \times \sin(10^4 \pi t)}{10^3}$$

$$= 2 \times 10^{-6} \times \sin(10^4 \pi t)\,[\text{A}]$$

$$= 2\sin(10^4 \pi t)\,[\mu\text{A}]$$

対応するコレクタ信号電流 i_c は

$$i_c = h_{fe} i_b = 60 \times 2\sin(10^4 \pi t)\,[\mu\text{A}]$$

$$= 0.12\sin(10^4 \pi t)\,[\text{mA}]$$

i_C は，I_C と i_c を足し合わせた電流であり，本題では $I_C = I_{CQ} = 2.2\,\text{mA}$ であるので

$$i_C = I_C + i_c = 2.2 + 0.12\sin(10^4 \pi t)\,[\text{mA}]$$

11.5

11.4(1)の結果から，動作点電流 I_{CQ} は

$$I_{CQ} = \frac{2.2}{R_E} \text{ [A]} \qquad ①$$

一方，動作点を通る交流負荷線は式(3-5)で表され

$$v_{CE} = V_{CC} - I_{CQ}(R_C + R_E) - i_c(R_C/\!/R_L) \qquad ②$$

最適条件は交流負荷線の中点が動作点に一致することでえられる。このとき，$v_{CE} = 0$ で $i_c = I_{CQ}$ となる。このことを式②に適用すると

$$0 = V_{CC} - I_{CQ}(R_C + R_E) - I_{CQ}(R_C/\!/R_L)$$

$$\therefore \quad I_{CQ} = \frac{V_{CC}}{R_C + R_E + (R_C/\!/R_L)} \qquad ③$$

式③に式①を適用すると

$$\frac{2.2}{R_E} = \frac{V_{CC}}{R_C + R_E + (R_C/\!/R_L)}$$

$$R_C + R_E + \frac{R_C R_L}{R_C + R_L} = \frac{V_{CC} R_E}{2.2}$$

数値代入して（抵抗の単位は [kΩ]）

$$4 + R_E + \frac{4 \times 6}{4 + 6} = \frac{15 R_E}{2.2}$$

これより

$$R_E = 1.1 \text{ kΩ}$$

11.6

トランジスタのコレクタに流れ込む電流の最大振幅 I_{op} は式(3-7)から

$$I_{op} = I_{CQ} = \frac{V_{CC}}{2R_C + R_E} \qquad ①$$

で与えられる。したがって，コレクタ電圧の最大振幅 V_{op} は

$$V_{op} = V_{CEQ} = \frac{R_C}{2R_C + R_E} V_{CC} \qquad ②$$

となる。したがって，抵抗 R_C で消費される交流電力の最大値 P_{Lmax} は

$$P_{Lmax} = \frac{V_{op}}{\sqrt{2}} \cdot \frac{I_{op}}{\sqrt{2}} = \frac{1}{2} \cdot \frac{R_C V_{CC}{}^2}{(2R_C + R_E)^2} \qquad ③$$

で与えられる。

一方，直流電源から抵抗 R_C に供給される直流電力 P_{dc} は，バイアス抵抗 R_1，R_2 に流れる電流を無視すれば

$$P_{dc} \fallingdotseq V_{CC} I_{CQ} = \frac{V_{CC}{}^2}{2R_C + R_E} \qquad ④$$

となる。それゆえ，P_{Lmax} と P_{dc} の比で定義される電力効率の最大値 η_{max} は

$$\eta_{max} = \frac{P_{Lmax}}{P_{dc}} \fallingdotseq \frac{1}{2} \cdot \frac{R_C}{2R_C + R_E} \qquad ⑤$$

となり，$R_E \ll R_C$ とすれば

$$\eta_{max} \fallingdotseq \frac{1}{4} \qquad ⑥$$

となる。すなわち，電源から供給される電力のうち最大25 % が信号電力として負荷抵抗に与えられることになる。もちろん，信号の振幅がこれより小さいときや図

3.1 のように負荷が並列回路のときの電力効率はこれ以下になる。エネルギー変換効率の観点からはあまりいい増幅回路とはいえない。

12.1

低域で入力側に換算される帰還インピーダンスは

$h_{fe}\left(R_E // \dfrac{1}{j\omega C_E}\right)$ であるから

$$\left|\frac{h_{fe}R_E}{h_{fe}\left(R_E // \dfrac{1}{j\omega C_E}\right)}\right| = \frac{h_{fe}R_E}{h_{fe}\sqrt{R_E^2 + \left(\dfrac{1}{\omega C_E}\right)^2}}$$

$$= \frac{1}{\sqrt{1 + \left(\dfrac{1}{\omega C_E R_E}\right)^2}}$$

したがって

$$\frac{1}{\sqrt{1 + \left(\dfrac{1}{\omega C_E R_E}\right)^2}} = \frac{1}{\sqrt{2}}$$

を満たす $f\left(=\dfrac{\omega}{2\pi}\right)$ が低域遮断周波数 f_{l1} となる。それゆえ

$$f_{l1} = \frac{1}{2\pi C_E R_E} \tag{3-9}$$

また，C_o と R_i の関係は解図3.2のように表されるので

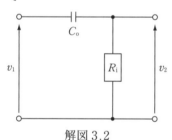

解図 3.2

$$v_2 = \frac{R_i}{R_i + \dfrac{1}{j\omega C_o}} v_1$$

$$\left|\frac{v_2}{v_1}\right| = \frac{1}{\sqrt{1 + \left(\dfrac{1}{\omega C_o R_i}\right)^2}}$$

したがって

$$\frac{1}{\sqrt{1 + \left(\dfrac{1}{\omega C_o R_i}\right)^2}} = \frac{1}{\sqrt{2}}$$

を満たす $f\left(=\dfrac{\omega}{2\pi}\right)$ が低域遮断周波数 f_{l2} となる。それゆえ

$$f_{l2} = \frac{1}{2\pi C_o R_i} \tag{3-10}$$

12.2

式(3-11)および式(3-12)を適用できる。

$$C_{E1} = \frac{1}{2\pi f_1 R_{E1}} \tag{3-11}$$

$$C_{E2} = \frac{1}{2\pi f_1 R_{E2}} \tag{3-12}$$

数値代入して

$$C_{E1} = \frac{1}{2\pi \times 50 \times 10^3} \fallingdotseq 3.2 \times 10^{-6}\,\mathrm{F} = 3.2\,\mu\mathrm{F}$$

$$C_{E2} = \frac{1}{2\pi \times 50 \times 0.5 \times 10^3} \fallingdotseq 6.4 \times 10^{-6}\,\mathrm{F} = 6.4\,\mu\mathrm{F}$$

12.3

(1) C_{os} はソース－ドレーン間容量 C_{DS} と出力側回路（ソース－ドレーン間）における配線による漂遊容量とを加えたものである。通常，C_o は 0.01 μF ～ 0.5 μF 程度の値であるが，C_{os} は 10 pF 前後の小さい値となる。図示した以外の容量としてゲート－ドレーン間の静電容量 C_{GD} があり，入力から出力に直接信号を通過させる働きがあるが，この量は FET の増幅電圧に比べ $\dfrac{1}{1000}$ あるいはそれ以下になるので，ここでは省略している。

中域では C_o のリアクタンスは抵抗 R_L に比べて非常に小さくなり，また，C_{os} のリアクタンスは r_d，R_D および R_L の並列合成抵抗に比べて非常に大きくなるので，いずれも省略できる。したがって，等価回路は演図3.5(b)のように表される。

低域になると C_{os} は省略できるが，C_o は省略できなくなる。したがって，等価回路は演図3.5(a)のように表される。

高域では C_o のリアクタンスは0と考えられるが，容量 C_{os} は省略できなくなる。したがって，等価回路は演図3.5(c)のように表される。

(2) 中域での電圧利得増幅度 A_{vm} は演図3.5(b)から

$$A_{vm} = \frac{v_o}{v_i} = -g_m R_p \tag{①}$$

ここで，

$$R_p = r_d // R_D // R_L$$

$$= \frac{r_d R_D R_L}{r_d R_D + R_D R_L + R_L r_d} \tag{②}$$

で与えられる。

低域の等価回路（演図3.5(a)）から，出力負荷抵抗 R_L に流れる電流 i_o は

$$i_o = \frac{-g_m v_i (r_d // R_D)}{(r_d // R_D) + R_L + \dfrac{1}{j\omega C_o}} \tag{③}$$

となる。ここで，

$$R_1 \equiv (r_d // R_D) + R_L$$

$$= \frac{r_\mathrm{d} R_\mathrm{D}}{r_\mathrm{d} + R_\mathrm{D}} + R_\mathrm{L} \qquad ④$$

とおくと，R_p と R_1 の関係は

$$R_\mathrm{p} = \frac{r_\mathrm{d} R_\mathrm{D} R_\mathrm{L}}{R_1 (r_\mathrm{d} + R_\mathrm{D})} \qquad ⑤$$

で表される。したがって，低域での電圧増幅度 A_v1 は

$$A_\mathrm{v1} = \frac{i_o R_\mathrm{L}}{v_i} = \frac{-g_\mathrm{m} R_\mathrm{p}}{1 + \dfrac{1}{\mathrm{j}\omega C_\mathrm{o} R_1}}$$

$$= \frac{A_\mathrm{vm}}{1 + \dfrac{1}{\mathrm{j}\omega C_\mathrm{o} R_1}} \qquad ⑥$$

で与えられる。ここで，

$$\omega_1 = \frac{1}{C_\mathrm{o} R_1} \quad \left(f_1 = \frac{1}{2\pi C_\mathrm{o} R_1} \right) \qquad ⑦$$

とおくと，A_v1 は次のように表される。

$$A_\mathrm{v1} = \frac{A_\mathrm{vm}}{1 - \mathrm{j}\dfrac{f_1}{f}} \qquad ⑧$$

高域の等価回路（演図 3.5(c)）においてはコンデンサ C_os の効果を考慮する必要がある。したがって，高域での電圧増幅度 A_vh は

$$A_\mathrm{vh} = \frac{-g_\mathrm{m} R_\mathrm{p}}{1 + \mathrm{j}\omega C_\mathrm{os} R_\mathrm{p}} = \frac{A_\mathrm{vm}}{1 + \mathrm{j}\omega C_\mathrm{os} R_\mathrm{p}} \qquad ⑨$$

で与えられる。ここで，

$$\omega_\mathrm{h} = \frac{1}{C_\mathrm{os} R_\mathrm{p}} \left(f_\mathrm{h} = \frac{1}{2\pi C_\mathrm{os} R_\mathrm{p}} \right) \qquad ⑩$$

とおくと，A_vh は次のように表される。

$$A_\mathrm{vh} = \frac{A_\mathrm{vm}}{1 + \mathrm{j}\dfrac{f}{f_\mathrm{h}}} \qquad ⑪$$

そこで，式②，式①に数値代入して A_vm を求めると

$$A_\mathrm{vm} = -120$$

また，式④，⑦に数値代入して f_1 を求めると

$$f_1 ≒ 5 \text{ Hz}$$

式⑤，式⑩に数値代入して f_h を求めると

$$f_\mathrm{h} ≒ 530 \text{ kHz}$$

12.4

(1)電圧増幅度および最適バイアス条件から，2 段目の増幅回路の出力回路定数を決定する。2 段目の増幅回路の電圧増幅度 A_v2 は

$$A_\mathrm{v2} = -\frac{h_\mathrm{fe2}(R_\mathrm{C2}//R_\mathrm{L})}{h_\mathrm{ie2} + h_\mathrm{fe2} R_\mathrm{Eb}} \qquad ①$$

で与えられる。数値代入により R_Eb は次のように得られる。

$$R_\mathrm{Eb} = \frac{R_\mathrm{C2}//R_\mathrm{L}}{|A_\mathrm{v2}|} - \frac{h_\mathrm{ie2}}{h_\mathrm{fe2}} ≒ 110 \text{ }\Omega$$

負荷線の式は

$$v_\mathrm{CE} = V_\mathrm{CEQ} + v_\mathrm{ce}$$
$$= V_\mathrm{CC} - I_\mathrm{CQ}(R_\mathrm{C2} + R_\mathrm{Eb} + R_\mathrm{E2}) - i_\mathrm{c}[R_\mathrm{Eb} + (R_\mathrm{C2}//R_\mathrm{L})]$$

$$②$$

で表され，最大効率が得られる条件として，$v_\mathrm{CE} = 0$ のとき，$I_\mathrm{C} = I_\mathrm{CQ}$，$i_\mathrm{c} = I_\mathrm{CQ}$ となるので，式②において

$$0 = V_\mathrm{CC} - I_\mathrm{CQ}(R_\mathrm{C2} + R_\mathrm{Eb} + R_\mathrm{E2}) - I_\mathrm{CQ}(R_\mathrm{Eb} + (R_\mathrm{C2}//R_\mathrm{L}))$$

したがって，このときの動作点電流 I_CQ は

$$I_\mathrm{CQ} = \frac{V_\mathrm{CC}}{R_\mathrm{C2} + 2R_\mathrm{Eb} + R_\mathrm{E2} + (R_\mathrm{C2}//R_\mathrm{L})} \qquad ③$$

となる。したがって，R_E2 は次のようにえられる。

$$R_\mathrm{E2} = \frac{V_\mathrm{CC}}{I_\mathrm{CQ}} - [R_\mathrm{C2} + R_\mathrm{Eb} + (R_\mathrm{C2}//R_\mathrm{L})] ≒ 2.5 \text{ k}\Omega$$

(2)バイアス回路としてみた場合には電圧分割バイアス回路になっており，このバイアス手法から 2 段目の増幅回路の入力回路定数を決定する。

題意より $\dfrac{\Delta I_\mathrm{CQ}}{I_\mathrm{CQ}} = 0.1$，$\dfrac{\Delta h_\mathrm{FE}}{h_\mathrm{FE}} = 1.5$ であるから，h_FE の安定指数 $k(=(\Delta I_\mathrm{C}/I_\mathrm{C})/(\Delta h_\mathrm{FE}/h_\mathrm{FE}))$ は $k ≒ 0.067$ となる。一方，k は

$$k = \frac{1}{1 + h_\mathrm{FE2}' \dfrac{R_\mathrm{Eb} + R_\mathrm{E2}}{R_3 // R_4}} \qquad ④$$

で表される。数値代入により $R_3 // R_4$ は次のようにえられる。

$$R_3 // R_4 = \frac{h_\mathrm{FE2}'(R_\mathrm{Eb} + R_\mathrm{E2})}{\dfrac{1}{k} - 1} ≒ 28 \text{ k}\Omega$$

また，Tr_2 のベース電位 V_B2 は

$$V_\mathrm{B2} = \frac{R_4}{R_3 + R_4} V_\mathrm{CC} = \frac{R_3 // R_4}{R_3} V_\mathrm{CC} \qquad ⑤$$

で表されるので，コレクタ電流 I_C2 は

$$I_\mathrm{C2} = \frac{\dfrac{R_3 // R_4}{R_3} V_\mathrm{CC} - V_\mathrm{BE2}}{(R_\mathrm{Eb} + R_\mathrm{E2}) + \dfrac{R_3 // R_4}{h_\mathrm{FE2}}} \qquad ⑥$$

で与えられる。式⑥を R_3 について解き，数値代入すると

$$R_3 = \frac{(R_3 // R_4) V_\mathrm{CC}}{I_\mathrm{C2}\left(R_\mathrm{Eb} + R_\mathrm{E2} + \dfrac{R_3 // R_4}{h_\mathrm{FE2}} \right) + V_\mathrm{BE2}} ≒ 54 \text{ k}\Omega$$

それゆえ，

$$R_4 = \frac{R_3 (R_3 // R_4)}{R_3 - (R_3 // R_4)} ≒ 58 \text{ k}\Omega$$

(3)1 段目の増幅回路の等価負荷インピーダンスを求めるために，2 段目の増幅回路の入力インピーダンスを求める。

バイアス抵抗を取り除いた場合の Tr_2 の入力インピーダンスを R_i2' とすれば

$$R_\mathrm{i2}' = h_\mathrm{ie2} + h_\mathrm{fe2} R_\mathrm{Eb} \qquad ⑦$$

数値代入して

$$R_\mathrm{i2}' ≒ 7.6 \text{ k}\Omega$$

1段目の増幅回路の出力端子から2段目の増幅回路をみた入力インピーダンスを R_{i2} とすれば

$$R_{i2}=R_{i2}'//R_3//R_4$$
$$=\frac{R_{i2}'R_3R_4}{R_{i2}'R_3+R_3R_4+R_4R_{i2}'} \qquad \text{⑧}$$

数値代入して

$$R_{i2}≒6.0\text{ k}\Omega$$

(4) 1段目の増幅回路の電圧利得 A_{v1} は

$$|A_{v1}|=\frac{|A_v|}{|A_{v2}|}≒12.5$$

また，式(3-8)で表されるように

$$|A_{v1}|=\frac{h_{fe1}(R_{C1}//R_{i2})}{h_{ie1}+h_{fe1}R_{Ea}}$$

これを R_{Ea} について解き，数値代入すると

$$R_{Ea}=\frac{R_{C1}//R_{i2}}{|A_{v1}|}-\frac{h_{ie1}}{h_{fe1}}≒50\ \Omega$$

最大出力電圧をえる条件は式③と同様に

$$I_{CQ}=\frac{V_{CC}}{2(R_{C1}+R_{Ea})+R_{E1}} \qquad \text{⑨}$$

で与えられる。式⑨を R_{E1} について解き，数値代入すると次のようにえられる。

$$R_{E1}=\frac{V_{CC}}{I_{CQ}}-2(R_{C1}+R_{Ea})≒2.4\text{ k}\Omega$$

(5) バイアス抵抗 R_1, R_2 を取り除いたときの Tr_1 の入力インピーダンスを R_{i1}' とすれば

$$R_{i1}'=h_{ie1}+h_{fe1}R_{Ea} \qquad \text{⑩}$$

数値代入して

$$R_{i1}'=4.0\text{ k}\Omega$$

R_1, R_2 も含めた1段目の増幅回路の入力インピーダンスを R_{i1} とすれば

$$R_{i1}=R_{i1}'//R_1//R_2 \qquad \text{⑪}$$

$R_{i1}=1.5\text{ k}\Omega$ という設計条件があるので

$$R_1//R_2=\frac{R_{i1}'R_{i1}}{R_{i1}'-R_{i1}}≒2.4\text{ k}\Omega$$

にならなければならない。また，(2)の場合と同様に，バイアス条件は

$$R_1=\frac{(R_1//R_2)V_{CC}}{I_{C1}\left(R_{Ea}+R_{E1}+\dfrac{R_1//R_2}{h_{FE1}}\right)+V_{BE1}} \qquad \text{⑫}$$

で表され，数値代入により

$$R_1≒5.8\text{ k}\Omega$$

したがって，R_2 は次のように求められる。

$$R_2=\frac{R_1(R_1//R_2)}{R_1-(R_1//R_2)}≒4.1\text{ k}\Omega$$

(6) バイパスコンデンサ C_{E1}, C_{E2} の容量値は式(3-11)，式(3-12)から

$$C_{E1}=\frac{1}{2\pi f_1 R_{E1}}$$

$$C_{E2}=\frac{1}{2\pi f_1 R_{E2}}$$

結合コンデンサ C_{o1}, C_{o2} の容量値は式(3-13)，式(3-14)から

$$C_{o1}=\frac{1}{2\pi f_1 R_{i1}}$$

$$C_{o2}=\frac{1}{2\pi f_1 R_{i2}}$$

で表されるので，数値代入によりそれぞれ次のようにえられる。

$$C_{E1}≒0.22\ \mu\text{F},\quad C_{E2}≒0.21\ \mu\text{F},\quad C_{o1}≒0.35\ \mu\text{F},$$
$$C_{o2}≒0.096\ \mu\text{F}$$

ドリル No.13　解　答

13.1

R_{i2} は 2 段目の増幅回路，すなわち，エミッタホロワの入力インピーダンスであるが，一般には h_{ie2}，R_{E2} ともに 1 kΩ 程度であるので

$$R_{i2} = h_{ie2} + h_{fe2}R_{E2}$$
$$\fallingdotseq h_{fe2}R_{E2}$$

となる。また，1 段目のエミッタ接地段の負荷抵抗は図 4.2(b) から R_{C1} と R_{i2} の並列合成抵抗となるが，一般には $R_{C1} \ll R_{i2}$ であるので，$R_{C1}//R_{i2} \fallingdotseq R_{C1}$ となり，R_{i2} の効果を無視できる。

したがって，エミッタ接地段（1 段目）の電圧増幅度 A_{v1} は

$$A_{v1} = \frac{v_{o1}}{v_i} = \frac{-h_{fe1}i_{b1}(R_{C1}//R_{i2})}{h_{ie1}i_{b1}} \fallingdotseq -\frac{h_{fe1}}{h_{ie1}}R_{C1} \qquad (4\text{-}1)$$

13.2

信号等価回路から

$$v_i \fallingdotseq (h_{ie1} + h_{fe1}R_{E1})i_{b1} \qquad ①$$
$$v' = -R_{C1}(h_{fe1}i_{b1} + i_{b2})$$
$$\fallingdotseq (h_{ie2} + h_{fe2}R_{E2})i_{b2} \qquad ②$$
$$v_o = -R_{C2}h_{fe2}i_{b2} \qquad ③$$

式②を整理して i_{b1} と i_{b2} の関係を求めると

$$i_{b2} = \frac{-h_{fe1}R_{C1}}{R_{C1} + h_{ie2} + h_{fe2}R_{E2}}i_{b1} \qquad ④$$

となる。これを式③に代入すると

$$v_o = \frac{h_{fe1}h_{fe2}R_{C1}R_{C2}}{R_{C1} + h_{ie2} + h_{fe2}R_{E2}}i_{b1} \qquad ⑤$$

がえられる。式①と式⑤より，回路全体の電圧増幅度 A_v は

$$A_v = \frac{v_o}{v_i} = \frac{h_{fe1}h_{fe2}R_{C1}R_{C2}}{(R_{C1} + h_{ie2} + h_{fe2}R_{E2})(h_{ie1} + h_{fe1}R_{E1})}$$
$$= \frac{-h_{fe1}R_{C1}}{h_{ie1} + h_{fe1}R_{E1}} \cdot \frac{-h_{fe2}R_{C2}}{R_{C1} + h_{ie2} + h_{fe2}R_{E2}} \qquad (4\text{-}3)$$

13.3

(1) $V_{CC} \rightarrow R_{C1} \rightarrow Tr_2 \rightarrow R_{E2} \rightarrow R_{E3} \rightarrow$ 接地という回路（閉回路）に，キルヒホッフの電圧則を適用すると次式をえる。

$$V_{CC} = \left(I_{C1} + \frac{I_{C2}}{h_{FE2}}\right)R_{C1} + V_{BE2} + \left(1 + \frac{1}{h_{FE2}}\right)I_{C2}R_{E2}$$
$$+ \left[\left(1 + \frac{1}{h_{FE2}}\right)I_{C2} - \frac{I_{C1}}{h_{FE1}}\right]R_{E2} \qquad ①$$

また，Tr_1 のベース電位 V_{B1} と V_F の関係は次のように表される。

$$V_F = \left[\left(1 + \frac{1}{h_{FE2}}\right)I_{C2} - \frac{I_{C1}}{h_{FE1}}\right]R_{E3}$$
$$V_{B1} = V_{BE1} + \left(1 + \frac{1}{h_{FE1}}\right)I_{C1}R_{E1} \qquad ②$$
$$V_F - V_{B1} = R_F\frac{I_{C1}}{h_{FE1}}$$

式①を I_{C1}，I_{C2} について整理すると次式を得る。

$$\left(R_{C1} - \frac{R_{E3}}{h_{FE1}}\right)I_{C1} + \left[\left(1 + \frac{1}{h_{FE2}}\right)(R_{E2} + R_{E3}) + \frac{R_{C1}}{h_{FE2}}\right]I_{C2}$$
$$= V_{CC} - V_{BE2} \qquad ③$$

同様に，式②を整理すると次のようになる。

$$-\left[\left(1 + \frac{1}{h_{FE1}}\right)R_{E1} + \frac{R_F + R_{E3}}{h_{FE1}}\right]I_{C1} + \left(1 + \frac{1}{h_{FE1}}\right)R_{E3}I_{C2}$$
$$= V_{BE1} \qquad ④$$

式③，式④において，h_{FE1}，$h_{FE2} \gg 1$，$R_{C1} \gg R_{E3}/h_{FE1}$，$R_F \gg R_{E3}$ を考慮すると，それぞれ次のような近似式をえる。

$$R_{C1}I_{C1} + \left(R_{E2} + R_{E3} + \frac{R_{C1}}{h_{FE2}}\right)I_{C2} \fallingdotseq V_{CC} - V_{BE2} \qquad ⑤$$

$$-\left(R_{E1} + \frac{R_F}{h_{FE1}}\right)I_{C1} + R_{E3}I_{C2} \fallingdotseq V_{BE1} \qquad ⑥$$

式⑥から

$$I_{C2} = \frac{1}{R_{E3}}\left[\left(R_{E1} + \frac{R_F}{h_{FE1}}\right)I_{C1} + V_{BE1}\right] \qquad ⑦$$

式⑦を式⑤に代入し，I_{C1} について解くと次式が得られる。

$$I_{C1} = \frac{V_{CC} - V_{BE2} - \left[1 + \frac{R_{E2} + \frac{R_{C1}}{h_{FE2}}}{R_{E3}}\right]V_{BE1}}{R_{C1} + \left(R_{E1} + \frac{R_F}{h_{FE1}}\right)\left[1 + \frac{R_{E2} + \frac{R_{C1}}{h_{FE2}}}{R_{E3}}\right]} \qquad ⑧$$

(2) 式⑥に $I_{C1} = 0.1$ mA，$I_{C2} = 1$ mA，$R_F = 120$ kΩ，$h_{FE1} = 100$，$V_{BE1} = 0.6$ V を代入すると，R_{E1} と R_{E3} の関係は

$$R_{E1} = 10(R_{E3} - 0.72) \qquad ⑥'$$

で表され（抵抗は [kΩ]，電流は [mA] で代入），$R_{E1} > 0$ であるから，$R_{E3} > 0.72$ kΩ でなければならない。一方，1 段目の増幅回路の電圧増幅度 A_{v1} は図 4.4 から

$$A_{v1} = \frac{v'}{v_i} \fallingdotseq -\frac{h_{fe1}(R_{C1}//R_{i2})}{h_{ie1} + h_{fe1}R_{E1}} \qquad ⑨$$

で表され，電圧増幅度を大きくするためには R_{E1} はできるだけ小さい方が望ましい。

そこで，$R_{E3} = 0.8$ kΩ に選定して，設計を進めることにする。式⑥' に $R_{E3} = 0.8$ kΩ を代入すると $R_{E1} = 0.8$ kΩ

がえられる。

つぎに，最適バイアス条件は式(3-7)を参考にして次式を得る。

$$I_{CQ} = \frac{V_{CC}}{2(R_{C2}+R_{E2})+R_{E3}}$$

$$= \frac{12}{2(R_{C2}+R_{E2})+0.8} = 1 \qquad (3\text{-}7)'$$

また，図4.4から，2段目の増幅回路の電圧増幅度 A_{v2} は

$$A_{v2} = -\frac{h_{fe2}R_{C2}}{h_{ie2}+h_{fe2}R_{E2}} \qquad \text{⑩}$$

で与えられるので，題意から次式を得る。

$$\frac{R_{C2}}{0.01+R_{E2}} = 15 \qquad \text{⑩}'$$

式 (3-7)'，式 ⑩' を連立方程式として解くと，$R_{E2} \fallingdotseq 0.34\,\mathrm{k\Omega}$，$R_{C2} \fallingdotseq 5.3\,\mathrm{k\Omega}$ が得られる。

つぎに，これらの回路定数を式⑤に代入して R_{C1} を求めると，$R_{C1} \fallingdotseq 93\,\mathrm{k\Omega}$ となる。C_E の容量値は，式 (3-11)から

$$C_E = \frac{1}{2\pi f_1(R_{E2}//R_{E3})}$$

で表され，数値代入により，$C_E \fallingdotseq 67\,\mu\mathrm{F}$ となる。

(3)決定した回路定数をもとに，式⑧を用いて I_{C1} を計算すると，$I_{C1} \fallingdotseq 0.10\,\mathrm{mA}$ となる。また，この値を式⑦に代入すると，$I_{C2} \fallingdotseq 1.0\,\mathrm{mA}$ がえられ，設定通りの値になることが確認できる。

i) $h_{FE1}=100$，$h_{FE2}=100 \rightarrow 200$ の場合

　$I_{C1}' \fallingdotseq 0.105\,\mathrm{mA}$，$I_{C2}' \fallingdotseq 1.01\,\mathrm{mA}$ になるので，

$$\frac{\Delta I_{C1}}{I_{C1}} \fallingdotseq 0.05\,(=5\,\%)，\quad \frac{\Delta I_{C2}}{I_{C2}} \fallingdotseq 0.01\,(=1\,\%)$$

ii) $h_{FE2}=100$，$h_{FE1}=100 \rightarrow 200$ の場合

　$I_{C1}' \fallingdotseq 0.102\,\mathrm{mA}$，$I_{C2}' \fallingdotseq 0.929\,\mathrm{mA}$ になるので，

$$\frac{\Delta I_{C1}}{I_{C1}} \fallingdotseq 0.02\,(=2\,\%)，\quad \frac{\Delta I_{C2}}{I_{C2}} \fallingdotseq -0.07\,(=-7\,\%)$$

14.1

図 4.5 の回路図から次式がえられる。

$$i_{c1} = h_{fe1} i_{b1} \tag{①}$$

$$i_{e1} \fallingdotseq h_{fe1} i_{b1} \fallingdotseq i_{b2} \tag{②}$$

$$i_{c2} = h_{fe2} i_{b2} \fallingdotseq h_{fe2} h_{fe1} i_{b1} \tag{③}$$

$$\therefore \quad i_c = i_{c1} + i_{c2} \fallingdotseq h_{fe1} i_{b1} + h_{fe2} h_{fe1} i_{b1}$$
$$= h_{fe1}(1 + h_{fe2}) i_{b1}$$
$$\fallingdotseq h_{fe1} h_{fe2} i_{b1} \tag{④}$$

したがって，回路全体の電流増幅率を h_{fe} とすると

$$h_{fe} = \frac{i_c}{i_{b1}} \fallingdotseq h_{fe1} h_{fe2} \tag{4-5}$$

14.2

式 (4-9) に数値代入すると

$$R_L = \frac{2000 \times \left(1 + \frac{200//400}{400}\right) + 100 \times (200//400)}{1 + \frac{2000}{400}} \fallingdotseq 2.7 \text{ k}\Omega$$

一方，C_B がない場合の負荷抵抗 R_{L0} は

$$R_{L0} = (R_1 + R_2)//(h_{ie2} + h_{fe2} R_E) \fallingdotseq 770 \ \Omega$$

となり，ブートストラップ効果により負荷抵抗は約 3.5 倍に大きくなる。

14.3

数値代入して

$$\frac{kT}{e} = \frac{1.38 \times 10^{-23} \times 300}{1.6 \times 10^{-19}} \fallingdotseq 0.026 \text{ V} = 26 \text{ mV}$$

14.4

h パラメータと α，β の関係（ドリル No.5 の問題 5.4 参照），および $r_b \ll h_{fe} r_e$ であることから

$$h_{ie} \fallingdotseq h_{fe} r_e$$

14.5

(1) 演図 4.1 の点 B，E 間の電圧を V_{BE} とすると

$$V_{CC} = R_B I_B + V_{BE} + R_E I_E$$

$$I_E \fallingdotseq h_{fe1} h_{fe2} I_B$$

V_{BE} は，2 つのエミッタのオフセット電圧（0.6 V）の和であるから，1.2 V となる。

よって

$$I_B = \frac{V_{CC} - V_{BE}}{R_B + h_{fe1} h_{fe2} R_E} = \frac{12 - 1.2}{(2 \times 10^6) + (50 \times 100 \times 500)}$$
$$= 2.4 \ \mu\text{A}$$

$$I_E \fallingdotseq 50 \times 100 \times 2.4 \times 10^{-6} = 12 \text{ mA}$$

$$V_E = R_E I_E = 500 \times 12 \times 10^{-3} = 6.0 \text{ V}$$

$$V_B = V_E + V_{BE} = 6.0 + 1.2 = 7.2 \text{ V}$$

(2) まず，Tr_1 の入力インピーダンス h_{ie1} を算出する。

I_{E1} は

$$I_{E1} \fallingdotseq h_{fe1} \times I_B = 50 \times 2.4 \times 10^{-6} = 0.12 \text{ mA}$$

それゆえ

$$r_{e1} = \frac{0.026}{I_E} = \frac{26}{0.12} \fallingdotseq 217 \ \Omega$$

$$\therefore \quad h_{ie1} \fallingdotseq h_{fe1} r_{e1} = 50 \times 217 \fallingdotseq 10.9 \text{ k}\Omega$$

したがって，電圧増幅率 $|A_v|$ は

$$|A_v| \fallingdotseq \left| -\frac{h_{fe1} h_{fe2} R_E}{h_{ie1} + h_{fe1} h_{fe2} R_E} \right| = \left| -\frac{5000 \times 0.5}{10.9 + 5000 \times 0.5} \right|$$
$$\fallingdotseq 0.996$$
$$\fallingdotseq 1$$

となり，エミッターホロワー回路になっていることがわかる。

(3) Z_i，Z_o は，それぞれ次式で表される。

$$Z_i = R_B//(h_{ie1} + h_{fe1} h_{fe2} R_E)$$

$$Z_o \fallingdotseq \frac{[(R_s//R_B) + r_{e1}] i_b}{h_{fe1} h_{fe2} i_b} = \frac{(R_s//R_B) + r_{e1}}{h_{fe1} h_{fe2}}$$

数値代入して

$$Z_i = \frac{2000 \times (10.9 + 5000 \times 0.5) \times 10^3}{2000 + (10.9 + 5000 \times 0.5)}$$
$$\fallingdotseq 1.11 \times 10^6 \ \Omega$$
$$= 1.11 \text{ M}\Omega$$

$$R_s//R_B = \frac{R_s R_B}{R_s + R_B} = \frac{2 \times 2000 \times 10^3}{2 + 2000} \fallingdotseq 2.0 \times 10^3 \ \Omega$$
$$= 2 \text{ k}\Omega$$

$$\therefore \quad Z_o = \frac{(2 + 0.22) \times 10^3}{5000} \fallingdotseq 0.44 \ \Omega$$

となり，入力インピーダンスは極めて高く，出力インピーダンスは極めて低いことがわかる。

ドリル No.15　解　答

15.1

トランス T_2 の電圧，電流を解図5.1のように設定し，一次側の電流によって生じた磁束 ϕ は，すべて二次側巻線を鎖交すると仮定すると，ファラデーの法則から

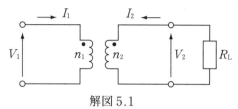

解図5.1

$$V_1 = n_1 \frac{\mathrm{d}\phi}{\mathrm{d}t}, \quad V_2 = n_2 \frac{\mathrm{d}\phi}{\mathrm{d}t} \qquad ①$$

となり

$$\frac{V_1}{V_2} = \frac{n_1}{n_2} \qquad ②$$

の関係がえられる。また，閉磁路内の起磁力は0でなければならないので，

$$n_1 I_1 + n_2 I_2 = 0 \qquad ③$$

となる。式②と式③から

$$\frac{V_1}{V_2} = -\frac{I_2}{I_1} = \frac{n_1}{n_2} \qquad ④$$

一次側からみたインピーダンス R_L' は

$$R_L' = \frac{V_1}{I_1} = \frac{(n_1/n_2)V_2}{-(n_2/n_1)I_2} \qquad ⑤$$

また，$I_2 = -V_2/R_L$ であるので

$$R_L' = (n_1/n_2)^2 R_L \qquad (5\text{-}1)$$

となる。

15.2

最適バイアス点Qは，交流負荷線の中点にとらなければならない。したがって，この動作点Qにおける電流 I_{CQ} は

$$I_{CQ} = \frac{V_{CC}}{R_E + R_L'} \qquad ①$$

となる。このときの動作電圧 V_{CEQ} は，式(5-2)と式①より

$$V_{CEQ} = \frac{R_L'}{R_E + R_L'} V_{CC} \qquad ②$$

で表される。したがって，コレクタ端子における最大出力電流 I_{op} および最大出力電圧 V_{op} はそれぞれ

$$I_{op} = I_{CQ}, \quad V_{op} = V_{CEQ} \qquad ③$$

負荷抵抗 R_L における電流，電圧の最大値をそれぞれ I_{op}'，V_{op}' とすれば，それぞれ

$$I_{op}' = \frac{n_1}{n_2} I_{op}, \quad V_{op}' = \frac{1}{(n_1/n_2)} V_{op} \qquad ④$$

であるから，負荷抵抗で消費される信号分の最大電力を

P_{Lmax} とすれば

$$P_{Lmax} = \frac{V_{op}'}{\sqrt{2}} \cdot \frac{I_{op}'}{\sqrt{2}} = \frac{1}{2}\left[\left(\frac{n_1}{n_2}\right)I_{op}\right]\left[\frac{V_{op}}{\left(\frac{n_1}{n_2}\right)}\right]$$

$$= \frac{1}{2} I_{CQ} V_{CEQ}$$

$$= \frac{1}{2} \cdot \frac{R_L'}{(R_E + R_L')^2} V_{CC}^2 \qquad ⑤$$

直流電力 P_{dc} は

$$P_{dc} = V_{CC} I_{CQ} \qquad ⑥$$

であるから，電力効率の最大値 η_{max} はつぎのように表される。

$$\eta_{max} = \frac{P_{Lmax}}{P_{dc}} = \frac{1}{2} \cdot \frac{R_L'}{R_E + R_L'} \qquad (5\text{-}4)$$

15.3

コレクタ損失は，その許容限界である最大コレクタ損失 $P_{Lmax}(= i_c v_{ce})$ を一瞬でも超えてはならない。したがって，増幅回路の動作は $i_C - v_{CE}$ 特性における P_{Lmax} 曲線の下方に限られる。交流出力を最大にするには，直流負荷線と P_{Lmax} 曲線との交点で，交流負荷線が P_{Lmax} 曲線の接線となるようにすればよい。

また，R_E は一般には R_C に比べて小さいので，$v_{CE} = V_{CEQ} = 10\,\mathrm{V}$ で垂線を描くと，それが直流負荷線と近似できる（解図5.2参照）。

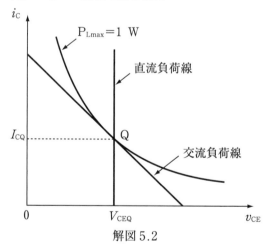

解図5.2

コレクタ電流 i_C は，$i_C = \dfrac{P_{Lmax}}{v_{CE}}$ となるので，$v_{CE} = V_{CEQ}$ における接線の傾きは

$$\left|\frac{\mathrm{d}i_C}{\mathrm{d}v_{CE}}\right|v_{CE} = V_{CEQ} = -\frac{P_{Lmax}}{V_{CEQ}^2} = -\frac{1}{R_L'}$$

で与えられる。したがって

$$R_L' = \frac{V_{CEQ}^2}{P_{Lmax}} = \frac{10^2}{0.5} = 200\,\Omega$$

また，このときの I_{CQ} は

$$I_{CQ} = \frac{V_{CEQ}}{R_L'} = \frac{10}{200} = 0.05 \, \text{A} \, (= 50 \, \text{mA})$$

15.4

最大出力 P_{Lmax} は式 (5-1) および解答 15.2 の式⑤に数値代入して，次のように求められる．

$$R_L' = (n_1/n_2)^2 R_L = (5/1)^2 \times 20 = 500 \, \Omega$$

$$P_{Lmax} = \frac{R_L'}{2(R_E + R_L')^2} V_{CC}^2 = \frac{500 \times 12^2}{2 \times (50 + 500)^2} \fallingdotseq 119 \, \text{mW}$$

また，最大出力がえられる動作点での電流 I_{CQ}，電圧 V_{CEQ} は，それぞれ解答 15.2 の式①，式②に数値代入して，次のように求められる．

$$I_{CQ} = \frac{V_{CC}}{R_E + R_L'} \fallingdotseq 21.8 \, \text{mA}$$

$$V_{CEQ} = \frac{R_L'}{R_E + R_L'} V_{CC} \fallingdotseq 10.9 \, \text{V}$$

したがって，コレクタ側に入力される直流電力，すなわちコレクタ直流入力 P_{dc} は

$$P_{dc} = I_{CQ} V_{CEQ} \fallingdotseq 238 \, \text{mW}$$

それゆえ，最大電力効率 η_{max} は

$$\eta_{max} = \frac{P_{Lmax}}{P_{dc}} = \frac{119}{238} = 50 \, \%$$

また，最大出力時におけるコレクタ損失 P_c は

$$P_c = P_{dc} - P_{Lmax} = 119 \, \text{mW}$$

P_c の最大値 P_{cmax} は，P_{dc} がすべて損失になることを意味するので

$$P_{cmax} = 238 \, \text{mW}$$

16.1

正弦波電流 i の周期を T，平均値を I_{av}，実効値を I_e とすると

$$I_{av}=\frac{2}{T}\int_0^{\frac{T}{2}} I_m\sin\omega t\,\mathrm{d}t=\frac{2}{2\pi}\int_0^\pi I_m\sin\theta\,\mathrm{d}\theta$$

$$=\frac{I_m}{\pi}\left[-\cos\theta\right]_0^\pi$$

$$=\frac{2I_m}{\pi}$$

$$I_e=\sqrt{\frac{2}{T}\int_0^{\frac{T}{2}} I_m{}^2\sin^2(\omega t)}=\sqrt{\frac{2}{2\pi}\int_0^\pi \frac{I_m{}^2(1-\cos 2\theta)}{2}\mathrm{d}\theta}$$

$$=\sqrt{\frac{I_m{}^2}{2\pi}\left[\theta-\frac{1}{2}\sin 2\theta\right]_0^\pi}$$

$$=\frac{I_m}{\sqrt{2}}$$

16.2

図 5.4 で正の半周期におけるコレクタ電流 i_{c1} はその最大値が I_{cp} で

$$i_{c1}=I_{cp}\sin\omega t \qquad ①$$

で表されるとする。このとき，電源 V_{CC} が供給する電力 P_{dc1} は

$$P_{dc1}=\frac{1}{2\pi}\int_0^\pi V_{CC1}I_{cp}\sin\omega t\,\mathrm{d}(\omega t)=\frac{I_{cp}}{\pi}V_{CC1} \qquad ②$$

となる。負の半周期についても同様に計算でき

$$P_{dc2}=\frac{I_{cp}}{\pi}V_{CC2} \qquad ③$$

となる。したがって，半周期ごと V_{CC1}，V_{CC2} が交互に増幅回路に供給され，一周期に回路に供給される全直流電力を P_{dc} とする。すなわち

$$V_{CC1}=V_{CC2}=\frac{V_{CC}}{2} \qquad ④$$

とおくことができ

$$P_{dc}=P_{dc1}+P_{dc2}=\frac{I_{cp}V_{CC}}{\pi} \qquad (5\text{-}5)$$

となる。また，負荷抵抗 R_L で消費される交流電力 P_L は

$$P_L=\left(\frac{I_{cp}}{\sqrt{2}}\right)^2 R_L=\frac{I_{cp}{}^2 R_L}{2} \qquad (5\text{-}6)$$

で与えられる。

16.3

(1)コンデンサ C の充電については，解図 5.3 の回路において $t=0$ でスイッチ S を閉じたあとを考えればよい。回路電流を i，コンデンサに蓄えられる電荷を q とすると，回路方程式は

$$\mathrm{R}i+\frac{1}{C}\int i\,\mathrm{d}t=V$$

また，q と i の関係は

$$i=\frac{\mathrm{d}q}{\mathrm{d}t}$$

両式から

$$R\frac{\mathrm{d}q}{\mathrm{d}t}+\frac{1}{C}q=V \qquad ①$$

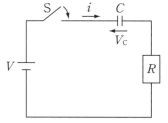

解図 5.3

この式において $V=0$ とした微分方程式の解，すなわち過渡解 q_t は

$$q_t=Ae^{-\frac{t}{CR}}\quad（A\text{ は定数}） \qquad ②$$

となる。一方，$t\to\infty$ のときの定常解 q_s は

$$q_s=CV \qquad ③$$

であるから，微分方程式の一般解 q は

$$q=q_t+q_s=Ae^{-\frac{t}{CR}}+CV \qquad ④$$

で与えられる。初期条件（$t=0$ で $q=0$）を適用すると

$$A=-CV$$

$$\therefore\quad q=CV\left(1-e^{-\frac{t}{CR}}\right) \qquad ⑤$$

$$\therefore\quad V_C=V\left(1-e^{-\frac{t}{CR}}\right)\text{（充電時）} \qquad ⑥$$

同様に，電圧 V に充電されたコンデンサが R に放電されるときは

$$V_C=Ve^{-\frac{t}{CR}}\text{（放電時）} \qquad ⑦$$

$CR(=\tau)$ は充放電の立ち上がり，立ち下がりの様子を決める時定数であるが，本題においては放電時に定電圧動作することが要求され，このことを満たすためには，信号の周期を T とすると

$$CR_L\gg T$$

が成り立つように回路設計する必要がある。

(2)コンデンサが充電・放電の役目を果たすと，結果的に B 級プッシュプル動作することになる。したがって，1 個のトランジスタに加えられる電圧は $\dfrac{V_{CC}}{2}$ となるので

$$v_{CE}=\left(\frac{V_{CC}}{2}\right)-R_L i_c \qquad ⑧$$

演図 5.2 の交流負荷線 AB は式⑧を表している。図から

$I_{Cmax}=450\,\mathrm{mA}$, $V_{Cmin}=0.4\,\mathrm{V}$, $V_{Cmax}=5.0\,\mathrm{V}$
と読み取れる。したがって，最大出力（交流電力）P_{Lmax} は

$$P_{Lmax}=\frac{V_{Cmax}-V_{Cmin}}{\sqrt{2}}\cdot\frac{I_{Cmax}}{\sqrt{2}}=1.04\,\mathrm{W}$$

入力（直流電力）P_{dc} はつぎのようにして求められる。
1個のトランジスタに対する最大振幅の入力におけるコレクタ電流の平均値 I_C は

$$I_C=\frac{1}{2\pi}\int_0^{2\pi}I_{Cmax}\sin\omega t\,\mathrm{d}(\omega t)$$
$$=\frac{1}{2\pi}\int_0^{\pi}I_{Cmax}\sin\omega t\,\mathrm{d}(\omega t)$$
$$=\frac{I_{Cmax}}{\pi}=\frac{0.45}{\pi}\fallingdotseq0.14\,\mathrm{A}$$

したがって，P_{dc} は

$$P_{dc}=V_{CC}I_C=V_{CC}\frac{I_{Cmax}}{\pi}=1.4\,\mathrm{W}$$

よって，最大電力効率 η_{max} は

$$\eta_{max}=\frac{P_{Lmax}}{P_{dc}}=\frac{1.04}{1.4}\fallingdotseq0.74(=0.74\,\%)$$

16.4

図5.5と演図5.3から，出力電力 P_L は

$$P_L=\frac{V_c}{\sqrt{2}}\cdot\frac{I_c}{\sqrt{2}}=\frac{V_cI_c}{2}=\frac{V_c^2}{2R_L'}\left(=\frac{I_c^2}{2}R_L'\right) \qquad ①$$

ここで

$$R_L'=\left(\frac{n_1}{n_2}\right)^2R_L$$

最大出力電力 P_{omax} は，$V_c=V_{CC}-V_{Cmin}$ のときにえられる。したがって

$$P_{omax}=\frac{1}{2R_L'}(V_{CC}-V_{Cmin})^2=\frac{V_{CC}^2}{2R_L'}\left(1-\frac{V_{Cmin}}{V_{CC}}\right)^2 \qquad ②$$

$V_{CC}\gg V_{Cmin}$ であるので

$$P_{omax}\fallingdotseq\frac{V_{CC}^2}{2R_L'} \qquad ③$$

$n_1:n_2=10:1$ であるので

$$R_L'=\left(\frac{10}{1}\right)^2\times8=800\,\Omega$$

この値と $V_{CC}=12\,\mathrm{V}$ を式③に代入して

$$P_{omax}\fallingdotseq\frac{12^2}{2\times800}=0.09\,\mathrm{W}(=90\,\mathrm{mW})$$

つぎに，最大コレクタ損失 P_{cmax} を求める。1個のトランジスタに流れる平均直流電流 I_C は

$$I_C=\frac{1}{2\pi}\int_0^{\pi}I_{cm}\sin\theta\,\mathrm{d}\theta=\frac{I_{cm}}{\pi} \qquad ④$$

となる。したがって，直流電源からは常に $\frac{2I_{cm}}{\pi}$ の直流電流が流れ出し，回路には次式で表される直流電力 P_{dc} が供給される。

$$P_{dc}=\frac{2I_{cm}V_{CC}}{\pi}=\frac{2V_{CC}V_c}{\pi R_L'} \qquad ⑤$$

トランスの鉄損，銅損などの損失を省略し，1個のトランジスタのコレクタ損失を P_c とおくと

$$P_{dc}=2P_c+P_L \qquad ⑥$$

それゆえ，P_c は

$$P_c=\frac{1}{2}P_{dc}-\frac{1}{2}P_L \qquad ⑦$$

式⑦に式①および式⑤を代入すると

$$P_c=\frac{I_{cm}V_{CC}}{\pi}-\frac{I_{cm}^2}{4}R_L' \qquad ⑧$$

となる。P_c が最大になる I_{cm} は，式⑧を I_{cm} について微分した式を0とおいて求められる。そこで

$$\frac{\mathrm{d}P_c}{\mathrm{d}I_{cm}}=\frac{V_{CC}}{\pi}-\frac{I_{cm}R_L'}{2}=0$$

から

$$I_{cm}=\frac{2V_{CC}}{\pi R_L'}\fallingdotseq\frac{2}{\pi}I_{Cmax} \qquad ⑨$$

このときのコレクタ損失 P_{cmax} は，式⑨を式⑧に代入してえられ

$$P_{cmax}=\frac{V_{CC}^2}{\pi^2R_L'} \qquad ⑩$$

上式に $V_{CC}=12\,\mathrm{V}$，$R_L'=800\,\Omega$ を代入すると

$$P_{cmax}=\frac{12^2}{\pi^2\times800}\fallingdotseq0.018\,\mathrm{W}(=18\,\mathrm{mW})$$

最後に，最大電力効率を求める。電力効率 η は

$$\eta=\frac{P_L}{P_{dc}}=\frac{\dfrac{V_cI_{cm}}{2}}{\dfrac{2V_{CC}I_{cm}}{\pi}}=\frac{\pi}{4}\cdot\frac{V_c}{V_{CC}} \qquad ⑪$$

で与えられ，最大効率 η_{max} は，$V_c=V_{CC}-V_{Cmin}\fallingdotseq V_{CC}$ のときにえられ

$$\eta_{max}\fallingdotseq\frac{\pi}{4}=0.785$$

となる。

17.1

(6-T1)；$Y_T = y_{oe} + Y + \dfrac{1}{R_t}$

(6-T3)；$Y = j\omega C + \dfrac{1}{R + j\omega L}$

(6-T5)；$Y_{To} = y_{oe} + Y_0 + \dfrac{1}{R_t}$

(6-T9)；$Y = Y_0\left[1 + jQ_0\left(\dfrac{\omega}{\omega_0} - \dfrac{\omega_0}{\omega}\right)\right]$

(6-T11)；$\dfrac{\omega}{\omega_0} - \dfrac{\omega_0}{\omega} = \dfrac{(\omega+\omega_0)(\omega-\omega_0)}{\omega_0\omega} = \dfrac{\delta(\delta+2)}{(\delta+1)}$

(6-T12)；$Y = Y_0\left[1 + jQ_0\dfrac{\delta(\delta+2)}{(\delta+1)}\right]$

17.2

式(6-8),(6-9)から

$$\frac{f_2}{f_0} - \frac{f_0}{f_2} = \frac{f_0}{f_1} - \frac{f_1}{f_0}$$

$$\frac{f_2{}^2 - f_0{}^2}{f_0 f_2} = \frac{f_0{}^2 - f_1{}^2}{f_1 f_0}$$

$$f_1 f_0(f_2{}^2 - f_0{}^2) = f_0 f_2(f_0{}^2 - f_1{}^2)$$

$$\therefore\quad f_1 f_2{}^2 + f_2 f_1{}^2 = f_2 f_0{}^2 + f_1 f_0{}^2$$

$$f_1 f_2(f_2 + f_1) = f_0{}^2(f_2 + f_1)$$

$$\therefore\quad f_0{}^2 = f_1 f_2 \qquad\qquad\qquad ①$$

の関係がえられるので，これを式(6-8)に代入して

$$\frac{Q_{eff}}{f_0}(f_2 - f_1) = 1 \qquad\qquad\qquad ②$$

帯域幅Bは

$$B = f_2 - f_1 \qquad\qquad\qquad (6-10)$$

と定義しているので，BとQ_{eff}の関係は次式で表される。

$$B = \frac{f_0}{Q_{eff}} \qquad\qquad\qquad (6-11)$$

17.3

(1)式(6-11)に数値代入して

$$Q_{eff} = \frac{f_0}{B} = 40$$

(2)式(6-3)，(6-5)に数値代入して

$$f_0 = \frac{1}{2\pi\sqrt{LC}} \fallingdotseq 159 \text{ kHz}$$

$$Z_{\omega=\omega_0} = \frac{L}{CR} = 200 \text{ k}\Omega$$

$$Q_0 = \frac{\omega_0 L}{R} = \frac{1}{R}\cdot\sqrt{\frac{L}{C}} \fallingdotseq 200$$

17.4

①f_0

$$f_0 = \frac{1}{2\pi\sqrt{LC}} = \frac{1}{2\pi\sqrt{0.2\times10^{-3}\times400\times10^{-12}}} \fallingdotseq 5.6\times10^5 \text{ Hz}$$

$$(=560 \text{ kHz})$$

②Q_0

$$Q_0 = \frac{\omega_0 L}{R} = \frac{2\pi\times5.6\times10^5\times0.2\times10^{-3}}{8} \fallingdotseq 88$$

③$\omega = \omega_0$ での $|A_v|$

$$Y_0 = \frac{CR}{L} = \frac{4\times10^{-10}\times8}{2\times10^{-4}} = 16\times10^{-6} \text{ S}(=16\,\mu\text{S})$$

$$Y_{To} = y_{oe} + Y_0 + \frac{1}{R_L} = (10+16)\times10^{-6} + \frac{1}{2\times10^4}$$

$$= (10+16+50)\times10^{-6}$$

$$= 76\,\mu\text{S}$$

$$\therefore\quad |A_v|_{f=f0} = \frac{y_{fe}}{Y_{To}} = \frac{10^{-2}}{76\times10^{-6}} \fallingdotseq 132$$

④B

$$Q_{eff} = Q_0\frac{Y_0}{Y_{To}} = \frac{88\times16}{76} \fallingdotseq 18.5$$

$$\therefore\quad B = \frac{f_0}{Q_{eff}} = \frac{560\times10^3}{18.5} \fallingdotseq 30\times10^3 \text{ Hz}(=30 \text{ kHz})$$

18.1

$(6\text{-}T14)$; $v_o' = (R_1 + j\omega L_1)i_1 + j\omega M i_2$

$\qquad\qquad 0 = j\omega M i_1 + (R_i + R_2 + j\omega L_2)i_2$

$(6\text{-}T15)$; $i_1 = \dfrac{(R_i + R_2 + j\omega L_2)v_o'}{(R_1 + j\omega L_1)(R_i + R_2 + j\omega L_2) + \omega^2 M^2}$

$(6\text{-}T18)$; $Y_1 \fallingdotseq \dfrac{1}{R_1 + \dfrac{\omega_0^2 M^2}{R_i + R_2} + j\omega L_1}$

$(6\text{-}T19)$; $Q_1 \fallingdotseq \dfrac{\omega_0 L_1}{R_1 + \dfrac{\omega_0^2 M^2}{R_i + R_2}}$

$(6\text{-}T23)$; $i_2 = \dfrac{j\omega M i_1}{R_i + R_2 + j\omega L_2}$

18.2

(1) 式 (6-20) に数値代入して

$$Q_{\text{eff}} = \frac{f_0}{B} = 100$$

(2)

$$f_0 = \frac{1}{2\pi\sqrt{L_1 C_1}} = \frac{1}{2\pi\sqrt{0.1 \times 10^{-3} \times 200 \times 10^{-12}}}$$

$$= \frac{1}{2\pi\sqrt{2} \times 10^{-7}}$$

$$\fallingdotseq 1.13 \,\text{MHz}$$

Q_{eff} については次のように求められる。

$$Q_{\text{eff}} = \frac{Q_1}{1 + Q_1 \omega_0 L_1 y_{oe}} \qquad (6\text{-}15)$$

$$Q_1 = \frac{\omega_0 L_1}{R_1 + \dfrac{\omega_0^2 M^2}{R_i + R_2}} \qquad (6\text{-}16)$$

$$M = k\sqrt{L_1 L_2} = 0.9\sqrt{0.1 \times 10^{-3} \times 0.2 \times 10^{-3}}$$

$$\fallingdotseq 0.13 \times 10^{-3} \,\text{H}$$

$$= 0.13 \,\text{mH}$$

$$Q_1 = \frac{2\pi \times 1.13 \times 10^6 \times 0.1 \times 10^{-3}}{10 + \dfrac{(2\pi \times 1.13 \times 10^6 \times 0.13 \times 10^{-3})^2}{20 \times 10^3 + 10}}$$

$$\fallingdotseq 13.5$$

$$Q_{\text{eff}} = \frac{13.5}{1 + 13.5 \times 2\pi \times 1.13 \times 10^6 \times 0.1 \times 10^{-3} \times 10 \times 10^{-6}}$$

$$\fallingdotseq 12.3$$

18.3

演図 6.1(b) の等価回路から

$$\left. \begin{array}{l} -r_d i_d = (r_d + R_1 + j\omega L_1)i_1 + j\omega M i_2 \\[2mm] 0 = j\omega M i_1 + \left[R_2 + j\left(\omega L_2 - \dfrac{1}{\omega C_2}\right) \right] i_2 \end{array} \right\} \qquad ①$$

これらの式から i_2 について解くと

$$i_2 = \frac{j\omega M r_d i_d}{(r_d + R_1 + j\omega L_1)\left[R_2 + j\left(\omega L_2 - \dfrac{1}{\omega C_2}\right) \right] + \omega^2 M^2} \qquad ②$$

FET 回路では $(r_d + R_1) \gg \omega L_1$ であり,

$$r_d + R_1 \equiv r \qquad ③$$

とおく。また,

$$i_d = g_m v_i \qquad ④$$

$$v_2 = -\frac{i_2}{j\omega C_2} \qquad ⑤$$

であるので, 電圧増幅度 A_v はつぎのように表される。

$$A_v = \frac{-\dfrac{g_m M r_d}{C_2 R_2 r}}{1 + \dfrac{\omega^2 M^2}{R_2 r} + \dfrac{j\omega L_2}{R_2}\left(1 - \dfrac{1}{\omega^2 L_2 C_2}\right)} \qquad ⑥$$

高周波回路では ω は ω_0 近傍で取り扱うので

$$1 + \frac{\omega^2 M^2}{R_2 r} \fallingdotseq 1 + \frac{\omega_0^2 M^2}{R_2 r} \qquad ⑦$$

また, ω_0, Q_2, δ をそれぞれつぎのようにおく。すなわち

$$\omega_0 = \frac{1}{\sqrt{L_2 C_2}} \quad \left(f_0 = \frac{1}{2\pi\sqrt{L_2 C_2}} \right) \qquad ⑧$$

$$Q_2 = \frac{\omega_0 L_2}{R_2} \qquad ⑨$$

$$\delta = \frac{f - f_0}{f_0} \qquad ⑩$$

これらを式⑥に適用すると

$$A_v = \frac{-\left(\dfrac{g_m M r_d}{C_2 R_2 r}\right)\left(1 + \dfrac{\omega_0^2 M^2}{R_2 r}\right)}{1 + j\dfrac{Q_2}{1 + \dfrac{\omega_0^2 M^2}{R_2 r}}\delta\dfrac{\delta + 2}{\delta + 1}} \qquad ⑪$$

同調時における電圧増幅度 A_{vo} は

$$A_{vo} = \frac{-\dfrac{g_m M r_d}{C_2 R_2 r}}{1 + \dfrac{\omega_0^2 M^2}{R_2 r}} \qquad ⑫$$

となり, A_{vo} に対する相対電圧増幅度は次式で表される。

$$\frac{A_v}{A_{vo}} = \frac{1}{1 + j Q_{\text{eff2}}\delta\dfrac{\delta + 2}{\delta + 1}} \qquad ⑬$$

ここで

$$Q_{\text{eff2}} = \frac{Q_2}{1 + \dfrac{\omega_0^2 M^2}{R_2 r}} \qquad ⑭$$

数値代入して同調時の電圧増幅度と帯域幅を求める。
まず f_0, R_1, R_2 および r を算出する。

$$f_0 = \frac{1}{2\pi\sqrt{0.2\times10^{-3}\times100\times10^{-12}}} \fallingdotseq 1.13\,\text{MHz}$$

$$R_1 = \frac{\omega_0 L_1}{Q_1} = \frac{2\pi\times1.13\times10^6\times0.1\times10^{-3}}{60} \fallingdotseq 11.8\,\Omega$$

$$R_2 = \frac{\omega_0 L_2}{Q_2} = \frac{2\pi\times1.13\times10^6\times0.2\times10^{-3}}{80} \fallingdotseq 17.7\,\Omega$$

$$r = r_\text{d} + R_1 = 50\times10^3 + 11.8 \fallingdotseq 50\,\text{k}\Omega$$

また，トランスの結合係数 k は 1 であるので，相互インダクタンス M は

$$M = k\sqrt{L_1 L_2} = \sqrt{0.1\times10^{-3}\times0.2\times10^{-3}} \fallingdotseq 0.14\,\text{mH}$$

Q_{eff2} は式⑭から

$$Q_{\text{eff2}} = \frac{Q_2}{1+\dfrac{\omega_0{}^2 M^2}{R_2 r}} = \frac{80}{1+\dfrac{(2\pi\times1.13\times10^6\times0.14\times10^{-3})^2}{17.7\times50\times10^3}}$$

$$\fallingdotseq 79.9$$

それゆえ，同調時の電圧増幅度 A_{vo} は式⑫から

$$A_{\text{vo}} \fallingdotseq -g_\text{m}\omega_0 M Q_{\text{eff2}}$$

$$= -2\times10^{-3}\times2\pi\times1.13\times10^6\times0.14\times10^{-3}\times79.9$$

$$\fallingdotseq -159$$

帯域幅 B は，A_v が A_{vo} の $\dfrac{1}{\sqrt{2}}$ になる 2 つの周波数の差で表され，式⑬，⑩から

$$B = \frac{f_0}{Q_{\text{eff2}}} = \frac{1.13\times10^6}{80} \fallingdotseq 14.1\,\text{kHz}$$

19.1

(6-T25)；$R_\mathrm{p}=y_\mathrm{oe}\omega_0{}^2L_1{}^2+R_1$

(6-T26)；$R_\mathrm{s}=\dfrac{\omega_0{}^2L_2{}^2}{R_\mathrm{i}}+R_2$

(6-T37)；$A_\mathrm{v}=\dfrac{\mathrm{j}\dfrac{y_\mathrm{fe}M}{\omega_0C_1C_2R_\mathrm{p}R_\mathrm{s}}}{1-4\delta^2Q_1Q_2+\mathrm{j}2\delta(Q_1+Q_2)+\dfrac{\omega_0{}^2M^2}{R_\mathrm{p}R_\mathrm{s}}}$

19.2

$\left|\dfrac{A_\mathrm{v}}{A_\mathrm{vom}}\right|$ が最大となる規格化周波数 δ の値は，

$\dfrac{\partial\left|\dfrac{A_\mathrm{v}}{A_\mathrm{vom}}\right|}{\partial\delta}=0$ を解くことによりえられ

$$\left.\begin{array}{l}\delta=0\\[2mm]\delta_{\mathrm{p}1},\ \delta_{\mathrm{p}2}=\pm\dfrac{1+a^2}{2Q_1Q_2}\sqrt{\dfrac{Q_1Q_2}{1+a^2}-\dfrac{(Q_1+Q_2)^2}{2(1+a^2)^2}}\end{array}\right\}\quad ①$$

で与えられる。これらは，平方根の中の数の判別により，次の3つの場合に分けられる。

i) $\dfrac{Q_1Q_2}{1+a^2}<\dfrac{(Q_1+Q_2)^2}{2(1+a^2)^2}$ の場合（疎結合）

$\delta_{\mathrm{p}1}$ と $\delta_{\mathrm{p}2}$ は虚数となり，$\left|\dfrac{A_\mathrm{v}}{A_\mathrm{vom}}\right|$ の最大点は共振点に現れる。

ii) $\dfrac{Q_1Q_2}{1+a^2}=\dfrac{(Q_1+Q_2)^2}{2(1+a^2)^2}$ の場合（臨界結合）

$\delta=0$，つまり，共振周波数で最大となり，相対利得は最も大きくなる。

iii) $\dfrac{Q_1Q_2}{1+a^2}>\dfrac{(Q_1+Q_2)^2}{2(1+a^2)^2}$ の場合（密結合）

$\delta_{\mathrm{p}1}$ と $\delta_{\mathrm{p}2}$ は実数となり，この2つの点で極大となる。また，$\delta=0$ は極小点となり，双峰特性を示す。

19.3

帯域幅については，まず，臨界結合の場合には，$Q_1=Q_2=Q_0$ として

$$B=\sqrt{2}\,\dfrac{f_0}{Q_0}\qquad ①$$

となり，単一同調増幅回路の $\sqrt{2}$ 倍となる。
双峰特性の場合には，図6.6に示されるように，$\delta=0$ のときの $\left|\dfrac{A_\mathrm{v}}{A_\mathrm{vom}}\right|$ の値を γ として，この値になる δ の値 $\delta_{\gamma1}$ と $\delta_{\gamma2}$ の差をとることにする。
そこで，$\delta_{\gamma1}$ と $\delta_{\gamma2}$ を求めると，式(6-30)から

$$\delta_{\gamma1},\ \delta_{\gamma2}=\pm\dfrac{1}{\sqrt{2}\,Q_0}\sqrt{a^2-1}\qquad ②$$

をえる。したがって

$$\delta_{\gamma2}-\delta_{\gamma1}=\dfrac{\sqrt{2}}{Q_0}\sqrt{a^2-1}\qquad ③$$

となり，$\delta=\dfrac{(f-f_0)}{f_0}$ を考慮して帯域幅 B_γ を求めると

$$B_\gamma=\dfrac{\sqrt{2}\,f_0}{Q_0}\sqrt{a^2-1}\qquad (6\text{-}32)$$

となる。

19.4

まず，臨界結合における帯域幅Bの一般式を導出する。$a=1$ を式(6-30)に代入すると次のような近似式がえられる。

$$\left|\dfrac{A_\mathrm{v}}{A_\mathrm{v0m}}\right|\fallingdotseq\dfrac{1}{\sqrt{1+4\delta^4Q^4}}\qquad (6\text{-}T39)$$

$\left|\dfrac{A_\mathrm{v}}{A_\mathrm{v0}}\right|=\dfrac{1}{\sqrt{2}}$（$4\delta^4Q^4=1$）になる周波数を f_1，$f_2(f_2>f_1)$ とすると，$B=f_2-f_1$ である。したがって，

$$\delta=\dfrac{\omega-\omega_0}{\omega}=\dfrac{\pm1}{\sqrt{2}\,Q}$$

$$\therefore\ \ \omega_{1,2}=\omega_0\left(1\pm\dfrac{1}{\sqrt{2}\,Q}\right)\qquad (6\text{-}T40)$$

$$B=f_2-f_1=\dfrac{\omega_2-\omega_1}{2\pi}=\dfrac{\omega_0}{2\pi}\left[\left(1+\dfrac{1}{\sqrt{2}\,Q}\right)-\left(1-\dfrac{1}{\sqrt{2}\,Q}\right)\right]$$

$$=\dfrac{\sqrt{2}\,f_0}{Q}\qquad (6\text{-}T41)$$

題意より，数値代入して

　　$B\fallingdotseq8.0\,\mathrm{kHz}$

一方，定数 a の値はトランスの結合係数 k に関係する。

$k=\dfrac{M}{\sqrt{L_1L_2}}$ であるので，式(6-22)，(6-26)，(6-27)に適用すると

$$a=k\sqrt{Q_1Q_2}\qquad (6\text{-}T42)$$

数値代入して

　　$k\fallingdotseq0.013$

19.5

中心周波数（$\delta Q=0$）における電圧増幅度 A_v0 は，$Q_1=Q_2=Q$ とおいて式(6-28)に適用すると

$$|A_\mathrm{v0}|=\dfrac{y_\mathrm{fe}a\sqrt{R_\mathrm{p}R_\mathrm{s}}\,Q}{1+a^2}$$

また，密結合における電圧増幅度の極大値 $|A_\mathrm{v}|_{\max}$ は，式(6-29)から

$$|A_\mathrm{v}|_{\max}=\dfrac{y_\mathrm{fe}\sqrt{R_\mathrm{p}R_\mathrm{s}}\,Q^2}{2}$$

したがって，題意から，a 値は次式を満足するように設計すればよい。

$$20\log_{10}\frac{|A_{v0}|}{|A_v|_{max}}=20\log_{10}\frac{2a}{1+a^2}=-1$$

$$\therefore \quad \frac{2a}{1+a^2}=10^{-\frac{1}{20}}=0.891$$

$$\therefore \quad a^2-\left(\frac{2}{0.891}\right)a+1=0$$

この式を a について解き，$a>1$ を考慮すると，$a=1.633$ をえる。したがって，式(6-T42)に数値代入して，$k\fallingdotseq0.020$ をえる。

19.6

ソース接地 FET の等価回路のうち出力のドレイン側のみを示すと解図6.1の破線枠Aとなる。ここでは，r_d は FET のドレイン側の内部抵抗，g_m は初段 FET の相互コンダクタンス，R_1'，R_2' はそれぞれコイル L_1，L_2 の抵抗を表す。また，R_t は次段のバイアス抵抗と入力抵抗の並列合成抵抗である。

L_1 および R_1' の直列回路と r_d の並列回路において，その端子間インピーダンス Z_1' は次のように表される。

$$\frac{1}{Z_1'}=\frac{1}{r_d}+\frac{1}{R_1'+j\omega L_1} \tag{6-T43}$$

$$\therefore \quad Z_1'=\frac{r_d(R_1'+j\omega L_1)}{(r_d+R_1')+j\omega L_1}$$

$$=\frac{r_d[R_1'(r_d+R_1')+\omega^2 L_1^2]+j\omega L_1 r_d^2}{(r_d+R_1')^2+\omega^2 L_1^2}$$

$$=\frac{r_d^2\left\{\left[R_1'\left(1+\dfrac{R_1'}{r_d}\right)+\dfrac{\omega^2 L_1^2}{r_d}\right]+j\omega L_1\right\}}{r_d^2\left[\left(1+\dfrac{R_1'}{r_d}\right)^2+\dfrac{\omega^2 L_1^2}{r_d^2}\right]} \tag{6-T44}$$

FET では $r_d\gg R_1'$，$r_d\gg\omega L_1$ が成り立ち，$\omega\fallingdotseq\omega_0$ であるので

$$Z_1'\fallingdotseq R_1'+\frac{\omega_0^2 L_1^2}{r_d}+j\omega L_1=R_1+j\omega L_1 \tag{6-T45}$$

ここで，

$$R_1=R_1'+\frac{\omega_0^2 L_1^2}{r_d} \tag{6-T46}$$

同様に，L_2 および R_2' の直列回路と R_t の並列回路において，その端子間インピーダンス Z_2' は

$$Z_2'\fallingdotseq R_2'+\frac{\omega_0^2 L_2^2}{R_t}+j\omega L_2=R_2+j\omega L_2 \tag{6-T47}$$

ここで，

$$R_2=R_2'+\frac{\omega_0^2 L_2^2}{R_t} \tag{6-T48}$$

したがって，解図6.1(a)の回路は同図(b)のようになる。さらに，解図6.1(b)の電流源 $g_m v_i$ とキャパシタンス C_1 のリアクタンス $\dfrac{1}{j\omega C_1}$ を等価電源の定理を適用して電圧源 $\dfrac{g_m v_i}{j\omega C_1}$ に変換すると同図(c)となり，結局，

演図6.1(a)の等価回路は同図(c)で表される。

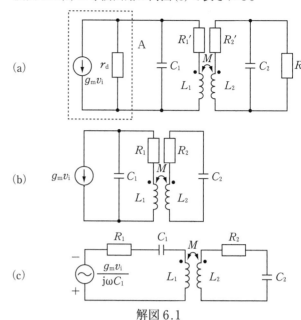

解図6.1

20.1

局部発振器の発振周波数 f_0 は

$$f_0 = f_i + f = 1985 \text{ kHz}$$

20.2

高周波になると B－C 間には浮遊容量が発生し，C－E 間，B－E 間にはともに L 成分があるため，発振しやすい回路になってしまう。後者のインダクタンスは大きいので，共振周波数は小さくなる。この発振を防止するため，コレクタ側につながるインピーダンス対 C－E 間のインダクタンスの比を大きく必要がある。このため，R を余計につける。簡単に言えば，寄生発振防止の役目のために LR 並列共振回路を設ける。

また，高周波になると，デバイスの動作速度によっては正帰還となる場合が考えられ，コンデンサ C_n はこれを打ち消す中和作用のためにつける。

20.3

この回路における y_{re} は

$$y_{re} = -\frac{\left(\dfrac{1}{r_{b'c}} + j\omega C_{b'c}\right)\left(\dfrac{1}{r_{b'e}} + j\omega C_{b'e}\right)}{r_{bb'} + \dfrac{1}{\dfrac{1}{r_{b'e}} + j\omega C_{b'e}}} \qquad ①$$

式①を式(6-33)に代入すると

$$y_n = \frac{1}{n}\frac{\dfrac{1}{r_{b'c}} + j\omega C_{b'c}}{1 + \dfrac{r_{bb'}}{r_{b'e}} + j\omega C_{b'e}r_{bb'}} \qquad ②$$

実際には $r_{b'c} \gg 1$，$r_{bb'} \ll r_{b'e}$ であるので

$$y_n \fallingdotseq \frac{1}{n\dfrac{C_{b'e}r_{bb'}}{C_{b'c}} + \dfrac{n}{j\omega c_{b'c}}} \qquad ③$$

となる。ここで

$$\left.\begin{array}{l} R_n = n\dfrac{C_{b'e}r_{bb'}}{C_{b'c}} \\[2mm] C_n = \dfrac{C_{b'c}}{n} \end{array}\right\} \qquad ④$$

とおくと，式③は

$$y_n = \frac{1}{R_n + \dfrac{1}{j\omega C_n}} \qquad ⑤$$

となる。すなわち，中和回路としては抵抗 R_n とコンデンサ C_n の直列回路を設ければ，回路全体として単向化できることになる。通常，R_n は小さいので，C_n だけで中和をとる場合が多い。上記のことを考慮したニュートロダイン増幅回路は，解図6.2のようになる。

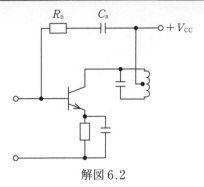

解図 6.2

20.4

前の解答20.3の式④に数値代入し

$$R_n = n\frac{C_{b'e}r_{bb'}}{C_{b'c}} = n\frac{100 \times 10^{-12} \times 100}{10 \times 10^{-12}} = 10^3 n \,[\Omega] \, (= n\,[\text{k}\Omega])$$

$$C_n = \frac{C_{b'c}}{n} = \frac{10}{n} \times 10^{-12} \text{ F} \left(= \frac{10}{n}\,[\text{pF}]\right)$$

21.1

A_v, H_v の添え字 v を省略すると

$$A_{vF} = \frac{A}{1-HA}$$

$$\therefore \quad \frac{dA_{vF}}{dA} = \frac{1-HA-A(-H)}{(1-HA)^2} = \frac{A}{1-HA} \cdot \frac{1}{1-HA} \cdot \frac{1}{A}$$

$$\therefore \quad \frac{dA_{vF}}{A_{vF}} = \frac{1}{1-HA} \cdot \frac{dA}{A}$$

$$\frac{\Delta A_{vF}}{A_{vF}} = \frac{1}{1-HA} \cdot \frac{\Delta A}{A}$$

21.2

$$A_{vF} = \frac{A_v}{1-H_v A_v} = \frac{A_m}{1+j\dfrac{f}{f_h}} \cdot \frac{1}{1-\dfrac{H_v A_m}{1+j\dfrac{f}{f_h}}}$$

$$= \frac{A_m}{1+j\dfrac{f}{f_h}-H_v A_m}$$

$$= \frac{A_m}{1-H_v A_m} \cdot \frac{1}{1+j\dfrac{f}{f_h(1-H_v A_m)}}$$

21.3

増幅器内でノイズが発生している様子は，解図7.1の破線内で示されるように，純粋な増幅器とノイズが足されていると考えることができる。負帰還作用があれば，このノイズ込みの増幅器全体に負帰還がかかると考えられるので，求めるブロック図は解図7.1のように表せる。

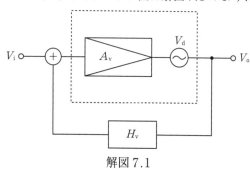

解図 7.1

21.4

(1)低域側における負帰還増幅回路の電圧利得の周波数特性は

$$A_v = \frac{A_m}{1-j\dfrac{f_1}{f}} \tag{①}$$

を式(7-4)に適用するとつぎのようになる。

$$A_{vF} = \frac{A_v}{1-H_v A_v} = \frac{A_m}{1-j\dfrac{f_1}{f}} \cdot \frac{1}{1-\dfrac{H_v A_m}{1-j\dfrac{f_1}{f}}}$$

$$= \frac{A_m}{1-j\dfrac{f_1}{f}-H_v A_m}$$

$$= \frac{A_m}{1-H_v A_m} \cdot \frac{1}{1-j\dfrac{f_1}{f(1-H_v A_m)}} \tag{②}$$

$$\therefore \quad f_{1F} = \frac{f_1}{1-H_v A_m} < f_1 \quad (\because \quad H_v A_m < 0) \tag{③}$$

(2)数値代入すると

$$1-H_v A_m = 1-0.2 \times (-30) = 1+6 = 7 \tag{④}$$

これを式③に適用すると

$$\frac{f_{1F}}{f_1} = \frac{1}{7}$$

$f = f_1$, $A_m = -30$，および④を式②に適用すると

$$A_{vF} = \frac{v_0}{v_i} = \frac{-30}{7} \cdot \frac{1}{1-j\dfrac{1}{7}}$$

したがって，v_0 と v_i の位相差 θ は

$$\theta = 180° - \tan^{-1}\left(\frac{-1/7}{1}\right)$$

$$\fallingdotseq 180° + 8.1° = 188.1°$$

また，A_{vF} の絶対値は

$$|A_{vF}| = \left|\frac{-30}{7}\right| \cdot \frac{1}{\left|1-j\dfrac{1}{7}\right|} = \frac{30}{7} \times \frac{1}{\sqrt{1+\left(\dfrac{1}{7}\right)^2}} \fallingdotseq 4.24$$

21.5

(1) 式 (7-4) に お い て，$|A_v| = \dfrac{18}{0.06} = 300$, $H_v = 0.05$,

$-H_v A_v$ の位相は判らないので

$$|A_{vF}| = \frac{|A_v|}{1+|H_v A_v|} = \frac{300}{1+300 \times 0.05} \fallingdotseq 18.8$$

$$\therefore \quad V_0(= V_i |A_{vF}|) = 0.06 \times 18.8 \fallingdotseq 1.13 \text{ V}$$

(2)歪みは式(7-10)から，$\dfrac{1}{|1-H_v A_v|}$ に軽減される。

$$|1-H_v A_v| = |1+300 \times 0.05| = 15$$

それゆえ，歪み率は，$0.1 \times \dfrac{1}{15} \fallingdotseq 0.007$ ($= 0.7$ %) になる。

22.1

（順に）逆, 減少, $i_s - i_f$, $R_I i_i$, $1 + H_I A_I$, $\dfrac{v}{R_o} - A_i i_i$,

$-H_i i_o$, $i = \dfrac{v}{R_o} - A_i H_I i$ ∴ $i(1 + H_I A_i) = \dfrac{v}{R_o}$,

$R_o(1 + H_I A_i)$, 増加, $R_L = 0$

22.2

（順に）分子；$h_{fe} i_b$, 分母；$(R_s + h_{ie} + R_E) i_b$,

$\dfrac{h_{fe}}{R_s + h_{ie} + R_E}$, $\dfrac{R_s + h_{ie} + R_E(1 + h_{fe})}{R_s + h_{ie} + R_E}$,

$\dfrac{h_{fe}}{R_s + h_{ie} + R_E(1 + h_{fe})}$, $\dfrac{h_{fe} v_s}{R_s + h_{ie} + R_E(1 + h_{fe})}$,

$\dfrac{-h_{fe} R_L}{R_s + h_{ie} + R_E(1 + h_{fe})}$, $R_s + h_{ie} + R_E$,

$R_s + h_{ie} + R_E(1 + h_{fe})$, $r_o \left(1 + \dfrac{h_{fe} R_E}{R_s + h_{ie} + R_E}\right)$,

$\dfrac{-80 \times 2}{2 + 1 + 1 \times (1 + 80)} \fallingdotseq -1.9$, $2 + 1 + 1 = 4 \ \text{k}\Omega$,

$2 + 1 + 1 \times (1 + 80) = 84 \ \text{k}\Omega$, $100 \ \text{k}\Omega$,

$100 \times \left(1 + \dfrac{80 \times 1}{2 + 1 + 1}\right) = 2100 \ \text{k}\Omega = 2.1 \ \text{M}\Omega$

22.3

入力側では, 出力電圧 v の一部が帰還回路を通じて帰還電流 i_f に変換され, i_s と逆相に流れ, $i_i = i_s - i_f$ であるので, 負帰還がかかると i_i は減少する。入力インピーダンス R_{if} は, $R_{if} = \dfrac{v_i}{i_s} = \dfrac{R_i i_i}{i_s}$ であるから, i_i が減れば R_{if} は減少する。定量的には

$$R_{if} = \frac{R_i}{1 + H_G R_M} \qquad ①$$

で表される。R_M は抵抗変換能で, R_m は R_L が無限大のときの R_M であるから

$$R_M = \frac{R_m R_L}{R_o + R_L} \qquad ②$$

で与えられる。

一方, 出力側では, 出力インピーダンス R_{of} は, 出力側に加える電圧 v と, それによって回路に流れる電流 i との比で表される。このとき, 入力側の電流 i_i は, $i_s = 0$ であるため, $i_i = -i_f = -H_G v$ で表されるので, 出力側の電流 i は

$$i = \frac{v - R_m i_i}{R_o} = \frac{v + R_m H_G v}{R_o} = \frac{v(1 + H_G R_m)}{R_o} \qquad ③$$

で表される。したがって

$$R_{of} = \frac{v}{i} = \frac{R_o}{1 + H_G R_m} \qquad ④$$

22.4

(1) 電圧帰還形回路であるので, 入力側回路は $v_o = 0$ とすることによりつくられる（$v_o = 0$ とすると出力側回路が短絡され, 負帰還がかからない。）。また, 並列注入形回路であるため, 出力側回路は $v_i = 0$ とすることによりつくられる（$v_i = 0$ とすると入力側回路が短絡され, 帰還された電流は増幅器の入力に流れ込まない。）。このことに配慮すると, R_F は次のように回路に働く。すなわち, $v_o = 0$ とすると R_F の右端がアースされるので, 入力側回路では R_F はベースからアースされる。また, $v_i = 0$ とすると R_F の左端がアースされるので, 出力側回路では R_F はコレクタからアースされる。これらのことから, 解析のための信号等価回路は解図7.2のようになる。

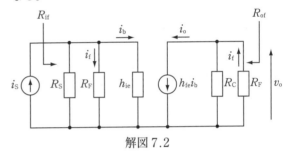

解図7.2

(2) R_F を流れる帰還電流 i_f は, v_o によって生じたものであり, その方向はアースからコレクタになるので,

$i_f = -\dfrac{v_o}{R_F}$ となる。それゆえ, コンダクタンス帰還能 H_G は

$$H_G = \frac{i_f}{v_o} = -\frac{1}{R_F} \qquad ①$$

となる。抵抗変換能 R_M は, $R_C' = R_C /\!/ R_F$, $R = R_s /\!/ R_F$ とおくと

$$R_M = \frac{v_o}{i_s} = \frac{-i_c R_C'}{i_s} = \frac{-h_{fe} i_b R_C'}{i_s} = -\frac{R}{R + h_{ie}} h_{fe} R_C' \qquad ②$$

となるので, 帰還有無時の電圧増幅度の比, $\dfrac{A_v}{A_{vf}}$ である帰還量 F は

$$F = 1 + H_G R_M = 1 + \frac{1}{R_F} \frac{R}{R + h_{ie}} h_{fe} R_C' \qquad ③$$

となる。したがって, 負帰還をかけたときの R_M, すなわち R_{Mf} は

$$R_{Mf} = \frac{R_M}{F} = -\frac{R h_{fe} R_C'}{R + h_{ie}} \times \frac{R_F(R + h_{ie})}{R_F(R + h_{ie}) + R h_{fe} R_C'}$$

$$= -\frac{R R_F h_{fe} R_C'}{R_F(R + h_{ie}) + R h_{fe} R_C'} \qquad ④$$

したがって, 負帰還時の電圧増幅度 A_{vf} は

$$A_{vf} = \frac{v_o}{v_s} = \frac{v_o}{i_s R_s} = \frac{R_{Mf}}{R_s} = -\frac{R R_F h_{fe} R_C'}{R_s [R_F(R+h_{ie}) + R h_{fe} R_C']} \tag{5}$$

次に，入力インピーダンスを求める。負帰還がかからないときの入力インピーダンス R_i は，解図 7.2 から

$$R_i = R // h_{ie} = \frac{R h_{ie}}{R + h_{ie}} \tag{6}$$

となる。それゆえ，負帰還時の入力インピーダンス R_{if} は

$$R_{if} = \frac{R_i}{F} = -\frac{R h_{ie}}{R+h_{ie}} \times \frac{R_F(R+h_{ie})}{R_F(R+h_{ie}) + R h_{fe} R_C'}$$
$$= \frac{R R_F h_{ie}}{R_F(R+h_{ie}) + R h_{fe} R_C'} \tag{7}$$

最後に，負荷 $R_C'(= R_C // R_F)$ を含めた回路の出力インピーダンスを求める。負帰還がかからないときの出力インピーダンス R_o は，$h_{oe}=0$ ではトランジスタ本体の出力抵抗は無限大と考えてよいので

$$R_o = R_C' = R_C // R_F = \frac{R_C R_F}{R_C + R_F} \tag{8}$$

となる。それゆえ，負帰還時の出力インピーダンス R_{of} は次式で与えられる。

$$R_{of} = \frac{R_o}{F} = \frac{R_C R_F}{R_C + R_F} \cdot \frac{R_F(R+h_{ie})}{R_F(R+h_{ie}) + R h_{fe} R_C'} \tag{9}$$

(3) (2)で導出した式に数値代入し，次のように算出される。

$$R = \frac{R_s R_C}{R_s + R_C} = \frac{10 \times 4}{10 + 4} \fallingdotseq 2.86 \text{ k}\Omega,$$

$$R_C' = \frac{R_F R_C}{R_F + R_C} = \frac{40 \times 4}{40 + 4} \fallingdotseq 3.64 \text{ k}\Omega$$

$$\frac{1}{F} = \frac{R_F(R+h_{ie})}{R_F(R+h_{ie}) + R h_{fe} R_C'}$$
$$= \frac{40 \times (2.86+2)}{40 \times (2.86+2) + 2.86 \times 60 \times 3.64} \fallingdotseq 0.237$$

$$R = \frac{R h_{ie}}{R + h_{ie}} = \frac{2.86 \times 2}{2.86 + 2} \fallingdotseq 1.18 \text{ k}\Omega$$

$$R_{if} = \frac{R_i}{F} = 1.18 \times 0.237 \fallingdotseq 0.28 \text{ k}\Omega$$

$$R_o = R_C' \fallingdotseq 3.64 \text{ k}\Omega$$

$$R_{of} = \frac{R_o}{F} = 3.64 \times 0.237 \fallingdotseq 0.863 \text{ k}\Omega$$

$$A_{vf} = -\frac{R R_F h_{fe} R_C'}{R_s [R_F(R+h_{ie}) + R h_{fe} R_C']}$$
$$= -\frac{2.86 \times 40 \times 60 \times 3.64}{10 \times [40 \times (2.86+2) + 2.86 \times 60 \times 3.64]}$$
$$\fallingdotseq -3.05$$

(4) $H_G R_M \gg 1$，すなわち

$$\frac{1}{R_F} \cdot \frac{R}{R+h_{ie}} h_{fe} R_C' \gg 1$$

$$\therefore \ R h_{fe} R_C' \gg R_F(R+h_{ie}) \tag{10}$$

式⑩を式④に適用すると

$$R_{Mf} \fallingdotseq -R_F = \frac{1}{H_G} \tag{11}$$

また，式⑪を式⑤に適用すると

$$A_{vf} \fallingdotseq -\frac{R_F}{R_s} \tag{12}$$

式⑪を式⑦に適用すると

$$R_{if} \fallingdotseq \frac{h_{ie} R_F}{h_{fe} R_C'} = \frac{R_F}{\dfrac{h_{fe}}{h_{ie}} R_C'} = \frac{R_F}{|A_{v0}|} \tag{13}$$

で表される。

23.1

図 8.2 の等価回路において，$v_{i1}-h_{ie}-R_E$ の閉回路および $v_{i2}-h_{ie}-R_E$ の閉回路にキルヒホッフの電圧則を適用すると

$$v_{i1}=h_{ie}i_1+R_E[(1+h_{fe})i_1+(1+h_{fe})i_2]$$
$$=[h_{ie}+(1+h_{fe})R_E]i_1+R_E(1+h_{fe})i_2 \qquad ①$$

および

$$v_{i2}=h_{ie}i_2+R_E[(1+h_{fe})i_1+(1+h_{fe})i_2]$$
$$=R_E(1+h_{fe})i_1+[h_{ie}+(1+h_{fe})R_E]i_2 \qquad ②$$

式①，②から，i_1, i_2 を求めると

$$i_1=\frac{[h_{ie}+(1+h_{fe})R_E]v_{i1}-(1+h_{fe})R_Ev_{i2}}{h_{ie}[h_{ie}+2(1+h_{fe})R_E]} \qquad ③$$

$$i_2=\frac{[h_{ie}+(1+h_{fe})R_E]v_{i2}-(1+h_{fe})R_Ev_{i1}}{h_{ie}[h_{ie}+2(1+h_{fe})R_E]} \qquad ④$$

したがって，出力電圧 v_{o1}, v_{o2} は

$$v_{o1}=-h_{fe}i_1R_C$$
$$=-h_{fe}R_C\frac{[h_{ie}+(1+h_{fe})R_E]v_{i1}-(1+h_{fe})R_Ev_{i2}}{h_{ie}[h_{ie}+2(1+h_{fe})R_E]}$$
$$(8\text{-}1)$$

$$v_{o2}=-h_{fe}i_2R_C$$
$$=-h_{fe}R_C\frac{[h_{ie}+(1+h_{fe})R_E]v_{i2}-(1+h_{fe})R_Ev_{i1}}{h_{ie}[h_{ie}+2(1+h_{fe})R_E]}$$
$$(8\text{-}2)$$

23.2

式(8-4)，(8-5)に数値代入して

$$A_d=-\frac{h_{fe}R_C}{h_{ie}}=-\frac{100\times1}{2}=-50$$

$$A_c=-\frac{h_{fe}R_C}{h_{ie}+2(1+h_{fe})R_E}=-\frac{100\times1}{2+2\times(1+100)\times3}$$
$$=-\frac{100}{608}$$

$$\therefore \quad CMRR=\frac{A_d}{A_c}=304$$

23.3

式(8-3)に数値代入し，その絶対値が求める振幅の値になる。それゆえ

$$|v_o|=\left|-\frac{h_{fe}R_C}{h_{ie}}(v_{i1}-v_{i2})\right|=\left|-\frac{100\times3\times(2-1)}{2}\right|=150\,\mathrm{mV}$$

式(8-4)，(8-5)に数値代入して

$$A_d=-\frac{h_{fe}R_C}{h_{ie}}=-\frac{100\times3}{2}=-150$$

$$A_c=-\frac{h_{fe}R_C}{h_{ie}+2(1+h_{fe})R_E}=-\frac{100\times3}{2+2\times(1+100)\times5}$$
$$=-\frac{300}{1012}$$

$$\therefore \quad CMRR=\frac{A_d}{A_c}=506$$

23.4

解図 8.1 のように回路の電圧 V_{BE}，電流 I_1, I_2, I_E を考える。題意から，元の回路におけるエミッタ電位 V_E は $-0.8\,\mathrm{V}$ であるから

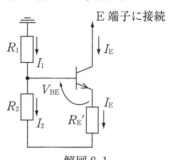

解図 8.1

$$I_E=\frac{12-0.8}{5\times10^3}=2.24\,\mathrm{mA} \qquad ①$$

また，解図 8.1 の回路では $V_B=-4\,\mathrm{V}$ としているので，この回路におけるエミッタ電位は $V_E=-4.8\,\mathrm{V}$ となる。よって，R_E' は

$$R_E'=\frac{12-4.8}{I_E}=\frac{7.2}{2.24\times10^{-3}}\fallingdotseq3.21\,\mathrm{k\Omega}$$

一方，解図 8.1 から

$$I_1=\frac{V_{EE}}{R_1+R_2}$$

$$I_1R_2=V_{BE}+I_ER_E'$$

この 2 式から

$$I_E=\frac{1}{R_E'}\left(\frac{R_2V_{EE}}{R_1+R_2}-V_{BE}\right) \qquad ②$$

式①と式②の I_E は一致していなければならないので

$$2.24=\frac{1}{3.21}\times\left(\frac{12R_2}{R_1+R_2}-0.8\right)$$

これより

$$R_1\fallingdotseq\frac{R_2}{2} \qquad ③$$

また，$I_1=I_2=1\,\mathrm{mA}$ としているので

$$R_1+R_2=\frac{V_{EE}}{I_1}=\frac{12}{1}=12\,\mathrm{k\Omega} \qquad ④$$

式③と④より

$$R_1=4\,\mathrm{k\Omega}, \quad R_2=8\,\mathrm{k\Omega}$$

ドリル No.24　解　答

24.1

同相入力電圧 e_1 を $\dfrac{(v_{i1}+v_{i2})}{2}$，差動入力電圧 e_2 を $\dfrac{(v_{i1}-v_{i2})}{2}$ とすると，入力信号 v_{i1}，v_{i2} はそれぞれ

$$v_{i1}=e_1+e_2 \qquad\qquad ①$$
$$v_{i2}=e_1-e_2 \qquad\qquad ②$$

で表される。この2式と式(8-4)，(8-5)の関係から，v_{o1}，v_{o2} は

$$v_{o1}=A_c e_1+A_d e_2 \qquad\qquad ③$$
$$v_{o2}=A_c e_1-A_d e_2 \qquad\qquad ④$$

となり，2つのトランジスタのコレクタ出力は，ともに同相成分と差動成分を含んでことがわかる。さらに，回路全体の出力 $v_o(=v_{o1}-v_{o2})$ は，同相成分 e_1 は出力に現れず，差動成分 e_2 のみが差動利得分だけ増幅されることになる。

24.2

$I_{B1}=I_{B2}=I_B$ とし，R_1 右端および R_2 上端の電位をそれぞれ e_2 および e_1 とすれば，次式がえられる。

$$V_o=A(e_2-e_1) \qquad\qquad ①$$
$$\frac{V_i-e_1}{R_1}=I_B+\frac{e_1-V_o}{R_2} \qquad\qquad ②$$
$$e_2=-I_B R_3 \qquad\qquad ③$$

式①から

$$e_2-e_1=\frac{V_o}{A}\fallingdotseq 0$$
$$\therefore\quad e_2=e_1 \qquad\qquad ④$$

また，式②で $V_i=0$ のときの出力電圧，すなわちオフセット出力電圧を $V_o=V_{oo}$ として，式③，式④を式②に適用すれば

$$\frac{-e_1}{R_1}=I_B+\frac{e_1-V_{oo}}{R_2}$$
$$\therefore\quad \frac{V_{oo}}{R_2}=\left(\frac{1}{R_1}+\frac{1}{R_2}\right)e_1+I_B$$
$$\therefore\quad V_{oo}=\left(1+\frac{R_2}{R_1}\right)(-R_3 I_B)+R_2 I_B=R_2\left(1-\frac{R_3}{\frac{R_1 R_2}{R_1+R_2}}\right)I_B$$

よって，オフセット出力電圧 V_{oo} を最小，すなわち0にするためには

$$R_3=\frac{R_1 R_2}{R_1+R_2}$$

でなければならない。

24.3

$V_{ref}=\pm 5\,\mathrm{V}$ が R_3 と R_4 で分圧されるので，VR_1 の調整範囲は

$$V_{adj}=V_{ref}\times\frac{R_3}{R_3+R_4}=\frac{\pm 5\times 0.1}{0.1+120}\fallingdotseq \pm 4.1\cdots\times 10^{-3}\,\mathrm{V}$$
$$\fallingdotseq \pm 4\,\mathrm{mV}$$

ドリルNo.25　解 答

25.1

各々のトランジスタのベース・エミッタ間電圧 v_{be} は、オペアンプの入力信号 v_{i} に対して $\ln(v_{\mathrm{i}})$ に比例する電圧が現れる。

Tr_1, Tr_2, Tr_3 のベース・エミッタ間電圧をそれぞれ v_{be1}, v_{be2}, v_{be3} とすると、Tr_4 のエミッタ電位 v_{e4} は

$$v_{\mathrm{e4}} = -v_{\mathrm{be1}} + v_{\mathrm{be2}} - v_{\mathrm{be3}}$$
$$= -(v_{\mathrm{be1}} - v_{\mathrm{be2}} + v_{\mathrm{be3}})$$
$$= -(a_1\ln X - a_2\ln Z + a_3\ln Y) \quad (a_1, a_2, a_3 \text{ は定数})$$
$$= -K_1\ln\frac{XY}{Z} \quad (K_1 \text{ は定数})$$

この v_{e4} は逆ログアンプされて出力するので

$$v_{\mathrm{o}} = -K_2\frac{XY}{Z}$$

25.2

$\tau = CR_{\mathrm{f}} = 10^{-6} \times 100 = 10^{-4}\,\mathrm{s} = 0.1\,\mathrm{ms}$,

$T = \dfrac{1}{f} = \dfrac{1}{50}\,\mathrm{s} = 20\,\mathrm{ms}$ であるので、$\tau \ll T$ を満たしており、出力は時間的に滑らかな微分波形がえられる。

$$v_{\mathrm{o}} = -CR_{\mathrm{f}}\frac{\mathrm{d}v_{\mathrm{i}}}{\mathrm{d}t} = -10^{-6} \times 100 \times 100\pi \times 0.2\cos(100\pi t)$$
$$= -2\pi \times 10^{-3} \times \cos(100\pi t)\,[\mathrm{V}]$$
$$= -2\pi\cos(100\pi t)\,[\mathrm{mV}]$$

25.3

この回路は図 8.8 の減算回路であり、出力 v_{o} は式 (8-19)、すなわち

$$v_{\mathrm{o}} = -\frac{R_2}{R_1}v_1 + \frac{R_4(R_1+R_2)}{R_1(R_3+R_4)}v_2 \tag{8-19}$$

で与えられる。この回路の抵抗値の関係は

$$\frac{R_2}{R_1} = \frac{R_4}{R_3} = 20 \tag{①}$$

式①を式(8-19)に適用すると

$$v_{\mathrm{o}} = -20(v_1 - v_2) \tag{②}$$

式②に入力信号 v_1, v_2 を適用すると、出力 v_{o} は解図 8.2 のようになる。

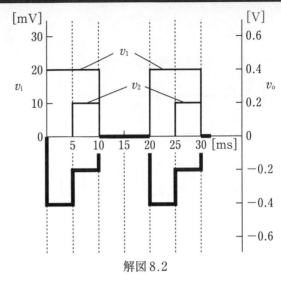

解図 8.2

25.4

空欄の順に

$$\frac{V_{\mathrm{y}}}{R_5}, \quad \frac{R_5 V_2}{V_{\mathrm{y}}}, \quad \frac{-R_{\mathrm{f}}}{r_{\mathrm{ds1}}}, \quad -\frac{R_{\mathrm{f}}}{R_5}\cdot\frac{V_{\mathrm{x}}V_{\mathrm{y}}}{V_{\mathrm{z}}}$$

25.5

(1) $R = \dfrac{R_{\mathrm{i}}R_{\mathrm{f}}}{R_{\mathrm{i}}+R_{\mathrm{f}}} \fallingdotseq R_{\mathrm{i}} \quad (\because R_{\mathrm{f}} \gg R_{\mathrm{i}})$
$= 10\,\mathrm{k\Omega}$

(2) 帰還回路にCのみでは回路が不安定になるので、ローパスフィルターの形にして安定させる。

(3) $\tau = CR_{\mathrm{i}} = 10^{-7} \times 10^4 = 10^{-3}\,\mathrm{s} = 1\,\mathrm{ms}$, $T = 20\,\mathrm{ms}\,(\tau \ll T)$ を満たしており、出力は時間的に滑らかな積分波形がえられる。パルス時間幅 $\dfrac{T}{2} = 10\,\mathrm{ms}$ による積分値は、それぞれ

$$\frac{V_{\mathrm{i}}\dfrac{T}{2}}{CR_{\mathrm{i}}} = \frac{10^{-2} \times 10^{-2}}{10^{-7} \times 10^4} = 10^{-1}\,\mathrm{V}$$

となるので、出力の波形は解図 8.3 のようになる。

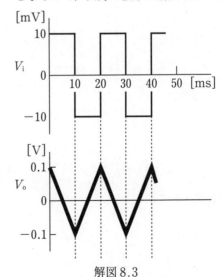

解図 8.3

ドリル No.26　　解　答

26.1

回路は比較電圧 $+V$ と $-V$ をもつウィンドウズ・コンパレータ。出力波形は解図 8.4 の通り。

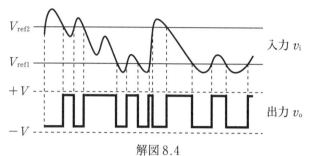

解図 8.4

26.2

回路の電圧利得 A_v は

$$A_v = -\frac{Z_f}{Z_i} = -\frac{R_f}{\dfrac{1}{j\omega C} + R_i} = -\frac{j\omega C R_f}{1 + j\omega C R_i}$$

$$\therefore \quad |A_v| = \frac{1}{\sqrt{\left(\dfrac{R_i}{R_f}\right)^2 + \left(\dfrac{1}{\omega C R_f}\right)^2}} = \frac{R_f}{R_i} \cdot \frac{1}{\sqrt{1 + \left(\dfrac{1}{\omega C R_i}\right)^2}}$$

よって，回路はハイパスフィルターであり，その遮断周波数 f_c は，上式から，最大値 $\dfrac{R_f}{R_i}$ の $\dfrac{1}{\sqrt{2}}$ に対応する周波数であるから

$$\frac{1}{2\pi f_c C R_i} = 1$$

$$\therefore \quad f_c = \frac{1}{2\pi C R_i}$$

26.3

$-$, $+$ 入力端子の電位をそれぞれ e_1, e_2, また可変抵抗の可変端子の電位を e_3 とすると

$$V_o = A(e_2 - e_1) \tag{①}$$

$$\frac{0 - e_1}{R_1} = \frac{e_1 - e_3}{R_2} \tag{②}$$

$$\frac{e_1 - e_3}{R_2} = \frac{e_3}{ar} + \frac{e_3 - V_o}{(1-a)r} \tag{③}$$

式①から，$e_2 - e_1 = \dfrac{V_o}{A} \fallingdotseq 0$ であるので，$e_2 = e_1$

また，$e_2 = V_i$ であるので

$$e_1 = e_2 = V_i \tag{④}$$

式④を式②に代入して

$$\frac{-V_1}{R_1} = \frac{V_i - e_3}{R_2} \quad \therefore \quad e_3 = \left(1 + \frac{R_2}{R_1}\right)V_i \tag{⑤}$$

式④, ⑤を式③に代入して

$$\frac{V_i - e_3}{R_2} = \frac{e_3}{ar} + \frac{e_3 - V_o}{(1-a)r}$$

$$\frac{V_o}{(1-a)r} = \left[\frac{1}{ar} + \frac{1}{(1-a)r} + \frac{1}{R_2}\right]e_3 - \frac{1}{R_2}V_i$$

$$\therefore \quad V_o = (1-a)r\left[\frac{1}{ar} + \frac{1}{(1-a)r} + \frac{1}{R_2}\right]e_3 - \frac{(1-a)r}{R_2}V_i$$

$$= \left(1 + \frac{R_2}{R_1}\right)\left[\frac{1}{a} + \frac{(1-a)r}{R_1 + R_2}\right]V_i$$

26.4

回路の電圧利得 A_v は

$$A_v = -\frac{Z_f}{Z_i} = -\frac{\dfrac{1}{\dfrac{1}{R_f} + j\omega C_2}}{R_i + \dfrac{1}{j\omega C_1}} = -\frac{1}{\left(R_i + \dfrac{1}{j\omega C_1}\right)\left(\dfrac{1}{R_f} + j\omega C_2\right)}$$

$$= -\frac{R_f}{R_i} \cdot \frac{1}{\left(1 + \dfrac{1}{j\omega C_1 R_i}\right)(1 + j\omega C_2 R_f)} \tag{①}$$

式①はローパスフィルターとハイパスフィルターを組み合わせた回路の特性を表しており，$\omega C_2 R_f < 1$ ではローパス特性，すなわち $\omega C_2 R_f = 1$ から高域遮断周波数 f_{ch} がえられる。一方，$\omega C_1 R_f > 1$ ではハイパス特性，すなわち $\omega C_1 R_f = 1$ から低域遮断周波数 f_{c1} がえられる。それゆえ

$$f_{c1} = \frac{1}{2\pi C_1 R_i} \tag{②}$$

$$f_{ch} = \frac{1}{2\pi C_2 R_f} \tag{③}$$

中心周波数 f_0 で最大電圧利得 $|A_v|_{max}$ がえられるので，これを求める。式①から

$$|A_v| = \frac{R_f}{R_i} \cdot \frac{\omega C_1 R_i}{|(1 - \omega^2 C_1 C_2 R_i R_f) + j\omega(C_1 R_i + C_2 R_f)|}$$

$$= \frac{R_f}{R_i} \cdot \frac{\omega C_1 R_i}{\sqrt{(1 - \omega^2 C_1 C_2 R_i R_f)^2 + \omega^2(C_1 R_i + C_2 R_f)^2}}$$

$$= \frac{R_f}{R_i} \cdot \frac{\omega C_1 R_i}{\sqrt{1 - [2C_1 C_2 R_i R_f - (C_1 R_i + C_2 R_f)^2]\omega^2 + (C_1 C_2 R_i R_f)^2 \omega^4}} \tag{④}$$

$\dfrac{\partial |A_v|}{\partial \omega} = 0$ より，$1 - \cdots = X(\omega)$ とおくと

$$C_1 R_i \sqrt{X(\omega)} - \omega C_1 R_i \cdot \frac{-2(2C_1 C_2 R_i R_f - C_1 R_i - C_2 R_f)\omega + 4(C_1 C_2 R_i R_f)^2 \omega^3}{2\sqrt{X(\omega)}} = 0$$

$$X(\omega) + [2C_1 C_2 R_i R_f - (C_1 R_i + C_2 R_f)^2]\omega^2 - 2(C_1 C_2 R_i R_f)^2 \omega^4 = 0$$

$X(\omega)$ を元に戻して計算すると

$$1 - (C_1 C_2 R_i R_f)^2 \omega^4 = 0$$

この式の解 ω が $\omega_0 (= 2\pi f_0)$ であり

$$\omega_0 = \frac{1}{\sqrt{C_1 C_2 R_i R_f}} \tag{⑤}$$

すなわち

$$f_0 = \frac{1}{2\pi\sqrt{C_1 C_2 R_i R_f}} \tag{⑥}$$

式⑤を式④に代入して

$$|A_v|_{max} = \frac{R_f}{R_i} \cdot \frac{\sqrt{\dfrac{C_1 R_i}{C_2 R_f}}}{\sqrt{\dfrac{(C_1 R_i + C_2 R_f)^2 - 2C_1 C_2 R_i R_f}{C_1 C_2 R_i R_f}}}$$

$$= \frac{C_1 R_f}{\sqrt{(C_1 R_i + C_2 R_f)^2 - 2C_1 C_2 R_i R_f}}$$

$$= \frac{C_1 R_f}{\sqrt{(C_1 R_i)^2 + (C_2 R_f)^2}}$$

$$= \frac{1}{\sqrt{\left(\dfrac{R_i}{R_f}\right)^2 + \left(\dfrac{C_2}{C_1}\right)^2}} \quad ⑦$$

性能指数 Q は次式で表される。

$$Q = \frac{f_o}{\Delta f} = \frac{f_o}{f_{ch} - f_{cl}} \quad ⑧$$

これらに数値代入し，それぞれ以下のように求められる。

$$f_{cl} = \frac{1}{2\pi \times 10^{-6} \times 10^3} \fallingdotseq 160 \text{ Hz}$$

$$f_{ch} = \frac{1}{2\pi \times 10^{-7} \times 2 \times 10^3} \fallingdotseq 796 \text{ Hz}$$

$$f_0 = \frac{1}{2\pi\sqrt{10^{-6} \times 10^{-7} \times 10^3 \times 2 \times 10^3}} \fallingdotseq 356 \text{ Hz}$$

$$|A_v|_{max} = \frac{1}{\sqrt{\left(\dfrac{1}{2}\right)^2 + \left(\dfrac{1}{10}\right)^2}} \fallingdotseq 2.0$$

$$Q = \frac{356}{796 - 160} \fallingdotseq 0.56$$

26.5

(1) $-$，$+$ の入力端子電圧をそれぞれ e_1，e_2，また出力電圧を e_o，R_L での電圧降下を V_L とすると

$$e_o = A(e_2 - e_1) \quad ①$$

$$\frac{V_i - e_1}{R_1} = \frac{e_1 - e_o}{R_2} \quad ②$$

$$\frac{0 - e_2}{R_1} = \frac{e_2 - V_L}{R_2} \quad ③$$

$$\frac{e_o - V_L}{R_0} = \frac{V_L}{R_L} + \frac{V_L - e_2}{R_2} \quad ④$$

式①から，$e_2 - e_1 = \dfrac{e_o}{A} \fallingdotseq 0$

よって

$$e_1 = e_2 \quad ⑤$$

式②から

$$e_o = \frac{R_1 + R_3}{R_1} e_1 - \frac{R_3}{R_1} V_i \quad ⑥$$

式③から

$$e_2 = \frac{R_1}{R_1 + R_2} V_L \quad ⑦$$

式④に式⑤～⑦を代入して V_L を求める。

$$\frac{\dfrac{R_1 + R_2}{R_1} e_1 - \dfrac{R_3}{R_1} V_i - V_L}{R_0} = \frac{V_L}{R_L} + \frac{V_L - e_2}{R_2}$$

$$\therefore \left(R_1 + \frac{R_0 R_1}{R_L} + \frac{R_0 R_1}{R_2}\right) V_L - \left(R_1 + R_3 + \frac{R_0 R_1}{R_2}\right) e_2 = -R_3 V_i$$

$$\left[R_1 + \frac{R_0 R_1}{R_L} + \frac{R_0 R_1}{R_2} - \left(R_1 + R_3 + \frac{R_0 R_1}{R_2}\right) \cdot \frac{R_1}{R_1 + R_2}\right] V_L = -R_3 V_i$$

$$\left[\frac{R_1(R_0 + R_2 - R_3)}{R_1 + R_2} + \frac{R_0 R_1}{R_L}\right] V_L = -R_3 V_i$$

$$\therefore V_L = \frac{-R_3 V_i}{\dfrac{R_1(R_0 + R_2 - R_3)}{R_1 + R_2} + \dfrac{R_0 R_1}{R_L}} \quad ⑧$$

$$I_L = \frac{V_L}{R_L} = \frac{-R_3 V_i}{\dfrac{R_1(R_0 + R_2 - R_3)}{R_1 + R_2} R_L + R_0 R_1} \quad ⑨$$

(2) 定電流回路になるためには，I_L が R_L に無関係な式であればよい。すなわち，式⑨の右辺において R_L の係数を 0 にすればよい。したがって

$$R_0 + R_2 - R_3 = 0$$

$$\therefore R_3 = R_0 + R_2$$

26.6

(1)(ア)Y_3，Y_5 (イ)Y_1，Y_3，Y_4 (ウ)Y_1，Y_3，Y_5 (エ)Y_2，Y_4

(2) 式(8-T4)に適合すると

$$\frac{v_o}{v_i} = -\frac{1/(R_1 R_4)}{\left(\dfrac{1}{R_1} + \dfrac{1}{R_2} + j\omega C_3 + \dfrac{1}{R_4}\right) j\omega C_5 + \dfrac{1}{R_2 R_4}}$$

$$= -\frac{1/(R_1 R_4)}{(j\omega)^2 C_3 C_5 + (j\omega) C_5\left(\dfrac{1}{R_1} + \dfrac{1}{R_2} + \dfrac{1}{R_4}\right) + \dfrac{1}{R_2 R_4}}$$

$$= -\frac{1/(R_1 R_4 C_3 C_5)}{s^2 + \dfrac{1}{C_3}\left(\dfrac{1}{R_1} + \dfrac{1}{R_2} + \dfrac{1}{R_4}\right) s + \dfrac{1}{R_2 R_4 C_3 C_5}} \quad (j\omega = s)$$

$$\quad ①$$

式①と式(8-T5)を比較すると

$$A\omega_c^2 = \frac{1}{R_1 R_4 C_3 C_5} \quad ②$$

$$\frac{\omega_c}{Q} = \frac{1}{C_3}\left(\frac{1}{R_1} + \frac{1}{R_2} + \frac{1}{R_4}\right) \quad ③$$

$$\omega_c^2 = \frac{1}{R_2 R_4 C_3 C_5} \quad ④$$

式②，④より

$$A = \frac{R_2 R_4 C_3 C_5}{R_1 R_4 C_3 C_5} = \frac{R_2}{R_1} \quad ⑤$$

式③，④より

$$Q = \frac{1/\sqrt{R_2 R_4 C_3 C_5}}{\dfrac{1}{C_3}\left(\dfrac{1}{R_1} + \dfrac{1}{R_2} + \dfrac{1}{R_4}\right)}$$

$$= \frac{\sqrt{C_3/C_5}}{\sqrt{R_2 R_4}\left(\dfrac{1}{R_1} + \dfrac{1}{R_2} + \dfrac{1}{R_4}\right)}$$

$$= \frac{\sqrt{C_3/C_5}}{\frac{\sqrt{R_2 R_4}}{R_1} + \sqrt{\frac{R_4}{R_2}} + \sqrt{\frac{R_2}{R_4}}} \qquad ⑥$$

式④より

$$f_c = \frac{1}{2\pi} \sqrt{\frac{1}{R_2 R_4 C_3 C_5}} \qquad ⑦$$

(3) 式⑥に数値代入して

$$1 = \frac{\sqrt{C_3/C_5}}{(5/10)+1+1} = \frac{\sqrt{C_3/C_5}}{2.5}$$

$$\therefore \quad \sqrt{C_3} = 2.5\sqrt{C_5} \qquad ⑧$$

式⑦に数値代入して

$$2 \times 10^3 = \frac{1}{2\pi} \cdot \frac{1}{5 \times 10^3} \cdot \frac{1}{\sqrt{C_3 C_5}}$$

$$\therefore \quad \frac{1}{\sqrt{C_3 C_5}} = 2\pi \times 10^7 \qquad ⑨$$

⑧を⑨に代入して

$$\frac{1}{2.5 C_5} = 2\pi \times 10^7$$

$$\therefore \quad C_5 = \frac{1}{2.5 \times 2\pi \times 10^7} \fallingdotseq 6.4 \times 10^{-9}\,\mathrm{F}$$

$$= 6.4\,\mathrm{nF}$$

これを⑧に代入すると

$$\sqrt{C_3} = 2.5\sqrt{6.4 \times 10^{-9}}$$

$$\therefore \quad C_3 = 2.5^2 \times 6.4 \times 10^{-9} = 40 \times 10^{-9}\,\mathrm{F}$$

$$= 40\,\mathrm{nF}$$

27.1

AH の位相角を θ とすると

$$AH = |AH|e^{j\theta} = |AH|\cos\theta + j|AH|\sin\theta \quad ①$$

で表される。したがって，式(9-3)と式(9-4)の発振条件は次のようになる。

$$|AH|\cos\theta \geqq 1 \quad ②$$
$$|AH|\sin\theta = 0 \quad ③$$

発振するためには式②，式③を同時に満たす必要がある。式③より，$\sin\theta = 0$ となり，$\theta = 0, \pi$ がえられる。しかしながら，$\theta = \pi$ は式②を満たさないので

$$\theta = 0 \quad ④$$

また，式④を式②に代入すると次式がえられる。

$$|AH| \geqq 1 \quad ⑤$$

27.2

電圧増幅度 36 dB は電圧比 $A_v \fallingdotseq 63$（倍）である。したがって，問題 27.1 の解答式⑤より

$$63H_v \geqq 1$$
$$\therefore \quad H_v \geqq 0.016$$

27.3

図の増幅回路および帰還回路の電圧，電流については，それぞれ次のように表される。

ⅰ）増幅回路

$$\left.\begin{array}{l} i_1 = y_i v_1 + y_r v_2 \\ i_2 = y_t v_1 + y_o v_2 \end{array}\right\} \quad ①$$

ⅱ）帰還回路

$$\left.\begin{array}{l} i_1' = y_i' v_1' + y_r' v_2' \\ i_2' = y_t' v_1' + y_o' v_2' \end{array}\right\} \quad ②$$

ただし，増幅回路と帰還回路は並列接続されているので，$v_1 = v_1'$，$v_2 = v_2'$

また，回路全体については

$$I_1 = i_1 + i_1' = (y_i + y_i')v_1 + (y_r + y_r')v_2$$
$$\equiv Y_i V_1 + Y_r V_2 \quad ③$$
$$I_2 = i_2 + i_2' = (y_t + y_t')v_1 + (y_o + y_o')v_2$$
$$\equiv Y_f V_1 + Y_o V_2 \quad ④$$

となる。さて，同図の入出力回路を開放（オープン）とし，負荷を増幅回路の y_o に含め，全体の閉回路が発振を起こしていると考えれば，外部から流入する電流 I_1，I_2 は 0 のはずである。すなわち，発振状態下では式③，④について

$$Y_i V_1 + Y_r V_2 = 0 \quad ⑤$$
$$Y_f V_1 + Y_o V_2 = 0 \quad ⑥$$

となる。発振時には V_1，V_2 は有限値でなければならず，そのためには

$$Y_i Y_o - Y_r Y_f = 0 \quad ⑦$$

とならなければならない。これが，定常発振の条件であり，発振起動のためには，

$$Y_i Y_o - Y_r Y_f < 0 \quad ⑧$$

とならなければならない。式⑦の実数部と虚数部をそれぞれ 0 とおけば，いわゆる振幅条件と周波数条件がえられる。

28.1

ハートレイ形発振回路の発振条件は式(9-11)および式(9-15)で与えられる。数値代入により発振周波数 f は

$$f=\frac{1}{2\pi\sqrt{(L_1+L_3)C_2}}=\frac{1}{2\pi\sqrt{(1+4)\times10^{-4}\times10^{-7}}}$$

$$=\frac{10^5}{\pi\sqrt{2}}$$

$$\fallingdotseq2.25\times10^4\,\mathrm{Hz}$$

$$=22.5\,\mathrm{kHz}$$

また，トランジスタの h_{fe} は

$$h_{\mathrm{fe}}\geqq\frac{L_3}{L_1}+h_{\mathrm{ie}}h_{\mathrm{oe}}\frac{L_1}{L_3}=\frac{0.4}{0.1}+2\times10^3\times2\times10^{-5}\times\frac{0.1}{0.4}$$

$$=4+1\times10^{-2}$$

$$\fallingdotseq4$$

28.2

(1)定常発振条件の式(9-8)の虚数部において，$Z_1=\frac{1}{\mathrm{j}\omega C_1}$，$Z_2=\mathrm{j}\omega L_2$，$Z_3=\frac{1}{\mathrm{j}\omega C_3}$ を代入し0とおけば発振周波数 f が求まる。それゆえ

$$\mathrm{j}\omega L_2+\frac{1}{\mathrm{j}\omega C_1}+\frac{1}{\mathrm{j}\omega C_3}+\frac{h_{\mathrm{oe}}}{h_{\mathrm{ie}}}\cdot\mathrm{j}\omega L_2\cdot\frac{1}{\mathrm{j}\omega C_1}\cdot\frac{1}{\mathrm{j}\omega C_3}=0 \quad ①$$

$$\therefore\quad\omega^2=\frac{1}{L_2}\left(\frac{h_{\mathrm{oe}}}{h_{\mathrm{ie}}}\cdot\frac{L_2}{C_1C_3}+\frac{C_1+C_3}{C_1C_3}\right) \quad ②$$

トランジスタの性能として $h_{\mathrm{ie}}\sim10^3\,\Omega$，$h_{\mathrm{oe}}\sim10^{-5}\,\mathrm{S}$，回路定数として C_1，$C_3\sim10^{-8}\,\mathrm{F}$，$L_2\sim10^{-3}\,\mathrm{H}$ であることを考慮すると，上式の右辺では第2項が支配的である。したがって

$$\omega^2\fallingdotseq\frac{C_1+C_3}{L_2C_1C_3} \quad ③$$

$$\therefore\quad f=\frac{1}{2\pi\sqrt{\dfrac{L_2C_1C_3}{C_1+C_3}}} \quad ④$$

また，式(9-8)の実数部において，$Z_1=\frac{1}{\mathrm{j}\omega C_1}$，$Z_2=\mathrm{j}\omega L_2$，$Z_3=\frac{1}{\mathrm{j}\omega C_3}$ を代入し0とおけば定常発振の振幅，この場合にはトランジスタの電流増幅率 h_{fe} が求まる。それゆえ

$$h_{\mathrm{fe}}+1-\omega^2L_2C_1+h_{\mathrm{ie}}h_{\mathrm{oe}}(1-\omega^2L_2C_3)=0 \quad ⑤$$

発振周波数の条件式③を式⑤に適用すると

$$h_{\mathrm{fe}}+1-\frac{C_1+C_3}{C_3}+h_{\mathrm{ie}}h_{\mathrm{oe}}\left(1-\frac{C_1+C_3}{C_3}\right)=0 \quad ⑥$$

$$\therefore\quad h_{\mathrm{fe}}=\frac{C_1}{C_3}+h_{\mathrm{ie}}h_{\mathrm{oe}}\frac{C_3}{C_1} \quad ⑦$$

発振起動のためには当然，(左辺)＞(右辺)であるので，発振振幅の条件は次式で与えられる。

$$h_{\mathrm{fe}}\geqq\frac{C_1}{C_3}+h_{\mathrm{ie}}h_{\mathrm{oe}}\frac{C_3}{C_1} \quad ⑧$$

したがって，発振の条件は，式⑧および式④で与えられる。

(2)(1)で導出した式⑧および式④に数値代入し，つぎのようにえられる。

$$h_{\mathrm{fe}}\geqq\frac{C_1}{C_3}+h_{\mathrm{ie}}h_{\mathrm{oe}}\frac{C_3}{C_1}=\frac{1}{2}+2\times10^3\times2\times10^{-5}\times\frac{2}{1}$$

$$=\frac{1}{2}+8\times10^{-2}$$

$$=0.58$$

$$\therefore\quad h_{\mathrm{fe}}\geqq0.58$$

$$f=\frac{1}{2\pi\sqrt{\dfrac{L_2C_1C_3}{C_1+C_3}}}=\frac{1}{2\pi\sqrt{\dfrac{1\times10^{-3}\times1\times2\times10^{-16}}{(1+2)\times10^{-8}}}}$$

$$\fallingdotseq6.16\times10^4\,\mathrm{Hz}$$

$$=61.6\,\mathrm{kHz}$$

28.3

演図9.3(b)の定電流源 $h_{\mathrm{fe}}i_1$ により一次コイル L_1 に流れる電流 i_{L} は，全並列アドミタンスに対する分流比 $\frac{1}{\mathrm{j}\omega L_1}$ であるから

$$i_{\mathrm{L}}=h_{\mathrm{fe}}i_1\frac{\dfrac{1}{\mathrm{j}\omega L_1}}{\left(\dfrac{1}{n^2h_{\mathrm{ie}}}\right)+g+h_{\mathrm{oe}}+\mathrm{j}\omega C+\left(\dfrac{1}{\mathrm{j}\omega L_1}\right)} \quad ①$$

したがって，$i_1{}'$ は

$$i_1{}'=\frac{\mathrm{j}\omega M}{h_{\mathrm{ie}}}\times h_{\mathrm{fe}}i_1\times\frac{\dfrac{1}{\mathrm{j}\omega L_1}}{\left(\dfrac{1}{n^2h_{\mathrm{ie}}}\right)+g+h_{\mathrm{oe}}+\mathrm{j}\omega C+\left(\dfrac{1}{\mathrm{j}\omega L_1}\right)} \quad ②$$

発振条件，$i_1{}'\geqq i_1$ にあてはめると

$$1\leqq\frac{\mathrm{j}\omega M}{h_{\mathrm{ie}}}\cdot h_{\mathrm{fe}}i_1\cdot\frac{\dfrac{1}{\mathrm{j}\omega L_1}}{\left(\dfrac{1}{n^2h_{\mathrm{ie}}}\right)+g+h_{\mathrm{oe}}+\mathrm{j}\omega C+\left(\dfrac{1}{\mathrm{j}\omega L_1}\right)} \quad ③$$

この式を整理して，実数部と虚数部に分けると

$$\left(\frac{1}{n^2h_{\mathrm{ie}}}+g+h_{\mathrm{oe}}\right)h_{\mathrm{ie}}+\mathrm{j}h_{\mathrm{ie}}\left(\omega C-\frac{1}{\omega L_1}\right)\leqq h_{\mathrm{fe}}\frac{M}{L_1} \quad ④$$

求める発振条件のうち周波数条件は，式④の虚数部を0とおくことによりえられ

$$f=\frac{1}{2\pi\sqrt{L_1C}} \quad ⑤$$

振幅条件は，式④の実数部の関係により

$$h_{\mathrm{fe}} \geqq \frac{L_1}{M} h_{\mathrm{ie}}\left(\frac{1}{n^2 h_{\mathrm{ie}}} + g + h_{\mathrm{oe}}\right) \qquad \text{⑥}$$

トランスの結合係数 $k=1$ の場合には，$\dfrac{L_1}{M}=1$ となるので，式⑥は

$$h_{\mathrm{fe}} \geqq \frac{1}{n} + n h_{\mathrm{ie}}(g + h_{\mathrm{oe}}) \qquad \text{⑦}$$

となる。よって，本題の発振条件は，式⑤および式⑦で与えられる。

28.4

ドレイン電圧 v_{d} は $\dfrac{1}{n}$ 倍されてゲートに正帰還され v_{g} になると考えてよい。図(b)で示されるように，出力側回路の定電流源 $(-g_{\mathrm{m}} v_{\mathrm{g}})$ は i_1, i_2, i_3 に分流されるので

$$-g_{\mathrm{m}} v_{\mathrm{g}} = i_1 + i_2 + i_3 \qquad \text{①}$$

また，1 次コイルの端子間電圧 $\mathrm{j}\omega L_1 i_3$ は，逆相の $\dfrac{1}{n}$ 倍になって二次コイル L_2 の端子電圧となり，これが v_{g} に等しくなるため

$$v_{\mathrm{g}} = -\frac{\mathrm{j}\omega L_1 i_3}{n} \qquad \text{②}$$

式②を式①に代入すると

$$i_1 + i_2 + \left(1 - \frac{\mathrm{j}\omega L_1 g_{\mathrm{m}}}{n}\right) i_3 = 0 \qquad \text{③}$$

さらに r_{d} と C と L_1 の端子間電圧がすべて等しいので，次式が成り立つ。

$$r_{\mathrm{d}} i_1 - \frac{1}{\mathrm{j}\omega C} i_2 = 0 \qquad \text{④}$$

$$r_{\mathrm{d}} i_1 - \mathrm{j}\omega L_1 i_3 = 0 \qquad \text{⑤}$$

式③，④，⑤の i_1, i_2, i_3 に関する係数行列式をつくり 0 とおくと

$$\begin{vmatrix} 1 & 1 & 1 - \dfrac{\mathrm{j}\omega L_1 g_{\mathrm{m}}}{n} \\ r_{\mathrm{d}} & -\dfrac{1}{\mathrm{j}\omega C} & 0 \\ r_{\mathrm{d}} & 0 & -\mathrm{j}\omega L_1 \end{vmatrix} = 0 \qquad \text{⑥}$$

これを展開すると

$$\frac{L_1}{C} + \frac{1}{\mathrm{j}\omega C}\left(1 - \frac{\mathrm{j}\omega L_1 g_{\mathrm{m}}}{n}\right) r_{\mathrm{d}} + \mathrm{j}\omega L_1 r_{\mathrm{d}} = 0 \qquad \text{⑦}$$

整理すると

$$\frac{L_1}{C}\left(\frac{g_{\mathrm{m}} r_{\mathrm{d}}}{n} - 1\right) + \mathrm{j}\left(\frac{1}{\omega C} - \omega L_1\right) = 0 \qquad \text{⑧}$$

式⑧の虚数部を 0 とおくと周波数条件がえられ

$$f = \frac{1}{2\pi\sqrt{L_1 C}} \qquad \text{⑨}$$

また，式⑧の実数部を 0 とおくと振幅スレッショルド条件がえられ

$$\frac{g_{\mathrm{m}} r_{\mathrm{d}}}{n} = 1 \qquad \text{⑩}$$

FET の電圧増幅率 μ は

$$\mu = g_{\mathrm{m}} r_{\mathrm{d}} \qquad \text{⑪}$$

で表されるので，結局，振幅条件として次式がえられる。

$$\mu \geqq n \qquad \text{⑫}$$

式⑨と式⑫が求める発振条件になる。

29.1

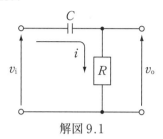

解図 9.1

解図 9.1 のような CR1 段組の回路の入出力電圧の関係は

$$v_o = Ri = R\frac{v_i}{R + \dfrac{1}{j\omega C}}$$

$$\fallingdotseq R\frac{v_i}{\dfrac{1}{j\omega C}} \quad \left(R \ll \frac{1}{\omega C} \text{ の場合}\right)$$

$$= CR \cdot j\omega v_i$$

$$= CR\frac{dv_i}{dt}$$

で表され，出力電圧は入力電圧の時間微分に比例するので，微分形回路と呼ばれる。

29.2

図 9.4(b) で示される回路のようにループ電流 i_1, i_2, i_3 を仮定すると，回路方程式として次式がえられる。

$$\left.\begin{aligned}(R-jX)i_1 - Ri_2 &= v_o\\-Ri_1 + (2R-jX)i_2 - Ri_3 &= 0\\-Ri_2 + (2R-jX)i_3 &= 0\end{aligned}\right\} \quad ①$$

ここで，

$$X = \frac{1}{\omega C} \quad ②$$

したがって，i_3 は

$$i_3 = \frac{\begin{vmatrix} (R-jX) & -R & v_o \\ -R & (2R-jX) & 0 \\ 0 & -R & 0 \end{vmatrix}}{M} = \frac{v_o R^2}{M} \quad ③$$

ただし，

$$M = \begin{vmatrix} (R-jX) & -R & 0 \\ -R & (2R-jX) & -R \\ 0 & -R & (2R-jX) \end{vmatrix} \quad ④$$

で表される。行列式 M を計算すると

$$M = R(R^2 - 5X^2) - jX(6R^2 - X^2) \quad ⑤$$

となる。したがって

$$i_3 = \frac{v_o R^2}{R(R^2 - 5X^2) - jX(6R^2 - X^2)} \quad ⑥$$

となり，増幅器の入力電圧 v_i は

$$v_i = i_3 R = \frac{v_o R^3}{R(R^2 - 5X^2) - jX(6R^2 - X^2)} \quad ⑦$$

となる。定常状態（発振が持続している状態）での増幅器の電圧増幅度 A_v は

$$A_v = \frac{v_o}{v_i} = \frac{1}{R^2}(R^2 - 5X^2) - j\frac{X}{R^3}(6R^2 - X^2) \quad ⑧$$

となる。

増幅度は実数でなければならないので，式⑧の虚数部は 0 でなければならない。したがって

$$6R^2 - X^2 = 0 \quad ⑨$$

X について解くと

$$X = \sqrt{6}\,R \quad ⑩$$

式⑩と式②から，発振周波数 f は

$$f = \frac{1}{2\pi\sqrt{6}\,CR} \quad ⑪$$

となる。また，発振が持続するための電圧増幅度 A_v は，式⑧に式⑨を代入して

$$A_v = 1 - 30 = -29 \quad ⑫$$

となる。

29.3

(1)微分形回路と同様に，トランジスタの出力電圧を v_o，移相回路の 1 段目，2 段目，3 段目の右回りのループ電流をそれぞれ i_1, i_2, i_3 とし，また最終段（3 段目）のコンデンサの端子間電圧を v_i とすると，次の回路方程式がえられる。

$$\left.\begin{aligned}(R-jX)i_1 + jXi_2 &= v_o\\jXi_1 + (R-j2X)i_2 + jXi_3 &= 0\\jXi_2 + (R-j2X)i_3 &= 0\end{aligned}\right\} \quad ①$$

ここで，

$$X = \frac{1}{\omega C} \quad ②$$

したがって，i_3 は

$$i_3 = \frac{\begin{vmatrix} (R-jX) & jX & v_o \\ jX & (R-j2X) & 0 \\ 0 & jX & 0 \end{vmatrix}}{M} = \frac{-v_o X^2}{M} \quad ③$$

ただし，

$$M = \begin{vmatrix} (R-jX) & jX & 0 \\ jX & (R-j2X) & jX \\ 0 & jX & (R-j2X) \end{vmatrix} \quad ④$$

で表される。行列式 M を計算すると

$$M = R(R^2 - 6X^2) - jX(5R^2 - X^2) \quad ⑤$$

となる。したがって

$$v_i = -jXi_3 = \frac{jv_o X^3}{R(R^2 - 6X^2) - jX(5R^2 - X^2)} \quad ⑥$$

となる。定常状態（発振が持続している状態）での増幅器の電圧増幅度 A_v は

$$A_v = \frac{v_o}{v_i} = \frac{X^2 - 5R^2}{X^2} + j\frac{R}{X^3}(6X^2 - R^2) \qquad ⑦$$

どなる。発振周波数 f は上式⑦の虚数部が 0 になる条件から求まり

$$X^2 = \frac{R^2}{6} \qquad ⑧$$

$$\therefore \quad f = \frac{\sqrt{6}}{2\pi CR} \qquad ⑨$$

式⑧を式⑦に適用して定常発振時の電圧増幅度 A_v を求めると

$$A_v = -29 \qquad ⑩$$

となる。

(2)(1)で導出した式⑨に数値代入して

$$R = \frac{\sqrt{6}}{2\pi Cf} = \frac{\sqrt{6}}{2\pi \times 2 \times 10^{-8} \times 3.2 \times 10^3} ≒ 6 \times 10^3 \, \Omega$$
$$= 6 \, \text{k}\Omega$$

29.4

式(9-29)または式(9-31)に数値代入し

$$f = \frac{1}{2\pi\sqrt{C_1 C_2 R_1 R_2}} = \frac{1}{2\pi CR} \quad (C_1 = C_2 = C, \ R_1 = R_2 = R)$$
$$= \frac{1}{2\pi \times 10^{-8} \times 5 \times 10^3}$$
$$≒ 3.2 \times 10^3 \, \text{Hz}$$
$$= 3.2 \, \text{kHz}$$

また，オペアンプが正帰還発振するためには，式(9-33)から

$$\frac{R_4}{R_3 + R_4} < \frac{1}{3}$$

$$\therefore \quad 2R_4 < R_3$$

例えば，$R_4 = 1 \, \text{k}\Omega$, $R_3 = 3 \, \text{k}\Omega$ とすればよい。

30.1

圧電効果のある水晶振動子は，力学的には，ばねにつながれた質量 m の物体が摩擦係数 k の床上を半永久的に左右に運動速度 v で振動していることと等価である。すなわち，一度，力を加えた後に振動子に作用している力の方程式は

$$m\frac{\mathrm{d}v}{\mathrm{d}t}+kv+\frac{\int v\mathrm{d}t}{\beta}=0 \qquad ①$$

β は，1 N の力を系に与えたときの変位量を表すコンプライアンスである。

一方，R–L–C 直列回路で，ある電流が流れている状態から回路が閉じられた後の回路方程式は，電流を i とすると

$$L\frac{\mathrm{d}i}{\mathrm{d}t}+Ri+\frac{\int i\mathrm{d}t}{C}=0 \qquad ②$$

式①と式②の対比により，R は摩擦（機械的）損失，L は質量，C はコンプライアンスと呼ばれている。

30.2

式(9-35)，式(9-36)に数値代入し，それぞれ次の値が得られる。

$$f_s=\frac{1}{2\pi\sqrt{LC}}=\frac{1}{2\pi\sqrt{3\times2\times10^{-14}}}\fallingdotseq649.7\,\mathrm{kHz}$$

$$f_p=\frac{1}{2\pi\sqrt{\dfrac{LCC_p}{C+C_p}}}=\frac{1}{2\pi\sqrt{\dfrac{3\times2\times10^{-14}\times3\times10^{-12}}{(0.02+3)\times10^{-12}}}}\fallingdotseq651.9\,\mathrm{kHz}$$

$$\therefore\quad\frac{f_p-f_s}{f_s}\fallingdotseq0.34\,\%$$

また，式(9-37)に数値代入して

$$Q=\frac{\omega_s L}{R}=\frac{1}{R}\sqrt{\frac{L}{C}}=\frac{1}{400}\times\sqrt{\frac{3}{2\times10^{-14}}}\fallingdotseq30600$$

30.3

ソース接地方式の n チャネル形 FET 回路の DS 間，DG 間，GS 間のそれぞれリアクタンス成分 X_1, X_2, X_3 を挿入したとき，GS 間および DS 間の信号電圧をそれぞれ v_1 および v_2，FET の相互コンダクタンスを g_m，ドレイン内部抵抗を r_d とすると，回路の発振条件は電圧のループ利得 $A_v H_v$ について

$$A_v H_v=\frac{\mu X_1 X_3}{-X_1(X_2+X_3)+\mathrm{j}r_d(X_1+X_2+X_3)}\geqq1 \qquad ①$$

で与えられる。μ は FET の電圧増幅度，すなわち

$$\mu=g_m r_d \qquad ②$$

である。

式①から，発振の周波数条件は

$$X_1+X_2+X_3=0 \qquad ③$$

振幅条件は式③，②を式①に適用して

$$\frac{-\mu X_3}{X_2+X_3}\geqq1 \qquad ④$$

さらに，式③を式④に適用すると

$$\mu\geqq\frac{X_1}{X_3} \qquad ⑤$$

となり，具体的な発振条件は式⑤および式③で与えられる。

さて，本題の回路はコルピッツ形 FET 発振回路を形成しており

$$\left.\begin{array}{l}X_1=-\dfrac{1}{\omega C_1}\\[2mm]X_3=-\dfrac{1}{\omega C_2}\end{array}\right\} \qquad ⑥$$

であり，水晶振動子のリアクタンス成分 X_2 は式(9-34)で表され

$$X_2=\frac{\omega L-\dfrac{1}{\omega L}}{1-\omega C_p\left(\omega L-\dfrac{1}{\omega C}\right)}$$

$$=\frac{-(\omega^2 LC-1)}{\omega^3 LCC_p-\omega(C_p+C)} \qquad ⑦$$

式⑥，⑦を式③に代入すると

$$-\frac{1}{\omega C_1}-\frac{\omega^2 LC-1}{\omega^3 LCC_p-\omega(C_p-C)}-\frac{1}{\omega C_2}=0$$

$$\therefore\quad\omega^2 LC(C_t+C_p)=C+C_p+C_t \qquad ⑧$$

ただし

$$C_t=\frac{C_1 C_2}{C_1+C_2} \qquad ⑨$$

したがって，発振周波数 f は，式⑧から次のようにえられる。

$$f=\frac{1}{2\pi\sqrt{LC}}\sqrt{1+\frac{C}{C_t+C_p}}$$

30.4

演図 9.5(b)の信号等価回路は，解図 9.2 のように表される。ただし，図中の表記はそれぞれ次の通り。

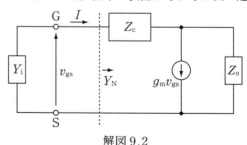

解図 9.2

$$Y_i = \frac{1}{R_G} + j\omega C_G, \quad Z_c = j\omega L_c, \quad \frac{1}{Z_o} = \frac{1}{R_d} + j\omega C_D,$$

$$R_d = \frac{r_d R_D}{r_d + R_D} \qquad\qquad ①$$

解図9.2の回路が負性抵抗発振回路とみなされると，定常状態における発振は次式を満足するときに起きる．

$$Y_i + Y_N = 0 \qquad\qquad ②$$

Y_N は G−S 端子から右側をみたアドミタンスである．解図9.2の回路では次式が成り立つ．

$$v_{gs} = IZ_c + (I - g_m v_{gs})Z_o \qquad\qquad ③$$

式③から

$$I = \frac{1 + g_m Z_o}{Z_o + Z_c} v_{gs} \qquad\qquad ④$$

したがって，Y_N は

$$Y_N = \frac{I}{v_{gs}} = \frac{1 + g_m Z_o}{Z_o + Z_c} \qquad\qquad ⑤$$

それゆえ，定常状態動作のための条件式②は，次式で表される．

$$Y_i + \frac{1 + g_m Z_o}{Z_o + Z_c} = 0 \qquad\qquad ⑥$$

$R_G \geqq \dfrac{1}{\omega C_G}$ の関係を満たすので，これを考慮して式①を式⑥に代入すると

$$j\omega C_G + \frac{1 + g_m R_d + j\omega C_D R_d}{R_d - \omega^2 L_c C_D R_d + j\omega L_c} = 0 \qquad\qquad ⑦$$

これを整理して虚数部および実数部をそれぞれ 0（ゼロ）とおくと，次の発振周波数条件および振幅条件（$\mu = g_m r_d$）が得られる．

$$f = \frac{1}{2\pi} \sqrt{\frac{C_G + C_D}{L_c C_G C_D}}, \qquad\qquad ⑧$$

$$g_m = \frac{C_G}{C_D} \cdot \frac{1}{R_d} \qquad\qquad ⑨$$

30.5

サバロフ発振回路およびミーチャム・ブリッジ発振回路は，それぞれ解図9.3および解図9.4で表される．

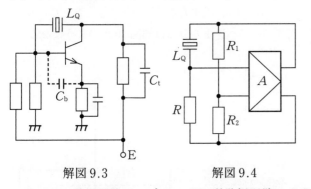

解図9.3　　　　　　解図9.4

　サバロフ発振回路は，ピアス CB 型発振回路の LC 共振回路（f を可変コンデンサで調節する）の代わりに無調節型のコンデンサ C_t を置き，この C_t とトランジスタの BE 間容量 C_b および水晶振動子の L_Q でコルピッツ型発振回路を構成する．無調節型のため，いくつ

かの発振子を切り替えて使うようなときには都合よいが，共振回路をもたないため波形が歪んでしまう．

　ミーチャム・ブリッジ発振回路は，抵抗回路による負帰還作用により水晶振動子の高い Q がさらに増幅されて極めて安定した発振回路がえられるので，標準周波数発振器として用いられる．

31.1

出力として被変調波を取り出すために回路の出力側に負荷抵抗 R_L を設けると，被変調波の（平均）電力は，式(10-5)から，搬送波の（平均）電力 P_c と，両側波帯の（平均）電力 P_{sb} との和で与えられる。式(10-5)から，搬送波と両側波帯の電圧実効値（rms 値）は，それぞれ $\dfrac{V_c}{\sqrt{2}}$ と $\dfrac{mV_c}{2\sqrt{2}}$ で与えられるので

$$P_c = \frac{V_c^2}{2R_L} \tag{①}$$

$$P_{sb} = \frac{2m^2V_c^2}{8R_L} = \frac{m^2V_c^2}{4R_L} \tag{②}$$

となる。したがって

$$P = P_c + P_{sb} = \frac{V_c^2}{2R_L}\left(1 + \frac{m^2}{2}\right) \tag{③}$$

となる。式③から，搬送波と両側波帯の電力比は $1 : \dfrac{m^2}{2}$ であることがわかる。

31.2

被変調波 v_{AM} は式(10-3)，すなわち

$$v_{AM} = (V_c + V_m \cos pt)\cos(\omega t + \phi)$$

で与えられる。$-1 \le \cos pt \le 1$ であるので，被変調波の最大振幅を a，最小振幅を b とすると，a および b はそれぞれ

$$\left.\begin{array}{l} a = V_c(1+m) \\ b = V_c(1-m) \end{array}\right\} \tag{①}$$

となる。式①を変調度 m について解くと

$$m = \frac{a-b}{a+b} \tag{②}$$

となる。本題の数値を代入すると

$$m = 0.8 (= 80\,\%)$$

31.3

音声信号の最大周波数が 3400 Hz であるので，被変調波の上側波帯の周波数は（$600 \times 10^3 + 3400 =$）603400 Hz，下側波帯の周波数は（$600 \times 10^3 - 3400 =$）596600 Hz となる。式(10-6)に数値代入すると

$$B = 6800\,\text{Hz}(= 6.8\,\text{kHz})$$

31.4

式(10-3)と同様，被変調波 v_{AM} は

$$v_{AM} = V_c(1 + m\sin pt)\sin\omega t$$

$$= V_c\sin\omega t - \frac{1}{2}mV_c\cos(\omega+p)t + \frac{1}{2}mV_c\cos(\omega-p)t \tag{①}$$

で表されるので，本題の数値を代入すると，それぞれ次

のようにえられる。

　側波帯の振幅：$\dfrac{mV_c}{2} = 3.6\,\text{V}$

　上側波帯の周波数：$f_c + f_s = 1203\,\text{kHz}$

　下側波帯の周波数：$f_c - f_s = 1197\,\text{kHz}$

31.5

被変調波において，図示の x は搬送波の 1 周期，y は信号波の半周期を表す。また，式(10-4)から，z は両側波帯の振幅 $mV_c(=V_s)$ を表す。よって

$$x = \frac{1}{f_c} \fallingdotseq 42\,\mu\text{s}$$

$$y = \frac{1}{2f_s} = 125\,\mu\text{s}$$

$$z = mV_c = V_s = 12\,\text{V}$$

31.6

被振幅変調波 v_{AM} は，次式で表される。

$$\begin{aligned} v_{AM} &= [V_c + V_{m1}\cos(2\pi f_{m1}t) + V_{m2}\cos(2\pi f_{m2}t)]\cos(2\pi f_c t) \\ &= V_c\cos(2\pi f_c t) \\ &\quad + V_{m1}\cos(2\pi f_{m1}t)\cos(2\pi f_c t) + V_{m2}\cos(2\pi f_{m2}t)\cos(2\pi f_c t) \end{aligned} \tag{①}$$

$$\begin{aligned} &\cos(2\pi f_c t)\cos(2\pi f_m t) \\ &= \frac{1}{2}\{\cos[2\pi(f_c+f_m)t] + \cos[2\pi(f_c-f_m)t]\} \end{aligned} \tag{②}$$

であるので，式②を式①に適用すると

$$\begin{aligned} v_{AM} &= V_c\cos(2\pi f_c t) \\ &\quad + \left(\frac{V_{m1}}{2}\right)\{\cos[2\pi(f_c+f_{m1})t] + \cos[2\pi(f_c-f_{m1})t]\} \\ &\quad + \left(\frac{V_{m2}}{2}\right)\{\cos[2\pi(f_c+f_{m2})t] + \cos[2\pi(f_c-f_{m2})t]\} \end{aligned} \tag{③}$$

したがって，被変調波に含まれる周波数は，高周波から順に f_c+f_{m1}, f_c+f_{m2}, f_c, f_c-f_{m2}, f_c-f_{m1} の 5 つである。スペクトル分布は解図10.1のようになる。

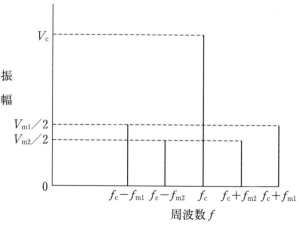

解図 10.1

32.1

入力信号が時間全域にわたって増幅出力される場合をA級動作，半周期だけ増幅出力される場合をB級動作という。C級動作は信号の半周期未満の短い時間領域のみが増幅出力される場合をいう。入出力特性に照らしていえば，解図 10.2 のようにバイアス電圧 V_{BE} をそれぞれ点A，点B，点Cに設定すれば，対応してA級，B級，C級動作がえられることになる。

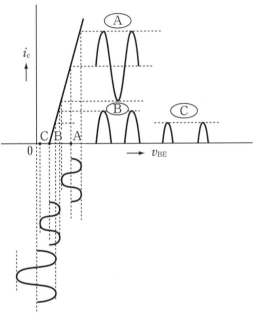

解図 10.2

32.2

ベース変調回路では，ベース・エミッタ間の電圧 v_{BE} はバイアス電圧 V_{BE} に搬送波（ω波）と信号波（p波）が重ね合わされるので，例えば，解図 10.3 のようにバイアスが点Pにあれば図示のような出力電流 i_o，すなわち AM 変調波がえられることがわかる。

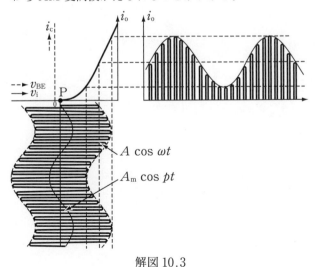

解図 10.3

32.3

$s(t)$ の表式の右辺の第1項は，AM 波の形をしており，例えば $m(t)=B\sin(2\pi f_m t)$ であれば，中心周波数 f_c とその両側波帯周波数 $f_c \pm f_m$ をもつことになる。したがって，f_c と $f_c \pm f_m$ を含むバンドパスフィルタを付加すればよい。

32.4

コレクタ変調回路例は解図 10.4 で示される。コレクタ側回路では電源電圧 V_{cc} を中心に信号波の振幅で変化することになる。解図 10.5 にその様子を示す。信号波は図(a)の負荷線を中心に，②と③の範囲で変化する。したがって，コレクタ電圧と信号波成分が重ねられ，コレクタ電流の搬送波成分が図(b)のようになる。さらに，トランスによる共振と，コレクタ電流の直流成分が除かれトランスの二次側に図(c)の AM 波がえられる。

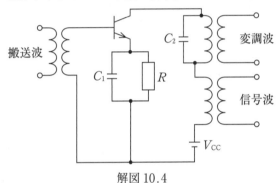

解図 10.4

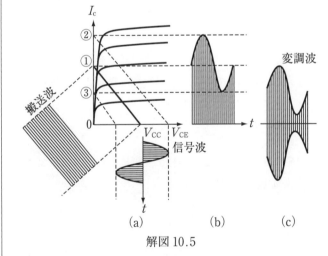

解図 10.5

33.1

LC 同調回路で解図 10.6 の通り。

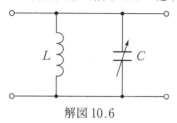

解図 10.6

33.2

演図 10.2 は電圧帰還型 npn トランジスタ回路であり，負荷 R_L の端子間でえられる電圧波形は概ね解図 10.7 のようにえられる。入出力特性は一般には非線形性を示すので，入力レベルにより ＋，－ の比率が異なる。また，ベース入力とコレクタ出力は位相が反転する。

解図 10.7

33.3

ダイオードによりコンデンサに充電できる最大電圧を V_0 とすると，充電電圧時間依存性は

$$v_r = V_0\left[1-\exp\left(-\frac{t}{Cr_d}\right)\right] \qquad ①$$

で表される。したがって，時定数 Cr_d が $\frac{1}{f_c}$ に対して十分小さくなければ，C の充電に時間を要し，最大値まで充電されなくなり，出力は小さくなる。それゆえ，コンデンサが十分充電されるためには

$$Cr_d \ll \frac{1}{f_c} \qquad ②$$

の条件が課せられる。同様に，抵抗 R を通じて放電される放電電圧の時間依存性は

$$v_r = V_0 \exp\left(-\frac{t}{CR}\right) \qquad ③$$

で表されるので，時定数 CR は $\frac{1}{f_c}$ より十分大きくなければならない。さらに，変調波の変化に十分応答するためには，搬送波の周期 $\frac{1}{f_c}$ は信号波の周期 $\frac{1}{f_s}$ より十分小さくしなければならない。すなわち

$$\frac{1}{f_c} \ll CR \ll \frac{1}{f_s} \qquad ④$$

もし，CR が $\frac{1}{f_s}$ に比べて大きすぎると，図 10.8(b) のように，クリッピングと呼ばれる波形歪みを生じ，高周波成分を復調できなくなる。

33.4

前問の 33.3 の解答式② に数値代入し

　　$C \ll 4.2\,\mathrm{nF}$

また，式④ に数値代入し

　　$0.08\,\mathrm{nF} \ll C \ll 33\,\mathrm{nF}$

以上の 2 つの条件から

　　$0.08\,\mathrm{nF} \ll C \ll 4.2\,\mathrm{nF}$

となる。実際には設計マージンを考慮して，最小値の 5 倍程度から最大値の $\frac{1}{5}$ 程度，つまり，$0.4\,\mathrm{nF} \sim 0.8\,\mathrm{nF}$ に設定すればよい。

ドリル No.34　　解　答

34.1

式(10-13)に数値代入すると，変調指数 m_f は

$$m_f = \frac{\Delta f}{f_m} = 3$$

また，式(10-19)に数値代入すると，占有帯域幅 B は

$$B = 2(\Delta f + f_m) = 80\ \mathrm{kHz}$$

34.2

微分方程式 $x^2 \dfrac{\mathrm{d}^2 y}{\mathrm{d}x^2} + x \dfrac{\mathrm{d}y}{\mathrm{d}x} + (x^2 - n^2)y = 0$ の解，

$y = J_n(x)$ を第一種 n 次のベッセル関数，$y = Y_n(x)$ を第二種 n 次のベッセル関数といい，いずれの関数も x の増加につれ振動しながら減衰する関数。円柱座標系で適用される特殊関数。$J_0(x)$ および $J_1(x)$ は解図 10.8 のように表される。

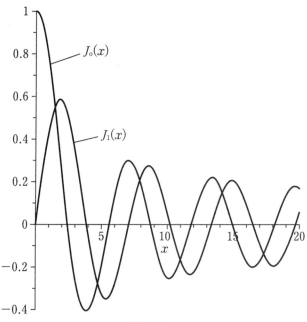

解図 10.8

34.3

FM 被変調波を表す式(10-17)に照合すると，FM 波の側波帯はつぎのようになる。

f_{sb1}（第 1 側波帯）：$20[\mathrm{MHz}] \pm 3[\mathrm{kHz}]$

f_{sb2}（第 2 側波帯）：$20[\mathrm{MHz}] \pm 6[\mathrm{kHz}]$

f_{sb3}（第 3 側波帯）：$20[\mathrm{MHz}] \pm 9[\mathrm{kHz}]$

34.4

変調指数 m_f は，式(10-13)に数値代入し

$$m_f = \frac{\Delta f}{f_m} = 5$$

スペクトル分布は，式(10-17)と $J_n(5)$ の値を用いて解図 10.9 のようにえられる。

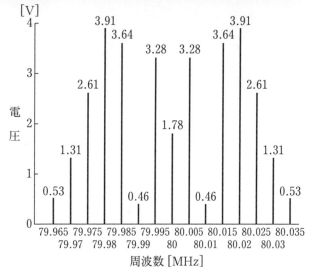

解図 10.9

35.1

図 10.10(a)の等価回路図(b)のように電圧，電流を仮定すると

$$i_c = i - i' = i - \frac{v_{ce} - v_{be}}{Z_2} \qquad ①$$

$Z_1 \ll h_{ie}$ とすると

$$v_{be} = \frac{Z_1 v_{ce}}{Z_1 + Z_2} \qquad ②$$

式②を式①に代入すると

$$i_c = i - \frac{v_{ce}}{Z_1 + Z_2} \qquad ③$$

また，

$$\left. \begin{array}{l} v_{be} = h_{ie} i_b \\ i_c = h_{fe} i_b \end{array} \right\} \qquad ④$$

となるので，式④と式②から

$$i_c = \frac{h_{fe} Z_1 v_{ce}}{h_{ie}(Z_1 + Z_2)} \qquad ⑤$$

したがって，式⑤と式③から

$$i = \frac{v_{ce}}{Z_1 + Z_2}\left(1 + \frac{h_{fe}}{h_{ie}} Z_1\right) \qquad (10\text{-}23)$$

35.2

$Z_1 = R(=0.5\,\text{k}\Omega) \ll h_{ie}(=2\,\text{k}\Omega)$ であり，また題意より $\dfrac{1}{\omega C} \gg R$ であるので，式(10-26)が適用できる。数値代入すると

$$C_e = \frac{h_{fe}}{h_{ie}} CR = 500\,\text{pF}$$

35.3

FM 変調回路例を解図 10.10 に示す。コルピッツ発振回路は，BE 間の C は C_1 で，CE 間の C はコレクタ同調回路で，また CB 間の L は Xtal の誘導性でまかなっている。信号の振幅をバリキャップの容量に変換する FM 変調回路である。

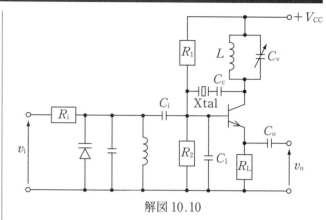

解図 10.10

35.4

図示のように，LC 発振回路にコンデンサマイクが接続されると，音声などの音圧により振動板を振動させると，金属板と振動板との間のキャパシタンスが変化する。この容量変化は $f = \dfrac{1}{2\pi\sqrt{LC}}$ の発振周波数を変化させるので周波数変調が行えることになる。

35.5

(空欄順に)

自励，直接，位相，間接，AFC

36.1

(空欄順に)

周波数，振幅，FM，フォスターシーレー

36.2

(空欄順に)

平均値，搬送，振幅，中間，明瞭度

37.1

式(10-30)に代入し

$$\Delta f = f_m \Delta\theta = 3.6\ \text{kHz}$$

37.2

位相変調の場合は，位相偏移 $\Delta\theta$ が

$$\Delta\theta = K_p f(t)$$

となり，被変調波 $v_{PM}(t)$ は次のように表される。

$$v_{PM}(t) = A\cos[\omega_c t + K_p f(t)]$$

一方，周波数変調の場合は，周波数偏移 $\dfrac{\mathrm{d}\theta}{\mathrm{d}t}$ が

$$\frac{\mathrm{d}\theta}{\mathrm{d}t} = K_f f(t)$$

$$\therefore\quad \theta = K_f \int^t f(\tau)\mathrm{d}\tau$$

それゆえ，被変調波 $v_{FM}(t)$ は次のように表される。

$$v_{FM}(t) = A\cos\left[\omega_c t + K_f \int^t f(\tau)\mathrm{d}\tau\right]$$

37.3

解図10.11のように構成すればよい。つまり，信号波を積分回路（例えば，RC 形）を通した後に位相変調すれば，周波数変調波がえられる。このように，他の変調方式を応用して目的の変調波をえる方法は，間接変調方式と呼ばれている。

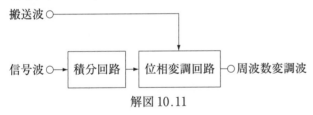

解図 10.11

38.1

(ア)位相比較回路　(イ)低域フィルター

38.2

FM では搬送波の周波数偏移が信号波によってつくられ，PM では搬送波の位相偏移が信号波によってつくられるので，FM は解図10.12(c)，PM は同図(d)のように示される。

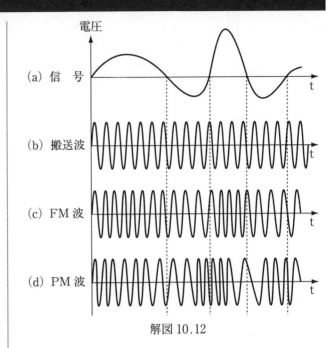

解図 10.12

39.1

式(11-15)，式(11-9)，式(11-12)に数値代入し，それぞれ次の値をえる。

$$r = 121\,\%$$

$$K_v = \frac{r_d}{R_1} = 4\,\%$$

$$\eta = \left(\frac{2}{\pi}\right)^2 \frac{R_1}{r_d + R_1} \fallingdotseq 39\,\%$$

39.2

周期的関数 $f(t)$ のフーリエ級数展開は次のように表される。

$$f(t) = \frac{a_0}{2} + \sum_{n=1}^{\infty} a_n \cos n\omega t + \sum_{n=1}^{\infty} b_n \sin n\omega t$$

$$a_0 = \frac{2}{T} \int_0^{\frac{T}{2}} f(t)\,dt = \frac{2}{T} \int_0^{\frac{T}{2}} I_m \sin \omega t\,dt$$

$$= \frac{2I_m}{T} \left| -\frac{\cos \omega t}{\omega} \right|_0^{\frac{T}{2}}$$

$$= \frac{2I_m}{2\pi} \left(-\cos \frac{\omega T}{2} + 1 \right)$$

$$= \frac{I_m}{\pi} \cdot 2 \quad \left(\because \quad \omega = 2\pi f = \frac{2\pi}{T} \right)$$

$$= \frac{2I_m}{\pi}$$

$$a_n = \frac{2}{T} \int_0^{\frac{T}{2}} I_m \sin \omega t \cdot \cos n\omega t\,dt$$

$$= \frac{I_m}{T} \int_0^{\frac{T}{2}} \{\sin[(1+n)\omega t] + \sin[(1-n)\omega t]\}\,dt$$

$n=1$ のとき

$$a_1 = \frac{I_m}{T} \int_0^{\frac{T}{2}} \sin 2\omega t\,dt = \frac{I_m}{T} \left| -\frac{1}{2\omega} \cos 2\omega t \right|_0^{\frac{T}{2}} = 0$$

$n \geqq 2$ のとき

$$a_n = \frac{I_m}{T} \left| -\frac{\cos(1+n)\omega t}{(1+n)\omega} - \frac{\cos(1-n)\omega t}{(1-n)\omega} \right|_0^{\frac{T}{2}} = 0$$

$$\qquad\qquad\qquad ; n が奇数のとき$$

$$= \frac{I_m}{2\pi} \left[\frac{2}{1+n} + \frac{2}{1-n} \right] = -\frac{2I_m}{(n-1)(n+1)\pi}$$

$$\qquad\qquad\qquad ; n が偶数のとき$$

$$\therefore \quad a_n = -\frac{2I_m}{\pi} \sum_{n=1}^{\infty} \frac{1}{(2n-1)(2n+1)}$$

$$b_n = \frac{2}{T} \int_0^{\frac{T}{2}} I_m \sin \omega t \cdot \sin n\omega t\,dt$$

$$= -\frac{I_m}{T} \int_0^{\frac{T}{2}} \{\cos[(1+n)\omega t] - \cos[(1-n)\omega t]\}\,dt$$

$$= \frac{I_m}{T} \int_0^{\frac{T}{2}} \{\cos[(1-n)\omega t] - \cos[(1+n)\omega t]\}\,dt$$

$n=1$ のとき

$$b_1 = \frac{I_m}{T} \int_0^{\frac{T}{2}} dt - \frac{I_m}{T} \int_0^{\frac{T}{2}} \cos 2\omega t\,dt$$

$$= \frac{I_m}{2} - \frac{I_m}{T} \left[\frac{\sin 2\omega t}{2\omega} \right]_0^{\frac{T}{2}} = \frac{I_m}{2}$$

$n \geqq 2$ のとき

$$b_n = \frac{I_m}{T} \left| \frac{\sin(1-n)\omega t}{(1-n)\omega} - \frac{\sin(1+n)\omega t}{(1+n)\omega} \right|_0^{\frac{T}{2}} = 0$$

よって，$f(t)$ は次式で表される。

$$f(t) = \frac{I_m}{\pi} - \frac{2I_m}{\pi} \sum_{n=1}^{\infty} \frac{1}{(2n-1)(2n+1)} \cos 2n\omega t + \frac{I_m}{2} \sin \omega t$$

$$= I_m \left[\frac{1}{\pi} + \frac{1}{2} \sin \omega t - \frac{2}{\pi} \sum_{n=1}^{\infty} \frac{1}{4n^2-1} \cos 2n\omega t \right]$$

39.3

図 11.3 の回路において，負荷 R_1 を流れる電流 I_{dc} は

$$I_{dc} = \frac{1}{\pi} \int_0^{\pi} i\,d(\omega t) = \frac{1}{\pi} \cdot \frac{V_m}{r_d + R_1} \int_0^{\pi} \sin \omega t\,d(\omega t)$$

$$= \frac{2}{\pi} \cdot \frac{V_m}{r_d + R_1}$$

$$= \frac{2}{\pi} I_m \qquad\qquad\qquad ①$$

となる。また，実効値 I_{rms} は

$$I_{rms} = \sqrt{\frac{1}{\pi} \int_0^{\pi} i^2\,d(\omega t)} = \sqrt{\frac{1}{\pi} \int_0^{\pi} I_m^2 \sin^2 \omega t\,d(\omega t)}$$

$$= \frac{I_m}{\sqrt{2}} \qquad\qquad\qquad ②$$

で与えられる。これから明らかなように，負荷を流れる直流電流は半波整流に比べて 2 倍となるので，直流電力は 4 倍となる。したがって，整流効率 η は

$$\eta = 2 \left(\frac{2}{\pi}\right)^2 \frac{R_1}{r_d + R_1} \times 100\,\%$$

$$\fallingdotseq 81.2\,\% \quad (\because \quad r_d \ll R_1) \qquad ③$$

で与えられ，整流効率も半波整流の場合の 2 倍になる。一方，全波整流された電流 i は，フーリエ級数に展開すると，

$$i = I_m \left[\frac{2}{\pi} - \frac{4}{\pi} \sum_{k=1}^{\infty} \frac{\cos 2k\omega t}{(2k+1)(2k-1)} \right] \qquad ④$$

となる。第 2 項以下の交流分の実効値 I_{ACrms} は，半波整流の場合と同様に求められ

$$I_{ACrms} = \sqrt{I_{rms}^2 - I_{dc}^2}$$

$$= \sqrt{\left(\frac{I_m}{\sqrt{2}}\right)^2 - \left(\frac{2I_m}{\pi}\right)^2}$$

$$= I_m \sqrt{\frac{1}{2} - \frac{4}{\pi^2}} \qquad\qquad ⑤$$

となる。したがって，リップル率 r は

$$r = \frac{I_{ACrms}}{I_{dc}} = \sqrt{\left(\frac{\pi}{2\sqrt{2}}\right)^2 - 1} \times 100\,\%$$

$$\coloneqq 48\ \%\qquad\qquad ⑥$$

39.4

ブリッジ形では負荷 R_1 とダイオード2個が直列につながれた回路に電流 i が流れることになるので，整流効率 η は

$$\eta = 2\left(\frac{2}{\pi}\right)^2 \frac{R_1}{2r_\mathrm{d}+R_1}\qquad\qquad ⑦$$

で与えられる。リップル率 r は，センタータップ方式の場合と同じで

$$r = \frac{I_\mathrm{ACrms}}{I_\mathrm{dc}} = \sqrt{\left(\frac{\pi}{2\sqrt{2}}\right)^2 - 1}\times 100\ \%$$

$$\coloneqq 48\ \%\qquad\qquad ⑧$$

39.5

問題 39.3，39.4 で導出された式に数値代入し，次のようにえられる。

ⅰ）センタータップ方式

$$\eta = 2\left(\frac{2}{\pi}\right)^2 \frac{R_1}{r_\mathrm{d}+R_1} \coloneqq 78\ \%$$

$$r \coloneqq 48\ \%$$

ⅱ）ブリッジ方式

$$\eta = 2\left(\frac{2}{\pi}\right)^2 \frac{R_1}{2r_\mathrm{d}+R_1} \coloneqq 75\ \%$$

$$r \coloneqq 48\ \%$$

39.6

最大値 V_m の正弦波交流電圧が入力されると，正の半周期では D_1 が導通（D_2 は非導通）し C_1 に演図 11.1 に示されている $\pm$ の向きに充電される。負の半周期では逆に D_2 が導通（D_1 は非導通）し C_2 に示されている向きに充電される。それゆえ，負荷抵抗 R_L 端子間からみれば全時間に対しては解図 11.1 のように電圧変化していることになる。この電圧が R_L を通じて放電されので，直流分としてはほぼ $2V_\mathrm{m}$ の電圧がえられることになる。

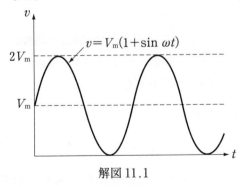

解図 11.1

40.1

式(11-24)に数値代入し

$$r = \frac{1}{2\sqrt{3}\,fCR_1} = \frac{1}{2\sqrt{3} \times 50 \times 20 \times 10^{-6} \times 10 \times 10^3}$$

$$\fallingdotseq 0.029 (= 2.9\%)$$

40.2

リップル率 r は式(11-24)で与えられるので

$$C = \frac{1}{2\sqrt{3}\,fR_1 r}$$

負荷抵抗 R_1 は，題意から

$$R_1 = \frac{V_o}{I_o} = \frac{15}{0.5} = 30\,\Omega$$

したがって

$$C = \frac{1}{2\sqrt{3} \times 50 \times 30 \times 0.01} \fallingdotseq 0.019\,\mathrm{F}\,(= 19\,\mathrm{mF})$$

容量値がかなり大きく，コンデンサ自体が大寸法となり，コンデンサ・フィルタのみでリップル率を 1% に抑えることは実用上困難。

40.3

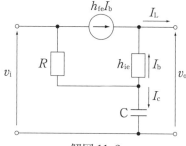

解図 11.2

演図 11.2 の等価回路は解図 11.2 のように描くことができ，次式が成り立つ。

$$V_i = R(I_b + I_c) + h_{ie} I_b + V_o \tag{①}$$

$$h_{ie} I_b + V_o = \frac{I_c}{j\omega C} \tag{②}$$

$$I_L = (1 + h_{fe}) I_b \tag{③}$$

ここで，V_i はリップルを含む入力電圧，V_o は出力電圧である。式③からえられる I_b を式②に代入すると

$$I_c = j\omega C \left(\frac{h_{ie}}{1 + h_{fe}} I_L + V_o \right) \tag{④}$$

また，式①は書き換えて

$$V_i = (R + h_{ie}) I_b + R I_c + V_o$$

であるから，式③からえられる I_b と式④の I_c を上式に代入すると

$$V_o = \frac{V_i}{1 + j\omega CR} - \frac{1}{1 + h_{fe}} \left(\frac{R}{1 + j\omega CR} + h_{ie} \right) I_L \tag{⑤}$$

それゆえ，出力開放時（$I_L = 0$）の出力電圧 V_{oo} は

$$V_{oo} = \frac{V_i}{1 + j\omega CR} \tag{⑥}$$

また，出力短絡時（$V_o = 0$）の出力電流 I_{Ls} は

$$I_{Ls} = \frac{1 + h_{fe}}{R + h_{ie}(1 + j\omega CR)} V_i \tag{⑦}$$

となる。したがって，出力インピーダンス Z は，鳳・テブナンの定理により

$$Z = \frac{V_{oo}}{I_{Ls}} = \frac{h_{ie}}{1 + h_{fe}} + \frac{1}{\left(\dfrac{1}{R} + j\omega C \right)(1 + h_{fe})} \tag{⑧}$$

となる。$h_{fe} \gg 1$, $R \gg \dfrac{1}{\omega C}$ を上式に適用すれば

$$Z \fallingdotseq \frac{h_{ie}}{h_{fe}} + \frac{1}{j\omega h_{fe} C} \tag{⑨}$$

となり，容量 C がこの回路を使うと実効的に $h_{fe}C$ とすることができる。したがって，コンデンサ C をこの回路に替えてコンデンサ・フィルタとすれば，リップル率をかなり抑えることができる。

40.4

(1)回路の直流負荷電圧は，コンデンサ C_1 の端子間の直流電圧からインダクタンスの直列抵抗 R の電圧降下を引いた電圧である。C_1 の直流電圧は，半波整流のコンデンサ・フィルタの場合の式(11-21)において f の代わりに $2f$ と置き換えてえられる。したがって，直流負荷電圧 V_{Ldc} は

$$V_{Ldc} = V_m - \frac{I_{Ldc}}{4fC} - I_{Ldc} R \tag{①}$$

で与えられる。$I_{Ldc} = \dfrac{V_{Ldc}}{R_L}$ の関係を上式に代入して整理すると

$$V_{Ldc} = \frac{V_m}{1 + \dfrac{1}{4fCR_L} + \dfrac{R}{R_L}} \tag{②}$$

整流された電流 i は，全波整流形では直流分と偶数高調波成分だけからなる。直流分 I_{dc} および第 2 高調波成分 I_{2m} は，フーリエ級数の関係式から

$$I_{dc} = \frac{1}{2\pi} \int_0^{2\pi} i\,\mathrm{d}(\omega t) \tag{③}$$

$$I_{2m} = \frac{1}{\pi} \int_0^{2\pi} i \cdot \cos 2\omega t \cdot \mathrm{d}(\omega t) \tag{④}$$

コンデンサ内の電流は，電源電圧が最大値になる $\omega t = \dfrac{\pi}{2}$, $\dfrac{3\pi}{2}$ 付近の狭い範囲だけ流れるので，この導通期間では $\cos 2\omega t \fallingdotseq -1$ とおける。したがって，式④は次のように近似できる。

$$|I_{2\mathrm{m}}| \fallingdotseq \frac{1}{\pi}\int_0^{2\pi} i\,\mathrm{d}(\omega t) = 2I_{\mathrm{dc}} \qquad \text{⑤}$$

ここで，$\omega L \gg \dfrac{1}{\omega C_1}$ に選ぶと，整流された電流の交流分はすべて C_1 を流れると考えられる。そのとき電圧 v の第2高調波の大きさは式⑤に $\dfrac{1}{2\omega C_1}$ を掛けることによりえられ，その実効値 V_2 は

$$V_2 = \frac{2I_{\mathrm{dc}}}{\sqrt{2}\cdot 2\omega C_1} = \frac{I_{\mathrm{dc}}}{\sqrt{2}\,\omega C_1} = \frac{V_{\mathrm{Ldc}}}{\sqrt{2}\,\omega C_1 R_{\mathrm{L}}} \qquad \text{⑥}$$

さらに，$\omega L,\ R \gg \dfrac{1}{\omega C_2}$ を満たすように $L,\ C_1,\ C_2$ を選ぶと，L に流れる交流分の実効値 I_{acL} は

$$I_{\mathrm{acL}} = \frac{V_2}{2\omega L} = \frac{V_{\mathrm{Ldc}}}{2\sqrt{2}\,\omega^2 L C_1 R_{\mathrm{L}}} \qquad \text{⑦}$$

となる。この電流による C_2 の端子間の電圧が負荷の端子間の電圧の交流分 V_{L2} となるので

$$V_{\mathrm{L2}} = \frac{V_{\mathrm{Ldc}}}{4\sqrt{2}\,\omega^3 L C_1 C_2 R_{\mathrm{L}}} \qquad \text{⑧}$$

で与えられる。第4高調波以上は省略できるので，リップル率 r は

$$r = \frac{V_{\mathrm{L2}}}{V_{\mathrm{Ldc}}} = \frac{1}{4\sqrt{2}\,\omega^3 L C_1 C_2 R_{\mathrm{L}}} \qquad \text{⑨}$$

で表される。

(2)題意から

$$\omega L = 2\pi \times 50 \times 5 \fallingdotseq 1.57 \times 10^3\ \Omega$$

$$R_{\mathrm{L}} = 2 \times 10^3\ \Omega$$

$$\frac{1}{\omega C_1} = \frac{1}{\omega C_2} = \frac{1}{2\pi \times 50 \times 20 \times 10^{-6}} \fallingdotseq 159\ \Omega$$

であるので，上記の仮定条件を満足している。それゆえ，リップル率 r は上式⑨に数値代入して

$$r = \frac{1}{4\sqrt{2} \times (2\pi \times 50)^3 \times 5 \times (20 \times 10^{-6})^2 \times 2 \times 10^3}$$

$$\fallingdotseq 1.4 \times 10^{-3}$$

$$= 0.14\ \%$$

となり，かなり低いリップル率がえられることがわかる。

41.1

一般のダイオードは逆バイアスを強くかけると，例えば $-30\,\mathrm{V}$ 以上かけるとなだれ現象が起こるが，ツェナーダイオードでは低い逆バイアスで，最近では $-3\,\mathrm{V}$ 程度でキャリアが雪崩のように倍増する雪崩降伏が起こり，しかもかなりよい（I–V 特性上，ほとんど直角の）特性がえられている（解図 11.3 参照；図はカットオフ電圧が $0.5\,\mathrm{V}$ で降伏電圧が $-5\,\mathrm{V}$ のツェナーダイオード特性例）。

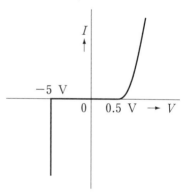

解図 11.3

作製上は，例えば Si ダイオードにおいて，p 形あるいは n 形のいずれか一方が $10^{18}/\mathrm{cm}^3$ 以上の高濃度で，他方がそれよりも低濃度である片側階段接合の場合，または両方の濃度が $10^{18}/\mathrm{cm}^3$ 以下の低濃度の場合に逆バイアスを強めていくと pn 接合付近で電界強度が増加して起こる特異な現象である。

これは，空乏層内に熱励起で発生した電子が空乏層内で電界の力を受けて加速され，格子に散乱される過程で価電子を次々に弾き飛ばして自由電子をつくり出し，雪崩のように電子が増えて，大きな電流が流れると言われている。接合面の電界強度は低濃度側のドーピングレベルと単調増加傾向にあり，現在ではかなりの精度で制御できるようになっている。つまり，一般にはこのドーピングレベルを変えることで降伏電圧を調節可能にしている。

41.2

式(11-33)および式(11-34)に数値代入し，それぞれ次の値がえられる。

$$\delta_\mathrm{v}=\frac{r_\mathrm{d}}{R_\mathrm{s}+r_\mathrm{d}}\fallingdotseq 2.4\,\%$$

$$\Delta R=\frac{R_\mathrm{s}r_\mathrm{d}}{R_\mathrm{s}+r_\mathrm{d}}\fallingdotseq 9.8\,\Omega$$

また，式(11-32)と式(11-31)に数値代入すると，それぞれ次の値がえられる。

$$V_\mathrm{o}=\frac{r_\mathrm{d}}{R_\mathrm{s}+r_\mathrm{d}}V_\mathrm{i}-\frac{R_\mathrm{s}r_\mathrm{d}}{R_\mathrm{s}+r_\mathrm{d}}I_1+\frac{R_\mathrm{s}}{R_\mathrm{s}+r_\mathrm{d}}V_\mathrm{z}\fallingdotseq 6.06\,\mathrm{V}$$

$$I_\mathrm{d}=\frac{V_\mathrm{o}-V_\mathrm{z}}{r_\mathrm{d}}\fallingdotseq 6\,\mathrm{mA}$$

ツェナーダイオードの消費電力 P_d は

$$P_\mathrm{d}=V_\mathrm{o}I_\mathrm{d}\fallingdotseq 36\,\mathrm{mW}$$

R_s 端子間の電圧は $V_\mathrm{i}-V_\mathrm{o}$，$R_\mathrm{s}$ を流れる電流は $I_\mathrm{d}+I_1$ であるから，その消費電力 P_Rs は

$$P_\mathrm{Rs}=(V_\mathrm{i}-V_\mathrm{o})(I_\mathrm{d}-I_1)\fallingdotseq 7.9\,\mathrm{mW}$$

41.3

式(11-35)と式(11-37)から

$$I_\mathrm{b}=\frac{V_\mathrm{i}-V_\mathrm{o}-h_\mathrm{fe2}I_2R_1}{h_\mathrm{ie1}+R_1} \tag{①}$$

また，式(11-38)から

$$I_1=\frac{V_\mathrm{o}+I_2R_3}{R_2+R_3} \tag{②}$$

が導出される。式②を式(11-37)に代入すると

$$I_2=\frac{nV_\mathrm{o}-V_\mathrm{z}}{h_\mathrm{ie2}+R_\mathrm{t}} \tag{③}$$

ただし

$$\left.\begin{array}{l}n=\dfrac{R_3}{R_2+R_3}\\[2mm]R_\mathrm{t}=\dfrac{R_2R_3}{R_2+R_3}\end{array}\right\} \tag{11-42}$$

と表せる。そこで，式③を式①に代入し，さらに式(11-39)に代入し整理すると

$$V_\mathrm{o}=\frac{E_2}{B}V_\mathrm{i}-\frac{E_1E_2}{(1+h_\mathrm{fe1})B}I_1+\frac{h_\mathrm{fe2}R_1}{B}V_\mathrm{z} \tag{11-40}$$

ただし

$$\left.\begin{array}{l}B=E_2+nh_\mathrm{fe2}R_1\\E_1=h_\mathrm{ie1}+R_1\\E_2=h_\mathrm{ie2}+R_\mathrm{t}\end{array}\right\} \tag{11-41}$$

と表せる。

41.4

式(11-42)に数値代入すると

$$n=\frac{R_3}{R_2+R_3}\fallingdotseq 0.667$$

$$R_\mathrm{t}=\frac{R_2R_3}{R_2+R_3}\fallingdotseq 66.7\,\Omega$$

これらの値を式(11-41)に数値代入すると

$$E_2=h_\mathrm{ie2}+R_\mathrm{t}\fallingdotseq 2067\,\Omega$$

$$B=E_2+nh_\mathrm{fe2}R_1\fallingdotseq 108.8\,\mathrm{k\Omega}$$

したがって，電圧変化率 δ_v は式(11-43)より

$$\delta_\mathrm{v}=\frac{E_2}{B}\fallingdotseq 0.019\,(=1.9\,\%)$$

41.5

hパラメータを用いた並列形定電圧回路の等価回路は解図11.4のように表される。

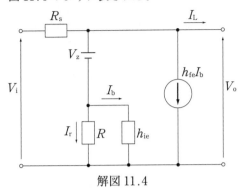

解図11.4

これより次式が成り立つ。

$$V_i = R_s(I_b + I_r + h_{fe}I_b + I_L) + V_o \quad ①$$

$$h_{ie}I_b = V_o - V_z \quad ②$$

$$I_r R = V_o - V_z \quad ③$$

式②と式③を式①に代入し，整理すると

$$V_o = \frac{1}{B_p}V_i - \frac{R_s}{B_p}I_L + \frac{E_p}{B_p}V_z \quad ④$$

ここで

$$B_p = 1 + E_p \quad ⑤$$

$$E_p = R_s\left(\frac{1 + h_{fe}}{h_{ie}} + \frac{1}{R}\right)$$

$$\doteqdot \frac{R_s}{R}\left(1 + \frac{h_{fe}R}{h_{ie}}\right) \quad ⑥$$

式④を式(11-33)と式(11-34)に適用すると，電圧変化率 δ_v および出力抵抗の変化分 ΔR はそれぞれつぎのように表される。

$$\delta_v = \frac{1}{B_p} \quad ⑦$$

$$\Delta R = \frac{R_s}{B_p} \quad ⑧$$

41.6

(1)演図11.5(b)は解図11.5の通り。

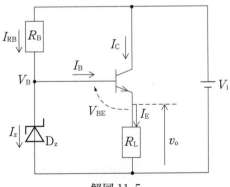

解図11.5

(2)

(ア)負荷がないので，$I_E = I_B = 0$ したがって，この場合には R_B に流れる電流がツェナーダイオード D_z にすべて流れる。

$$I_z = \frac{V_i - V_z}{R_B} = \frac{9 - 5.6}{340} = 10 \text{ mA}$$

$$V_o = V_z - V_{BE} = V_z = 5.6 \text{ V}$$

(イ)$V_o = V_z - V_{BE} = 5.6 - 0.8 = 4.8 \text{ V}$

$$I_B = \frac{I}{h_{FE}} \doteqdot \frac{I_C}{h_{FE}} = \frac{10(\text{mA})}{80} \doteqdot 0.13 \text{ mA}$$

V_B は V_z 一定であるので，I_{RB} は変化なし。それゆえ

$$I_z = 10 - 0.13 \doteqdot 9.9 \text{ mA}$$

(ウ)V_z，V_{BE} は変化なし。それゆえ，

$$V_o = 4.8 \text{ V}$$

$$I_B = 0.25 \text{ mA}$$

$$I_z \doteqdot 19.8 \text{ mA}$$

―― 著 者 略 歴 ――

土田 英一（つちだ えいいち）

1979 年　防衛大学校電気工学科卒業
1979 年　陸上自衛隊入隊
1984 年　防衛大学校理工学研究科修了
　　　　（電子工学専攻）
1990 年　工学博士（東京工業大学）
1994 年　（財）応用光学研究所勤務
1995 年　小山工業高等専門学校助教授
2007 年　小山工業高等専門学校教授
2020 年　小山工業高等専門学校名誉教授
（2020 年～2022 年　小山工業高等専門学校嘱託教授）
　　　　　現在に至る

© Eiichi Tsuchida 2024

改訂新版 ドリルと演習シリーズ　電子回路

2013 年　7 月 30 日　　第 1 版第 1 刷発行
2024 年　4 月 3 日　　改訂第 1 版第 1 刷発行

著 者　　土 田 英 一
発 行 者　　田 中 聡

発 行 所
株式会社 電 気 書 院
ホームページ　www.denkishoin.co.jp
（振替口座　00190-5-18837）
〒 101-0051　東京都千代田区神田神保町 1-3 ミヤタビル 2F
電話（03）5259-9160／FAX（03）5259-9162

印刷　創栄図書印刷株式会社
Printed in Japan／ISBN978-4-485-30267-5

• 落丁・乱丁の際は，送料弊社負担にてお取り替えいたします．

書籍の正誤について

万一，内容に誤りと思われる箇所がございましたら，以下の方法でご確認いただきますよう
お願いいたします．

なお，正誤のお問合せ以外の書籍の内容に関する解説や受験指導などは**行っておりません**．
このようなお問合せにつきましては，お答えいたしかねますので，予めご了承ください．

正誤表の確認方法

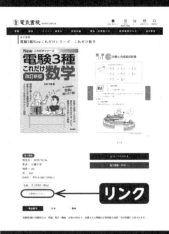

最新の正誤表は，弊社Webページに掲載しております．書
籍検索で「正誤表あり」や「キーワード検索」などを用いて，
書籍詳細ページをご覧ください．
正誤表があるものに関しましては，書影の下の方に正誤表を
ダウンロードできるリンクが表示されます．表示されないも
のに関しましては，正誤表がございません．

弊社Webページアドレス
https://www.denkishoin.co.jp/

正誤のお問合せ方法

正誤表がない場合，あるいは当該箇所が掲載されていない場合は，書名，版刷，発行年月
日，お客様のお名前，ご連絡先を明記の上，具体的な記載場所とお問合せの内容を添えて，
下記のいずれかの方法でお問合せください．

回答まで，時間がかかる場合もございますので，予めご了承ください．

郵送先

〒101-0051
東京都千代田区神田神保町1-3
ミヤタビル2F
㈱電気書院　編集部　正誤問合せ係

ファクス番号　**03-5259-9162**

弊社Webページ右上の「**お問い合わせ**」から
https://www.denkishoin.co.jp/

お電話でのお問合せは，承れません

(2022年5月現在)